D1995518

Band 62
Beiträge der Akademie für Natur- und Umweltschutz
Baden-Württemberg

Kommunen klimaresilient machen

Strategien für eine klimaangepasste Stadtentwicklung

Herausgeber: Konstanze Stein und Michael Eick

Akademie für Natur- und Umweltschutz

Eine Institution von Baden-Württemberg Ministerium für Umwelt, Klima und Energiewirtschaft

HIRZEL

* Aus stilistischen Gründen stehen allgemeine Ausdrücke die Personalpronomen »er« und »sie« immer für Frauen, Männer und andere. Das grammatische Geschlecht spiegelt nicht das biologische oder soziale wider.

Bibliografische Information der Deutschen Nationalbibliothek
Die Deutsche Nationalbibliothek verzeichnet diese Publikation in der Deutschen Nationalbibliografie; detaillierte bibliografische Daten sind im Internet unter https://portal.dnb.de abrufbar.

Die Mediengruppe Deutscher Apotheker Verlag behält sich sämtliche Rechte an ihren Inhalten für kommerzielles Text- und Data-Mining im Sinne von §44b UrhG ausdrücklich vor. Unsere Inhalte sind urheberrechtlich geschützt und dürfen nicht zur Entwicklung, zum Training und/oder zur Anreicherung oder Vergleichbarem von KI-Systemen, insbesondere von generativen KI-Systemen, verwendet werden. Ebenso ist die Erfassung und Speicherung der Inhalte durch digitale, fotomechanische oder durch ähnliche Verfahren zu den vorgenannten Zwecken untersagt. Für den Erwerb einer entsprechenden Nutzungslizenz kontaktieren Sie uns bitte unter permissions@hirzel.de

Die Beiträge geben die Auffassung der jeweiligen Referentinnen und Referenten wieder.

1. Auflage 2025
ISBN 978-3-7776-3517-0 (Print)
ISBN 978-3-7776-3606-1 (E-Book, PDF)

© 2025 S. Hirzel Verlag GmbH, Akademie für Natur- und Umweltschutz Baden-Württemberg und Autoren
Maybachstraße 8, 70469 Stuttgart
service@hirzel.de
Printed in Germany

Lektorat: Klaus Zintz, Stuttgart
Herausgeber: Konstanze Stein und Michael Eick, Akademie für Natur- und Umweltschutz Baden-Württemberg
Umschlaggestaltung: Christiane Hemmerich, Tübingen
Umschlagmotiv: Matteo Ceruti / stock.adobe.com
Satz: Satzpunkt Ursula Ewert GmbH, Bayreuth
Druck und Bindung: D.O.G. Lokay GmbH & Co. KG, Reinheim
Das verwendete Papier ist mit dem Blauen Engel zertifiziert.

natureOffice.com/DE-344-2G3HLM1

www.hirzel.de

Inhalt

Alle Abbildungen dieser Publikation sind in einem Online-Gesamtverzeichnis zusammengefasst und einsehbar. Dieses erreichen Sie über den nebenstehenden QR-Code.

»Das Geheimnis des Wandels besteht darin, seine ganze Energie nicht auf den Kampf gegen das Alte, sondern auf den Aufbau des Neuen zu richten.«
Sokrates

Einführung

In Baden-Württemberg waren die Temperaturen im Jahr 2024 wieder auf Rekordkurs: Mit einem Mittel von 10,6 Grad Celsius war es nach 2022 und 2023 das drittwärmste Jahr in Baden-Württemberg seit Messbeginn. Es war dabei um beachtliche 2,5 Grad wärmer als im Jahresdurchschnitt. Mit 57 Sommer- und 15 Hitzetagen belegte das Jahr ebenfalls Spitzenplätze in den Rekordlisten. Extremwetter mit Hitze- und Dürreperioden oder Starkregen und Überschwemmungen treten in jüngster Zeit immer häufiger auf. Und die Prognose für Baden-Württemberg zeigt, dass die Folgen des Klimawandels immer bedrohlicher werden. So nehmen die Temperatur und heiße Tage zu, Eis- und Frosttage werden dagegen künftig deutlich seltener. Die Niederschlagsmengen im Winter nehmen langfristig zu, aber vor allem Starkregenereignisse werden häufiger. Es erwarten uns also in den nächsten Jahren heißere Sommer mit langanhaltende Trockenperioden, mehr Unwetter und mildere Winter.

Das Fazit ist daher eindeutig: Nachdem die Bundesrepublik und das Land Baden-Württemberg erste gesetzliche Grundlagen zum Klimaschutz und zur Anpassung an den Klimawandel erlassen haben, sind nun die Landkreise und Kommunen an der Reihe: Sie stehen in der Verantwortung, Risikovorsorge für die Menschen in ihrem Gemeindegebiet zu treffen. Dazu müssen sie auf beiden Handlungsfeldern aktiv werden – das stellt gleichzeitig eine gewaltige Herausforderung dar.

Die Akademie für Natur- und Umweltschutz Baden-Württemberg veranstaltet schon seit vielen Jahren Kongresse zur Klimaanpassung, organisiert Exkursionen und Fachveranstaltungen, Online-Seminare und vieles mehr. Dabei zeigt sich, dass in den Kommunen das Bewusstsein zunimmt, wie wichtig das Thema ist. Wir sehen den großen Bedarf an Informationen und guten Umsetzungsbeispielen, wie diese Herausforderungen am besten zu bewältigen sind. In immer mehr Kommunen ist die Bereitschaft vorhanden und erkennbar, sich entsprechend aufzustellen.

Städte und Gemeinden sind die entscheidenden Schlüsselakteure bei der Entwicklung von Klimaanpassungsmaßnahmen. Zu ihrem Aufgabenbereich gehören unter anderem die öffentliche Trinkwasserversorgung, die Abwasserentsorgung, täglich genutzte Infrastruktur wie Krankenhäuser und Verkehrsflächen oder auch das Stadtgrün. Einige Kommunen haben bereits entsprechende Konzepte erstellt und Maßnahmen auf den Weg gebracht. Dabei ist das Bestreben der Verwaltungen erkennbar, Bürgerinnen und Bürger zu informieren, in Entscheidungsprozesse aktiv einzubeziehen und von der Notwendigkeit der Anpassungsmaßnahmen zu überzeugen. Auch gilt es für die Kommunen, mit den entsprechenden planungsrechtlichen und finanziellen Instrumenten den Rahmen für Klimaanpassung vor Ort zu setzen und letztlich in ihrer Vorbildfunktion die Bürgerschaft zum Nachmachen zu motivieren.

Mit dem Fachband »Kommunale Klimaanpassung« möchten wir die Verantwortlichen in den Kommunen unterstützen, damit die Anpassung an die sich ändernden Klimaverhältnisse gelingt. Dabei wollen wir ihnen den Schwung weitergeben, den viele Referierende aus Wissenschaft und Praxis in unseren Veranstaltungen spürbar in sich tragen. Dieses Buch bietet daher Hilfestellung für die Amtsspitzen und die Entscheidungsebene in Kommunen, für Mitarbeitende und externe Planungsbüros. In den Kapiteln berichten Fachleute über die neuesten Erkenntnisse aus Wissenschaft und Praxis, über gelungene Beispiele für eine gute Umsetzung von Maßnahmen zur Anpassung an den Klimawandel, aber auch zum Umgang mit Herausforderungen und zur Erarbeitung von Lösungen. Es geht hierbei um die folgenden Fragen: Wie können die komplexen Aufgaben mit Bedacht und Verantwortung bewältigt werden? Wie kann dem Bedürfnis nach Sicherheit Rechnung getragen werden? Wie kann die Motivation der Menschen, sich für eine intakte und attraktive Umgebung einzusetzen, noch stärker gefördert werden? Die Beiträge in diesem Buch sollen Inspirationen geben, wie sich die individuelle Situation vor Ort am besten bewältigen lässt.

Gegliedert ist das Fachbuch in fünf Bereiche. Zunächst wird der gesetzliche Rahmen erläutert, also das nationale Klimaanpassungsgesetz des Bundes von 2024 und die darin geforderte Umsetzung durch die Länder, die in Baden-Württemberg als Novellierung des Klimaschutz- und Klimawandelanpassungsgesetzes erfolgte. Hierzu gehört auch die Bedeutung von Strategie und Planung. Dabei werden zeitlich und personell strukturierte Vorgehensweisen und die Entwicklung von Klimaanpassungskonzepten sowie Planungsmethoden erläutert. Im zweiten Bereich werden die Möglichkeiten und Potenziale einer interdisziplinären Zusammenarbeit und einer partizipativen Vorgehensweise beleuchtet. Im dritten Bereich stehen naturbasierte Lösungen im Vordergrund. Hier geht es um die Auswirkungen des Klimawandels auf die Natur und um Synergien. Maßnahmen zur Klimaanpassung wie beispielsweise die Begrünung von Fassaden und Dächern oder das Anpflanzen von Bäumen nutzen gleichermaßen den Menschen und fördern die Artenvielfalt. Ratschläge und Beispiele aus der Praxis helfen, solche Maßnahmen optimal umzusetzen. Im vierten Bereich geht es um Vorhaben zur Klimaanpassung in verschiedenen Städten, die aufzeigen, welche besondere Rolle Digitalisierung und Infrastruktur spielen. Schließlich widmet sich der fünfte Bereich den gesundheitlichen und sozialen Perspektiven und erläutert, wie sich Kommunen und Städte diesen Herausforderungen konkret stellen können.

Die Akademie für Natur- und Umweltschutz wünscht allen, dass die bereits begonnenen Projekte gelingen mögen, dass alle geplanten Vorhaben angepackt werden und dass überall die Bürgerschaft mitgenommen und eingebunden werden kann. Es lohnt sich, ganz konkret vor Ort aktiv zu werden, Wissen und Know-how zu teilen und mitzuwirken, damit unsere Städte und Gemeinden für die Zukunft gemeinsam gestaltet werden.

Konstanze Stein und Michael Eick

Gesetzliche Vorgaben und kommunale Strategien

Erstes Bundes-Klimaanpassungsgesetz und Aktivitäten in Baden-Württemberg

Der rasch voranschreitende Klimawandel macht es unabdingbar, sich nicht nur verstärkt um den Klimaschutz zu kümmern, sondern auch Strategien zu entwickeln und Maßnahmen zu ergreifen, um sich an die sich verändernden Klimabedingungen anzupassen. Im Jahr 2008 wurden in der »Deutsche Anpassungsstrategie an den Klimawandel« (BMUV, 2008) erstmals die hierfür erforderlichen zentralen Aufgaben auf Bundesebene festgehalten. Bundesweit wurde dann 2023 das Klimaanpassungsgesetz (KAnG) beschlossen, mit dem Ziel, »zum Schutz von Leben und Gesundheit, von Gesellschaft, Wirtschaft und Infrastruktur sowie von Natur und Ökosystemen negative Auswirkungen des Klimawandels, insbesondere die drohenden Schäden, zu vermeiden oder, soweit sie nicht vermieden werden können, weitestgehend zu reduzieren« (Bundesgesetzblatt, 2023).

Politischer Rahmen und gesetzliche Anforderungen

Das am 1. Juli 2024 in Kraft getretene nationale Klimaanpassungsgesetz setzt den für weitere Aktionen erforderlichen bundesweit gesetzlich verankerten Rahmen. Es schafft die Grundlagen dafür, dass alle Verwaltungsebenen strategisch Vorsorge gegen die Folgen der Klimakrise treffen. Entsprechend der föderalen Struktur der Bundesrepublik schreibt das Klimaanpassungsgesetz des Bundes den Ländern die Aufgabe zu, die konkreten Anpassungsmaßnahmen gesetzlich weiter zu verankern. Die praktische Umsetzung findet insbesondere auf der lokalen Ebene statt, also in den Landkreisen und Kommunen. Diese sind von den länderspezifisch gesetzten Rahmenbedingungen und Regelungen sowie den Ressourcen vor Ort abhängig.

In Baden-Württemberg wurde bereits 2013 das erste Gesetz zur Förderung des Klimaschutzes in Baden-Württemberg beschlossen (Land BW, 2013). Es sah auch die zeitnahe Entwicklung einer Anpassungsstrategie an den Klimawandel vor. Diese wurde im Jahr 2015 erstmals verabschiedet und im Jahr 2023 ressortübergreifend fortgeschrieben (Land BW, 2015, 2023). Im Jahr 2023 hat die Landesregierung – noch vor dem bundesweiten Klimaanpassungsgesetz – das novellierte Gesetz zum Klimaschutz und zur Anpassung an den Klimawandel beschlossen (KlimaG BW, Land BW, 2023). Mit dem Gesetz entspricht das Land dabei den Vorgaben des Bundesverfassungsgerichts (Bundesverfassungsgericht, 2021). In dem Urteil vom 24. März 2021 heißt es: »Der Schutz des Lebens und der körperlichen Unversehrtheit nach Art. 2 Abs. 2 Satz 1 GG schließt den Schutz vor Beeinträchtigungen grundrechtlicher Schutzgüter durch Umweltbelastungen ein, gleich von wem und durch welche Umstände sie drohen. Die aus Art. 2 Abs. 2 Satz 1 GG folgende Schutzpflicht des Staates umfasst auch die Verpflichtung, Leben und Gesundheit vor den Gefahren des Klimawandels zu schützen.« Daraus folgt, dass das im Grundgesetz verankerte Staatsziel Umweltschutz neben dem Bund auch die Länder zum Klimaschutz verpflichtet. Laut Verfassungsgericht ist ergänzend zum Klimaschutz auch die Anpassung an den Klimawandel sicherzustellen. Die Novellierung des Klimaschutz- und Klimawandelanpassungsgesetzes Baden-Württemberg im Jahr 2025 berücksichtigt neben den Änderungen der Bundesvorgaben zur Anpassung vor allem auch die Dynamik im Bereich Wärmeplanung.

Im Klimaschutz- und Klimawandelanpassungsgesetz Baden-Württemberg (KlimaG BW) verpflichtet sich daher das Land unter anderem auch dazu, die Anpassungsstrategie aus dem Jahr 2015 wegen der sich verändernden klimatischen Bedingungen zu aktualisieren. Außerdem wird durch die Veröffentlichung von Monitoringberichten alle fünf Jahre über die wesentlichen Folgen des Klimawandels sowie den Stand der Umsetzung und die Wirkung wichtiger Anpassungsmaßnahmen informiert.

Zur Landesanpassungsstrategie heißt es in Paragraf 15: »Beginnend im Jahr 2023 und danach in angemessenen Abständen verabschiedet die

Landesregierung nach Anhörung von Verbänden und sonstigen Vereinigungen auf Basis des Berichts zur Anpassung an den Klimawandel eine landesweite Anpassungsstrategie mit vorsorgenden Anpassungsmaßnahmen.«

Die Klimaanpassungsstrategie des Landes

Die 2023 fortgeschriebene landesweite Anpassungsstrategie umfasst insgesamt elf Handlungsfelder. Aufbauend auf der Analyse der klimatischen Entwicklungen wurde für diese die Vulnerabilität aktuell bewertet. Hinzu kommt ein Maßnahmenkatalog. Dieser zeigt anhand von mehr als 100 Steckbriefen auf, wie sich den möglichen negativen Auswirkungen des Klimawandels im Land vorbeugen lässt und wie das Land, Kommunen und andere Akteure ihnen wirkungsvoll begegnen können.

Aus der »Strategie zur Anpassung an den Klimawandel in Baden-Württemberg« (Land BW, 2023) wird deutlich, wie eng die Klimawirkungen und die Handlungsfelder miteinander verzahnt sind und wie sehr sie sich wechselseitig beeinflussen. Wie breit die Anpassungsstrategie und ihre Fortschreibung angelegt sind, wird daraus ersichtlich, dass nahezu alle Fachressorts eingebunden wurden und diese dann gemäß ihrer jeweiligen Handlungsfelder aktiv daran mitgewirkt haben, genauso wie die Landesanstalt für Umwelt Baden-Württemberg (LUBW) sowie weitere Fachbehörden. Bei der Anpassungsstrategie wurde über das Beteiligungsportal des Landes die Öffentlichkeit beteiligt, auch wurden die Verbände im Rahmen des formellen Verfahrens angehört.

Die Fortschreibung der Klimaanpassungsstrategie gliedert sich in drei Säulen: Erstens die Klimaleitplanken: Was kommt auf uns zu? Zweitens die Vulnerabilitätsanalyse: Wer/Was ist betroffen? Und drittens die Maßnahmen: Was können wir tun?

Um die Abwehrkraft gegenüber dem Klimawandel zu stärken, muss proaktiv vorgegangen werden. Dabei gilt weiterhin als oberste Priorität, die Emissionen von Treibhausgasen zu reduzieren, sprich: Der Klimaschutz muss ambitioniert vorangetrieben werden, Anpassungsmaßnahmen stehen dazu nicht in Konkurrenz. Vielmehr sind parallel Maßnahmen zu entwickeln und umzusetzen, die die nicht mehr vermeidbaren Folgen des Klimawandels abfedern.

Vier Auswirkungen des Klimawandels stehen in der Anpassungsstrategie des Landes im Fokus (Abbildung 1): Hitze mit dem Fokus auf urbane Räume, ferner Trockenheit und Niedrigwasser insbesondere in ländlichen Räumen. Zudem Starkregen, Hochwasser und andere Extremereignisse, die überall eintreten können sowie die eher schleichenden Veränderungen, welche unter dem Titel Wandel von Lebensräumen und Arten behandelt werden. Dieser Wandel wirkt sich zwar im ländlichen Raum besonders vielseitig aus, aber zum Beispiel die klimabedingte Veränderung der Artenvielfalt betrifft auch die Städte und Gemeinden.

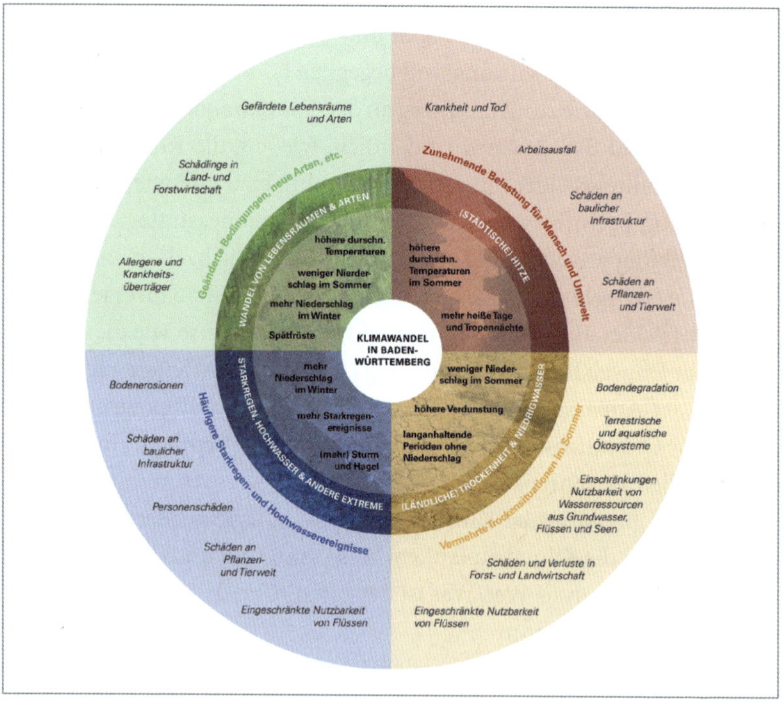

Abbildung 1: Im Fokus der Anpassungsstrategie des Landes stehen vier besonders gravierende Auswirkungen des Klimawandels. Illustration: Ecologic Institut/Anpassungsstrategie des Landes

Was dies für den Menschen und seine Anpassung an den Klimawandel bedeutet, wird anhand von elf Handlungsfeldern beschrieben: Boden, Gesundheit, Landwirtschaft, Naturschutz und Biodiversität, Stadt- und Raumplanung, Tourismus, Verkehr und Infrastruktur, Wald und Forstwirtschaft, Wasser, Wirtschaft und Energiewirtschaft sowie Bevölkerungsschutz. Insgesamt werden in der Anpassungsstrategie des Landes 102 Maßnahmen benannt, mit denen die Resilienz gegenüber den Auswirkungen des Klimawandels gestärkt werden soll.

Regelmäßiges Monitoring

Das Klimaschutz- und Klimawandelanpassungsgesetz des Landes schreibt vor, dass regelmäßig und systematisch erfasst werden soll, welche Folgen sich aus dem Klimawandel für das Land ergeben und wie man damit im Sinne von Anpassungsmaßnahmen umgehen kann. Nach 2017 und 2020 (LUBW, 2020) wurde kürzlich der neue Bericht veröffentlicht (LUBW 2025). Darüber hinaus wird künftig das baden-württembergische Umweltministerium – mit Unterstützung der Landesanstalt für Umwelt Baden-Württemberg – für die vom Bundesklimagesetz geforderte regelmäßige Berichterstattung gegenüber dem verantwortlichen Bundesministerium zuständig sein.

Im »Monitoringbericht 2025 zur Anpassungsstrategie an den Klimawandel in Baden-Württemberg« wurden elf Handlungsfelder genauer auf diejenigen Indikatoren hin untersucht, welche die Klimawandelfolgen sowie die Folgen der Umsetzung von Anpassungsmaßnahmen anzeigen. Dies waren Wald und Forstwirtschaft, Landwirtschaft, Boden, Naturschutz und Biodiversität, Wasserhaushalt, Tourismus, Gesundheit, Stadt- und Raumplanung, Wirtschaft und Energiewirtschaft sowie Bevölkerungsschutz und Verkehr. In den meisten Feldern ließen sich bereits Veränderungen belegen, die auf den Klimawandel zurückgeführt werden können.

Im Vergleich zu den beiden Berichten aus den Jahren 2017 und 2020 zeichnen sich die Klimafolgen im aktuellen Monitoringbericht 2025 noch deutlicher ab. Der Bericht gibt einen Überblick über den Stand der Umsetzung der Anpassungsmaßnahmen des Landes und vertieft anhand vieler Beispiele, wie die Klimawandelanpassung in Baden-Württemberg in der Fläche vorangebracht wird.

Zahlreiche Aktivitäten konnten in den vergangenen Jahren verstärkt werden. Mehr als die Hälfte der 101 Anpassungsmaßnahmen der Klimaanpassungsstrategie 2023 sind bereits als Daueraufgabe in das Handeln der öffentlichen Stellen im Land integriert.

Was die Kommunen tun können

Die Landesanpassungsstrategie und der Monitoringbericht nehmen vor allem die Aktivitäten auf Landesebene in den Fokus. Für einen erfolgreichen Umgang mit dem Klimawandel spielt allerdings die lokale Ebene der Landkreise, Städte, Gemeinden bis hin zu privaten Akteuren eine wichtige Rolle. Landkreise haben verschiedene Zuständigkeiten zum Beispiel in der medizinischen Versorgung oder auch in der Beratung und Genehmigung von Planverfahren. Sie können als regionale Schnittstelle aber auch wertvolle Unterstützung für ihre Städte und Gemeinden bieten. Städte und Gemeinden agieren wiederum selbst als Träger der Bauleitplanung und erfüllen Aufgaben der Daseinsvorsorge wie der Wasserversorgung, aber auch der vorsorgenden Gefahrenabwehr.

Andererseits sind sie Akteure in der übergeordneten Landes- und Regionalplanung, die unter anderem den Rahmen für klimaangepasste Siedlungs- und Freiraumstrukturen setzen. Das Land Baden-Württemberg unterstützt die Kommunen mit verschiedenen Informations- und Förderangeboten. So wurde zum Beispiel aus der Landesanpassungsstrategie eine Kompaktinformation für Kommunen erstellt (Land BW, 2023). Sie hebt diejenigen Maßnahmen hervor, bei denen Kommunen eine wichtige Rolle spielen.

Für die kommunalen Klimaanpassungsmaßnahmen sind ebenfalls alle vier zentralen Klimawirkungen aus der Anpassungsstrategie relevant: die sommerliche Hitze mit entsprechendem Hitzestress in eng bebauten Stadtbezirken, die Trockenheit und das Niedrigwasser mit Folgen für die Wasserversorgung, Pflanzengesundheit und aquatische Lebensräume, Starkregen- und Hochwasserereignisse mit den damit verbundenen katastrophalen Überschwemmungen sowie auch der klimabedingte Wandel von Lebensräumen und Arten, der nicht zuletzt aufgrund neuer Arten und Schadorganismen zu Herausforderungen im städtischen und ländlichen Raum führen.

Hitze

Steigende Temperaturen führen vor allem in urbanen Gebieten zu einer erhöhten Temperaturbelastung. Dabei kann es durch die dichte Bebauung, die starke Versiegelung, viel Verkehr und erhöhte Emissionen zu einer lokalen Hitzeentwicklung kommen, auch als »städtische Wärmeinsel« bezeichnet (Abbildung 2). Die Kommunen müssen mithin bestrebt sein, den Wärmeinseleffekt zu verringern, etwa indem Frischluftschneisen und Freiräume mit multifunktionaler Flächennutzung gesichert werden. Außerdem sind helle Straßen- und Wegebeläge sinnvoll, die das Sonnenlicht reflektieren und sich weniger stark aufheizen. Zudem muss eine lokale Kühlwirkung ressourcenbewusst ermöglicht werden, beispielsweise durch eine blau-grüne Infrastruktur und Schatten spendende Bäume oder entsprechende Baumaßnamen wie beispielsweise Sonnensegel. Wichtig ist auch, dass die Kommunen Hitzeaktionspläne erstellen und in diesem Zusammenhang die Menschen für die Gefahren durch Hitzestress sensibilisieren und über ein hitzeangepasstes Verhalten informieren. Dazu sind

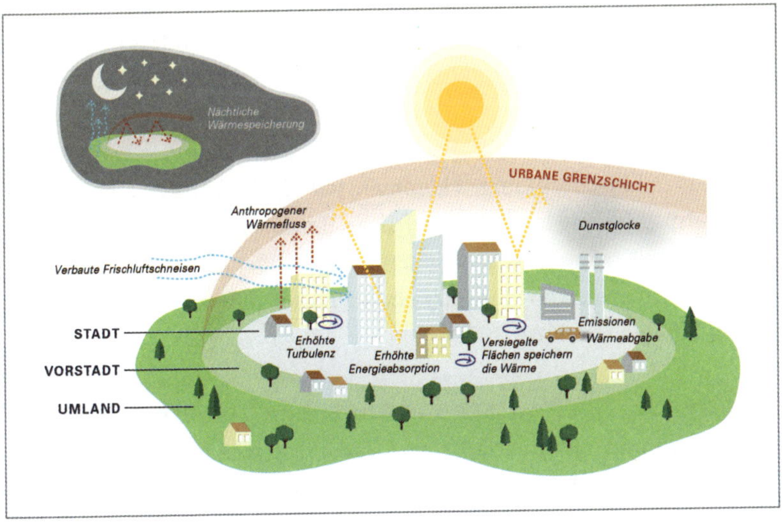

Abbildung 2: Städtische Wärmeinsel. Illustration: Ecologic Institut/ Anpassungsstrategie des Landes

auch eine Überwachung sowie eine Analyse der Auswirkungen des Klimawandels auf verschiedene Bevölkerungsgruppen erforderlich, um eine zielgruppenspezifische Gesundheitsprävention zu gewährleisten.

Trockenheit und Niedrigwasser

Tendenziell zeigt sich eine Zunahme der Niederschlagssummen in den Wintermonaten und eine Abnahme in den Sommermonaten Juni, Juli und August. Verringerte Niederschlagsmengen führen zusammen mit temperaturbedingt erhöhten Verdunstungsraten – beziehungsweise einem höheren Wasserbedarf von Pflanzen – einerseits zu niedrigeren Wasserständen und reduzierten Abflussmengen in den Flüssen und Seen und andererseits zum Austrocknen von oberflächennahen Bodenschichten. Trockene Böden sind anfälliger für Erosion durch Wind und Wasser, zudem haben sie direkte Folgen für die Bodenfauna.

Die Abnahme der Sommerniederschläge und die sich daraus ergebenden Trockenheitsauswirkungen auf Gewässer, Böden und Vegetation haben weitreichende Folgen für den Menschen. Auch in landwirtschaftlichen Kulturen können erhebliche Verluste durch reduziertes Wachstum, Pflanzensterben oder Schädlingsbefall auftreten. Zunehmende Trockenperioden können regional zu Engpässen in der Trinkwasserversorgung führen – auch wenn diese in Baden-Württemberg grundsätzlich als gesichert gilt, und das auch in Zukunft. Bei anderen Wassernutzungen kann es aber durchaus zu Einschränkungen kommen, wie bereits heute zu erkennen ist, zum Beispiel für die landwirtschaftliche Bewässerung, die Kühlung von thermischen Kraftwerken, die wasserbezogene Energiegewinnung und die Transportkapazität von Flüssen (siehe dazu auch die Wassermangelstrategie des Landes, Land BW, 2022)

Starkregen, Hochwasser und andere Extremereignisse

Inzwischen sind etwa die Hälfte der Hochwasserschäden in Baden-Württemberg auf Starkregenereignisse zurückzuführen (Land BW, 2023). Zudem können Stürme und Hagel Schäden an Gebäuden und hier vor allem an Dächern und Solaranlagen verursachen. Nicht nur, aber auch für die Kommunen sieht die Anpassungsstrategie des Landes daher eine Reihe von übergreifenden Anpassungszielen vor – siehe dazu auch das Hochwasserportal des Landes (o.J.). Dazu zählt, dass der Klimawandel beim Hochwasserschutz und der Hochwasservorsorge berücksichtigt wird. Außerdem ist eine Analyse von Starkregenrisiken empfehlenswert. Dabei gilt es, die Infrastrukturen für Verkehr sowie für Trink- und Abwasser besonders zu schützen und die Bemessungsgrundlagen für das Kanalnetz zu überprüfen. Im urbanen Bereich liefern die Flächenentsiegelung und andere Maßnahmen zur Erhöhung der Wasserspeicherfähigkeit des Bodens einen wichtigen Beitrag. Hier helfen auch wasserdurchlässige Beläge, wodurch die Hitzebelastungen reduziert und die Versickerung erleichtert wird. Zudem sollten auch Überflutungsflächen naturnah entwickelt werden, verbunden mit der Reduzierung von Hochwasserspitzen durch abflusshemmende und landschaftsökologische Maßnahmen. Weiterhin sollten durch eine angepasste Bauleitplanung neue Risiken vermieden werden. Klar ist auch, dass Einsatzkräfte vorbereitet und geschult sowie die Eigenvorsorge der Bevölkerung und der Unternehmen gestärkt werden müssen. Zusammenfassend bedeutet dies mithin, ein kommunales Risikomanagement für Starkregenereignisse zu entwickeln.

Wandel von Lebensräumen und Arten

Sowohl an Land als auch im Wasser wird in nächster Zeit mit einem Rückgang der Artenvielfalt gerechnet. Andererseits führt die Zuwanderung und Ausbreitung von wärmeliebenden Arten zu einer Ergänzung der etablierten Artenvielfalt. Dies kann allerdings auch nachteilige Auswirkungen haben, etwa durch Veränderungen in den Nahrungsketten oder neue Konkurrenzsituationen. Und es können sich auch Arten etablieren, die beispielsweise für die Produktion von Nahrungsmitteln ausgesprochen schädlich sind. Gefahren bestehen auch für die menschliche Gesundheit, etwa durch Insekten wie die Asiatische Tigermücke, die Krankheiten übertragen, die bisher hierzulande nicht vorkamen. Zu nennen ist hier auch die krautige Pflanze Ambrosia, deren Pollen bei empfindlichen Menschen zu allergischen Reaktionen führen. Hier können Kommunen beim Monitoring von entsprechenden Arten, beim Schutz von sensiblen Lebensräumen, beim Ausbau des Biotopverbunds sowie bei der Sensibilisierung der Bevölkerung unterstützen. Hilfreich ist auch die Anlage und Pflege von Straßenbegleitgrün, das an den Klimawandel angepasst und ökologisch orientiert sein sollte.

Stand der Maßnahmenumsetzung

Parallel zu den Erhebungen im Monitoringbericht wurde Ende 2023 durch das Kompetenzzentrum Klimawandel der LUBW eine – freiwillige – Umfrage sowie Internetrecherche zum Stand von Strategien und Konzepten zur Anpassung an den Klimawandel bei den Gemeinden und Kreisen des Landes durchgeführt (LUBW, 2024). Unter anderem wurde abgefragt, ob es Personal in der Klimaanpassung gibt und welche Klimaanpassungsmaßnahmen bereits umgesetzt wurden. Daran hatten sich 17 der 44 Stadt- und Landkreise sowie 172 der 1092 Gemeinden (ohne Stadtkreise) in Baden-Württemberg beteiligt. Als ein wichtiges Ergebnis der Umfrage zeigte sich, dass Stellen zum Klimaschutz weitaus häufiger vorhanden sind als Klimaanpassungsstellen. Darüber hinaus werden als Folgen des Klimawandels vor allem Trockenheit, Dürre, Hitze sowie Sturzfluten und Starkregen wahrgenommen. Am häufigsten gibt es Konzepte, wie dem Starkregenrisiko am besten begegnet werden kann. Klimaanpassungskonzepte sind in vielen Kommunen in Planung. Bei der Umsetzung von Anpassungsmaßnahmen liegen die Schwerpunkte der Gemeinden auf Anpassungsmaßnahmen gegen Starkregen, Hochwasser, Trockenheit und Hitze, während bei den Kreisen vor allem Hochwasser im Fokus ist.

Je größer die Gemeinde ist, umso häufiger gibt es Stellen in den Bereichen Klimaschutz und Klimaanpassung. In den größeren Gemeinden werden auch die Folgen der Hitze häufiger wahrgenommen. Dementsprechend sind die umgesetzten Konzepte und Maßnahmen auch umso häufiger und vielfältiger, je größer die Gemeinde ist. Demgegenüber ist man in den kleinsten Gemeinden am unsichersten, wie der Stand der Anpassung einzuschätzen ist.

Insgesamt zeigen die Ergebnisse damit, dass die Folgen des Klimawandels in den Kommunen angekommen sind. Während die größeren Gemeinden gegenüber den Auswirkungen des Klimawandels eine stärkere Betroffenheit wahrnehmen und auch mehr Maßnahmen zur Vorsorge und Anpassung ergreifen, sind bei kleineren Gemeinden die Unsicherheiten offenbar noch groß. Sie benötigen nach eigenen Angaben oft noch finanzielle, fachliche und personelle Unterstützung, um die Folgen des Klimawandels bewerten und Maßnahmen zur Klimawandelanpassung umsetzen zu können.

Zukünftige Aufgaben der Kommunen

Laut dem Klimaanpassungsgesetz des Bundes (KAnG) müssen Länder und Gemeinden einen verbindlichen Rahmen für die Umsetzung vorgeben. Baden-Württemberg hat dafür mit dem Klimaschutzgesetz von 2023 bereits den Grundstein gelegt. Nun ist das Gesetz so erweitert worden, dass die kommunale Klimaanpassung in einem effizienten Prozess ablaufen kann. Unter Berücksichtigung bereits bestehender Anpassungskonzepte sollen Synergien zwischen Landkreisen und Gemeinden erzeugt werden. Vor allem aber gilt es, die wesentlichen Inhalte der kommunalen Pläne zu regeln.

Das Klimaanpassungsgesetz des Bundes vom 20.12.2023 ist seit dem 01.07.2024 in Kraft getreten. Es gibt einen verbindlichen Rahmen für die Vorsorge gegen die Gefahren des Klimawandels vor. Das Gesetz zielt darauf ab, die Resilienz gegenüber den Auswirkungen des Klimawandels auf allen Ebenen zu erhöhen. Neben Anpassungsstrategien auf Bundes- und Landesebene sollen flächendeckend auf kommunaler Ebene Anpassungskonzepte auf der Grundlage von Analysen zur Notwendigkeit von Anpassungsmaßnahmen durchgeführt werden. Ein entsprechender Umsetzungsauftrag an den Landesgesetzgeber zur Verpflichtung der kommunalen Ebene wird in § 12 KAnG erteilt.

Damit sind jedoch keine Entlastungen für die Bemühungen beim Klimaschutz verbunden. Denn ohne eine Begrenzung des Klimawandels auf ein erträgliches Maß durch Klimaschutz wird auch die Anpassung an den Klimawandel schnell an ihre Grenzen stoßen. Dies zeigen uns bereits heute die inzwischen häufiger auftretenden Wetterextreme, die zunehmend Menschenleben kosten und Sachschäden in Milliardenhöhe verursachen.

Das Bundesgesetz sieht vor, dass flächendeckend Anpassungskonzepte erstellt werden, damit perspektivisch im gesamten Bundesgebiet keine »weißen Flecken« mehr vorhanden sind. Der aktuelle Gesetzesentwurf der Landesregierung sieht vor, dass Stadt- und Landkreise sowie Große Kreisstädte für ihre Gebiete selbstständig Anpassungskonzepte erstellen. Darüber hinaus erhalten die Landkreise die Aufgabe, die übrigen kreisangehörigen Gemeinden bei der Erstellung der Anpassungskonzepte weitgehend zu entlasten. Die Landkreise erarbeiten die Konzepte für mehrere Gemeinden gemeinsam (Konvois) – insbesondere Klimawirkungsanalyse sowie

Betroffenheitsanalyse – und bereiten einen Gesamtentwurf einschließlich Vorschläge für Anpassungsmaßnahmen im Zusammenwirken mit den Gemeinden vor. Die Beschlussfassung insbesondere zu den notwendigen Anpassungsmaßnahmen in der jeweiligen Gemeinde bleibt dem jeweiligen Gemeinderat vorbehalten.

Die Umsetzung von Anpassungsmaßnahmen kann weiterhin in den Landes- und Bundesprogrammen zur Förderung beantragt werden. Darüber hinaus setzt sich das Umweltministerium auf Bundesebene für die Einführung einer neuen Gemeinschaftsaufgabe zur Mitfinanzierung von kommunalen Klimaaufgaben durch den Bund ein.

Inhalte der Klimaanpassungskonzepte

Für ein Anpassungskonzept muss eine Klimawirkungsanalyse erstellt werden. Damit werden die gegenwärtigen und zukünftigen klimatischen Zustände und Risiken im Zusammenhang mit den Auswirkungen des Klimawandels ermittelt. Die Basis hierfür bilden aktuell landesweit verfügbare Daten, eine Betroffenheitsanalyse sowie Analysen zur Bewertung und Feststellung von potenziellen Risiken und Handlungserfordernissen. Weiterhin sind Anpassungsziele und Prioritäten zu benennen. Schließlich muss für die Umsetzung des Konzepts ein Maßnahmenkatalog zusammengestellt werden, der auf die örtlichen Gegebenheiten bezogenen ist. Dieser Katalog sollte möglichst auch Vorsorgemaßnahmen für extreme Hitze vor allem in urbanen Räumen, für extreme Trockenheit und Wassermangel sowie für Starkregen enthalten. Auch sollten solche Maßnahmen adressiert werden, welche die Eigenvorsorge der Bürgerinnen und Bürger erhöhen. Maßnahmen zur Vorsorge bei klimabedingten negativen Veränderungen von Lebensräumen und Arten können ebenfalls aufgenommen werden.

Wie umfangreich und detailliert die Konzepte ausgearbeitet werden, richtet sich nach den Möglichkeiten und Betroffenheiten der zuständigen Gemeinden und Landkreise. Dabei sollen Unterstützungsleistungen durch die Landkreise, die Landesanstalt für Umwelt Baden-Württemberg und durch verfügbare Dienstleister in Anspruch genommen werden können.

Bei der Aufstellung von Klimaanpassungskonzepten ist die zuvor erläuterte Strategie des Landes genauso zu berücksichtigen wie Analysen von Klimaauswirkungen und Betroffenheiten sowie Anpassungskonzepte von Regionen oder Gebietskörperschaften, an welche die Gemeinde oder der Landkreis angrenzt oder in denen sich die Gemeinde oder der Landkreis befindet. Ebenfalls mit einzubeziehen sind bereits bestehende relevante Planungen und sonstige Grundlagen, wie Hitzeaktionspläne, Starkregen- und Hochwassergefahrenkarten, Freiraumkonzepte sowie Landschafts- und Grünordnungspläne. Dabei soll identifiziert werden, welche Lücken bezüglich der Klimaanpassung in der bisherigen Planung für das jeweilige Gebiet bestehen. Diese eventuell bestehenden Lücken sollen dann durch entsprechende Maßnahmen geschlossen werden. Bestehen bereits hinreichend aktuelle Teilkonzepte, die Aufgabenbereiche der Klimaanpassung behandeln, können sie als Bestandteil eines umfassenden Anpassungskonzepts integriert werden.

Bereits bestehende kommunale Klimaanpassungskonzepte von Landkreisen, Stadtkreisen und Großen Kreisstädten, die vor dem 1. Januar 2015 im Kreistag oder Gemeinderat beschlossen oder zuletzt aktualisiert wurden, sind gemäß den neuen Vorgaben fortzuschreiben. Im Übrigen können bestehende oder in Entstehung befindliche Klimaanpassungskonzepte von Stadtkreisen, Großen Kreisstädten und sonstigen Gemeinden fortbestehen, soweit sie nach deren Ermessen inhaltlich hinreichend aktuell und fachlich ausreichend sind. Werden Überarbeitungen für erforderlich erachtet, sollen diese den neuen Anforderungen entsprechen.

Vielseitige Unterstützung

Im Land sind vielfältig nutzbare Daten für Gemeinden, Stadt- und Landkreise verfügbar. Zudem soll es fachliche Unterstützung zum Beispiel in Form von Schulungen und Hinweispapieren durch das Kompetenzzentrum Klimawandel an der LUBW geben. Für die Kommunen unter 20.000 Einwohnern ist eine Entlastung bei der Erstellung durch die Landkreise vorgesehen. Durch eine Zusammenarbeit mit mehreren Kommunen in Konvois sollen möglichst viele Synergien genutzt werden. Außerdem sieht das Gesetz einen finanziellen Ausgleich für die Erstellung der kommunalen Klimaanpassungskonzepte, für personellen Mehraufwand sowie für externe Unterstützungsleistungen für große Landkreise vor. Den Kommunen kommt bei der Umsetzung ein weitgehender Umsetzungsspielraum zu (Pflichtaufgabe ohne Fachaufsicht). Umfang und Detaillierungsgrad richten sich nach den Möglichkeiten und der Betroffenheit der jeweiligen Kommunen unter Berücksichtigung der Unterstützungsleistungen durch das Land.

Darüber hinaus soll als Fortsetzung des früheren Förderprogramms »KLIMOPASS« auch weiterhin eine finanzielle Förderung zur Klimaanpassung in Baden-Württemberg bereit gestellt werden. Der Fokus soll dann auf dem Ausbau einer Blau-Grünen-Infrastruktur liegen. Auf Bundes- und Landesebene gibt es fortlaufend Förderangebote, die weitere spezifische Aspekte der Klimaanpassung finanziell unterstützen, zum Beispiel Konzepte zum Starkregenrisikomanagement über die Verwaltungsvorschrift Wasserwirtschaft.

Das Kompetenzzentrum Klimawandel

Seit Mai 2021 gibt es an der Landesanstalt für Umwelt Baden-Württemberg das Kompetenzzentrum Klimawandel. Es dient als zentrale Ansprechstelle und Informationsquelle für Kommunen, Multiplikatoren und die interessierte Bürgerschaft zu den Themen Klimawandel, Klimawandelfolgen und Anpassung. Insbesondere werden künftig die Kommunen beim Aufbau von Anpassungskompetenzen, bei Planungsprozessen sowie beim Initiieren und Umsetzen von Anpassungsmaßnahmen unterstützt. Dazu zählen aktuell bereits ein interaktives Daten- und Informationsangebot (Klimaatlas BW), eine Frage-und-Antwort-Themenreihe zur kommunalen Anpassung und gute Beispiele von umgesetzten Maßnahmen. Das Angebot wird fortlaufend erweitert.

Das Kompetenzzentrum geht vor allem auch der Frage nach, welche klimatischen Veränderungen im Land in Zukunft zu erwarten sind und wie diese das Leben verändern und bestimmen werden. Dazu werden am Kompetenzzentrum Klimadaten beispielsweise aus regionalen Modellen ausgewertet und aufbereitet. Eng verknüpft mit den klimatischen Veränderungen und Auswirkungen ist die Frage, mit welchen Maßnahmen der Anpassung diesen neuen Herausforderungen am besten begegnet werden kann. Dabei spielen neben den ökologischen Folgen des Klimawandels insbesondere auch ökonomische, soziale und gesundheitliche Aspekte eine Rolle. Dabei fördert das Kompetenzzentrum als Netzwerkknoten die Kommunikation und Zusammenarbeit von kommunalen, fachlichen, wissenschaftlichen und weiteren Beteiligten in diesen Themenbereichen.

Darüber hinaus unterstützt das Kompetenzzentrum das baden-württembergische Ministerium für Umwelt, Klima und Energiewirtschaft fachlich bei der regelmäßigen Fortschreibung der Anpassungsstrategie und des Monitoringberichts.

Julia Brasche und Ellinor Roth

Stadtklima analysieren, Problemzonen verbessern

Brütende Hitze, wenig Schatten und schlechte Luft: Durch ihre dichte Bebauung und starke Versiegelung heben sich Städte und Ballungsräume deutlich von ihrem Umland ab. Erhöhte Temperaturen, aber auch Schadstoffbelastungen etwa aus Industrie, Verkehr und Haushalten sowie Lärm schmälern gerade im Sommer die urbane Lebens- und Aufenthaltsqualität. Das sogenannte Stadtklima belastet Gesundheit und Wohlbefinden.

Was verbirgt sich hinter dem Begriff Stadtklima?

Stadtklima beschreibt das lokale Klima in urbanen Räumen, das durch menschengemachte Umweltveränderungen entsteht. Eng bebaut und versiegelt, mangelt es den Städten in der Regel an grünen Flächen und Regenwasser. Letzteres kann nicht kühlend verdunsten, sondern wird schnell über die Kanalisation abgeleitet. Materialien wie Stein, Beton und Asphalt speichern Wärme länger als natürliche Oberflächen, wodurch im Sommer die aufgeheizte Baumasse nachts Wärme abgibt und die Abkühlung der Luft verhindert. Dies alles führt zu typischen Hitzeinseln in Städten. Der Effekt wird durch die hohe Gebäudedichte und die versiegelte Oberflächenstruktur verstärkt.

Kein Wunder also, dass in Städten die Anzahl der Tropennächte, in denen die Temperatur nicht unter 20 °C fällt, deutlich höher ist als im Umland. Demgegenüber steigt die Anzahl der belastenden Hitzetage mit Tagestemperaturen von mehr als 30 °C nur geringfügig an. Tropische Nächte sind aus medizinischer Sicht allerdings ziemlich problematisch. Die mangelnde nächtliche Abkühlung kann die Schlafqualität erheblich beeinflussen. Dadurch ist auch die körperliche Regeneration mehr oder weniger stark eingeschränkt – was dann die Wärmebelastung des Körpers am nächsten Tag zusätzlich verstärkt.

Auswirkungen der urbanen Hitzeinsel

Ein weiteres charakteristisches Merkmal urbaner Räume ist die Veränderung der Windverhältnisse. Die größere Oberfläche und Rauigkeit der mehrgeschossigen und geschlossenen Bebauung reduziert durch ein hohes Maß an Reibung die Windgeschwindigkeit um bis zu 30 Prozent im Jahresmittel (Ministerium für Verkehr und Infrastruktur Baden-Württemberg, 2012, 34). Vor allem werden windstille Ereignisse um bis zu 20 Prozent häufiger (vgl. ebd.). So wird der Luftaustausch mit dem Umland und den höheren Luftschichten verringert und der Abtransport von aufgeheizter Luft und Schadstoffen behindert. Da sich die Windgeschwindig-

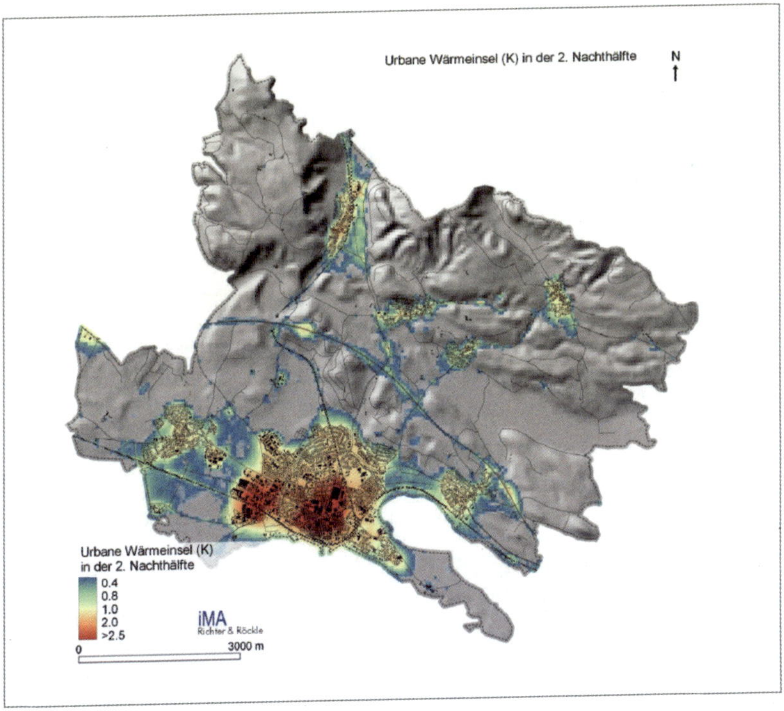

Abbildung 1: Urbane Hitzeinsel in der zweiten Nachthälfte am Beispiel Radolfzell. Illustration: iMA, Freiburg

keit zum Zentrum hin abschwächt, ist das Defizit an Durchlüftung dort am stärksten ausgeprägt. Verbunden mit fehlenden Anschlüssen an Kaltluft leitenden Ventilationsbahnen, sogenannten Frischluftleitbahnen oder Kaltluftschneisen, kann kühle Luft aus der umliegenden Landschaft nicht bis zum Stadtkern vordringen, um dort ausreichend zu kühlen. In besonders ungünstigen Lagen wie engen Straßenschluchten oder Hinterhöfen kann dadurch ein erheblicher Wärmestau entstehen. Verbunden mit der Abwärme aus Verbrennungsprozessen in Industrie, Verkehr und Energiewirtschaft sowie der Entstehung von Wärme bei Beleuchtung, Heizung und Kühlung ist es nicht weiter überraschend, dass der Temperaturunterschied zwischen Stadt und Umland in den Sommermonaten bis zu 10 °C betragen kann (Abbildung 1). Zusammen mit der hohen Belastung von gas- und partikelförmigen Stoffen in der Luft entsteht ein ungesundes Stadtklima. All das macht den Aufenthalt im urbanen Raum für hitzesensible und vulnerable Menschen zur Belastungsprobe. Vor allem Kindern, Senioren und Vorerkrankte, insbesondere mit Herz-Kreislauf-Beschwerden, fällt die körperliche Regeneration durch die fehlende Abkühlung schwer.

Klimawandel und seine Folgen für die Städte

Mit dem Voranschreiten der Erderwärmung verändern sich Wettermuster. Es entstehen häufiger wolkenlose, windschwache Hochdrucklagen, was zu einer wachsenden Anzahl, Dauer und Intensität von Hitzetagen und den auf sie folgenden Tropennächten führt. Das wiederum zieht langanhaltende Hitzewellen und eine Verschärfung der Belastungen in den genannten städtischen Problemfeldern nach sich. Schon heute zeichnet sich ab, dass es nicht allein in Großstädten ab 100.000 Einwohnern künftig noch heißer wird, sondern auch in mittelgroßen Städten ab 20.000 und in Kleinstädten ab 5.000 Einwohnern. Klimafachleute rechnen in Baden-Württemberg mit einem Temperaturanstieg, der im Jahresmittel von +0,8 bis +1,8 °C in der nahen Zukunft (2021 bis 2050) und von +3 bis +4,5 °C in der fernen Zukunft (2071 bis 2100) im Vergleich zum Referenzzeitraum 1971 bis 2000 mit 8,4 °C reicht (LUBW, 2021). Die gravierendste Folge eines solchen Anstieges ist das dadurch bedingte Krankheits- und Sterberisiko.

Analysieren, bewerten, handeln

Kommunalverwaltungen müssen die aktuelle klimatische Situation und zukünftige Veränderungen in ihre Planungen einbeziehen. Ein bewährtes Werkzeug hierfür ist die Stadtklimaanalyse, die hilft, Neubaugebiete, Quartiere und Infrastrukturprojekte klimafreundlich zu gestalten (Abbildung 2).

Ziel jeder Planung ist es, thermische Belastungen zu mindern und Windströme für eine Durchlüftung des jeweiligen Stadtteils optimal zu nutzen. Dazu wird das Stadtgebiet auf verschiedene planungsrelevante lokalklimatische Eigenschaften hin untersucht. Dabei spielen unter anderem Faktoren eine Rolle, welche die Erwärmung beeinflussen, wie etwa Flächennutzung, Gebäudedichte, Versiegelungsgrad sowie Art und Struktur der vorhandenen Vegetation. Einflüsse, die auf die Kalt- und Frischluftzufuhr von stadtnahen und innerstädtischen Grünflächen relevant sind, werden ebenfalls betrachtet. Darunter zum Beispiel Hangneigung, Kaltluftleitbahnen oder die Oberflächenstruktur. Belüftungssysteme, die aus der umliegenden Landschaft

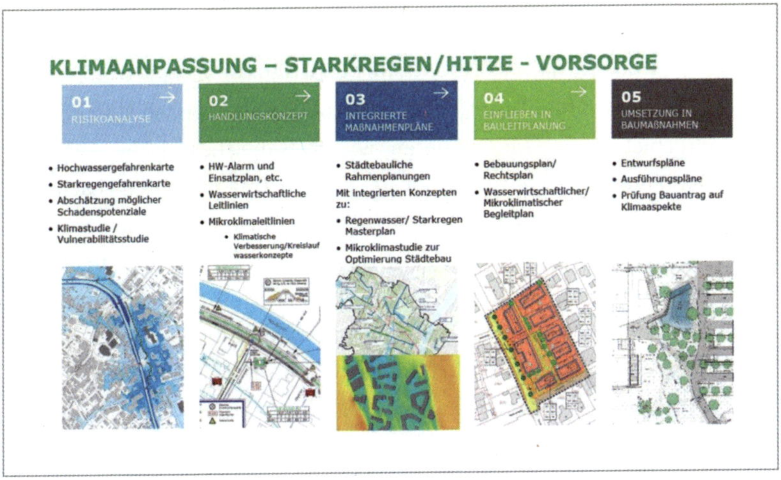

Abbildung 2: Von der Strategie zur Umsetzung – Aspekte der Klimaanpassung (Hitze/Wasser) müssen auf jeder Planungsebene integriert werden. Illustration: Henning Larsen

kalte Luft in Siedlungen transportieren, gewinnen an Bedeutung. Ihre abkühlende Wirkung und die mit ihnen verbundene Abfuhr von Luftverunreinigungen tragen wesentlich zur Verbesserung in belasteten Stadtgebieten bei. Die computergestützte Analyse des Stadtklimas liefert damit auch Informationen über die Wechselwirkung zwischen Flächen und deren klimaökologisches Be- oder Entlastungspotenzial. Räumlich-funktionale Zusammenhänge und die Synergien, die sie bieten, können so in der Planung gezielt für standortangepasste Konzepte und Strategien genutzt werden. Das bietet die Chance, Flächen im Rahmen der Klimaanpassung multifunktional zu nutzen. Dabei werden auf überschaubarem Raum mehrere Ziele wie Gesundheitsschutz, Biodiversität, Regenwassermanagement und andere platziert und mit Perspektiven der Klimaanpassung verknüpft. Investitionen in die Stärkung der kommunalen Klimaresilienz zeigen damit nicht nur große Wirkung, sondern ebenso ein lohnendes Kosten-Nutzen-Verhältnis.

Klimaanalysekarten geben Aufschluss über Wärmebelastung

Die Analyse lokaler Standort- und Klimadaten gibt darüber hinaus Aufschluss über die Verteilung der Wärmebelastung im Verlauf von Tag und Nacht. Mit einer Klimafunktionskarte (Abbildung 3) lassen sich Flächen im Stadtgebiet danach klassifizieren, wie groß die thermische Belastung ist. So kann man Bereiche mit ähnlichen mikroklimatischen Eigenschaften abgrenzen, die »Klimatope« genannt werden und vergleichbare Strukturen aufweisen hinsichtlich der Flächennutzung, der Bebauungsdichte, des Versiegelungsgrades, der Rauigkeit und des Vegetationsbestandes (Stadt Mühlheim an der Ruhr, o.J.). Diese Areale werden in der Klimaanalysekarte dargestellt. Dafür definiert die VDI Richtlinie 3787 Blatt 1 folgende **Klimatope** und deren Bedeutung: *Freilandklima* (Frisch- und Kaltluftentstehungsgebiet), *Waldklima* (Frischluftentstehungsgebiet), *Klima innerstädtischer Grünflächen* (Misch- und Übergangsklimate), *Vorstadtklima* (Überwärmungspotenzial), *Stadtklima* (Moderate Überwärmung) und *Innenstadtklima* (starke Überwärmung) (Institut für Klima- und Energiekonzepte, o.J.).

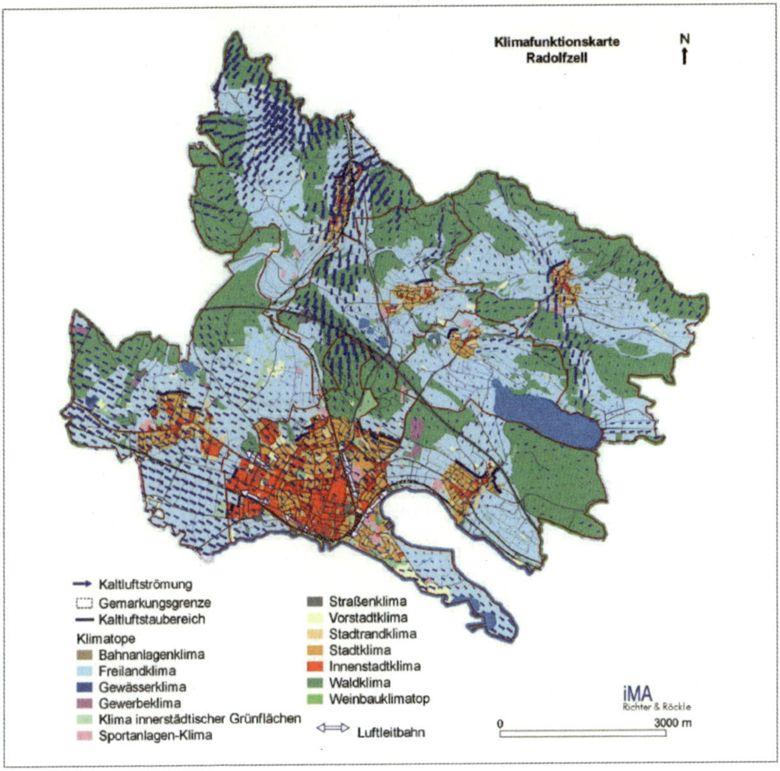

Abbildung 3: Die Klimafunktionskarte zeigt am Beispiel der Stadt Radolfzell die Klimatope, die Kaltluftströmung im bodennahen Bereich um 22.00 Uhr und die potenziellen Luftleitbahnen. Illustration: iMA, Freiburg

Exkurs: Klimatope

Klimaanalysekarten sind ein wichtiges Werkzeug, wenn es darum geht, die Wärmebelastung und das Kaltluftprozessgeschehen hinsichtlich Kaltluftentstehung und -abfluss zusammengefasst darzustellen. Sie geben Auskunft zu klimatisch günstigen und ungünstigen Gebieten (Ausgleichs- und Lasträume) und liefern für die Erstellung von Planungshinweiskarten wichtige Hinweise zur Klimatop- und Freiflächenvernetzung und zu möglichen Maßnahmen, um das lokale Klima zu verbessern (Ministerium für Klimaschutz, Landwirtschaft,

Natur- und Verbraucherschutz des Landes Nordrhein-Westfalen, 2011, 18). Die Identifizierung von lokal vorhandenen Klimatopen leistet dazu einen zentralen Beitrag. Neben Aussagen zum nächtlichen Kaltluftprozessgeschehen lassen die Klimatope auch Aussagen zu lufthygienischen Zusatzbelastungen etwa aus Straßenverkehr und von Großemittenten zu. Sie sind damit ein wesentlicher Baustein von Anpassungskonzepten und Grundlage von Anpassungsmaßnahmen. Da in Siedlungsgebieten die mikroklimatischen Ausprägungen hauptsächlich durch die reale Flächennutzung und vor allem durch die Art der Bebauung bestimmt werden, sind die Klimatope nach den dominanten Flächennutzungsarten beziehungsweise baulichen Nutzungen benannt (Ministerium für Verkehr und Infrastruktur Baden-Württemberg, 2012, 176).

Das **Gewässer-Klimatop**: Vor allem großflächige Gewässer wirken durch schwach ausgeprägte Tages- und Jahresgänge thermisch ausgleichend auf die Umgebung aus. Dort sind die Lufttemperaturen im Sommer tagsüber niedriger und nachts höher. Eine hohe Luftfeuchte und Windoffenheit ist für diesen Klimatoptyp charakteristisch.

Das **Freiland-Klimatop** weist einen stark ausgeprägten Tages- und Jahresgang der Temperatur und Feuchte auf. Typisch sind zudem äußerst geringe Veränderungen in der Windströmung, wodurch die intensive nächtliche Frisch- und Kaltluftbildung nachhaltig gefördert wird. Dies trifft insbesondere auf ausgedehnte Wiesen- und Ackerflächen sowie auf Freiflächen mit sehr lockerem Gehölzbestand zu.

Im **Wald-Klimatop** ist der Tages- und Jahresgang von Temperatur und Luftfeuchtigkeit sehr gering ausgeprägt. Während es tagsüber durch die Verschattung und Verdunstung im Stammraum bei hoher Luftfeuchtigkeit relativ kühl ist, treten nachts relativ milde Temperaturen auf. Zudem wirkt das Blätterdach als Filter gegenüber Luftschadstoffen und der Wasserhaushalt wird reguliert.

Bei **Grünanlagen-Klimatopen** handelt es sich um innerstädtische, parkähnliche Grünflächen. Typisch für sie ist ein extremer Tagesgang von Temperatur und Luftfeuchtigkeit. Ähnlich wie im Freiland kommt es dadurch zu einer Frisch- und Kaltluftproduktion, die einen positiven Effekt auf die bebaute und meist aufgeheizte Umgebung hat. Größere Grünflächen dienen als Ventilationsschneisen. Innerörtliche Grünflächen mit dichtem Baumbestand sorgen für eine gute Verschattung. Dadurch entstehen tagsüber kühle Gunsträume mit höherer relativer Luftfeuchtigkeit, die in einer erwärmten Umgebung eine wichtige Ausgleichsfunktion erfüllen.

Hinter dem Begriff **Gartenstadt-Klimatop** verbergen sich bebaute Flächen mit offener, ein- bis dreigeschossiger Bebauung und reichhaltigen Grünflächen. Gegenüber dem Freiland-Klimatop sind alle Klimaelemente leicht modifiziert, wobei es nachts merklich abkühlt und Regionalwinde nur unwesentlich gebremst werden.

Kennzeichnend für das **Stadtrand/Vorstadt-Klimatop** ist eine dichtere Bebauung mit maximal dreigeschossigen Einzelgebäuden, Reihenhäusern oder Blockbebauung mit grünen Arealen. Aber auch maximal fünfgeschossige freistehende Gebäude mit grünen Bereichen können in diesem Klimatoptyp auftreten. Die nächtliche Abkühlung ist stark eingeschränkt und im Wesentlichen von der Umgebung abhängig. Die lokalen Winde und Kaltluftströme werden behindert, während Regionalwinde stark gebremst werden.

Charakteristisch für das **Stadt-Klimatop** ist eine mehrgeschossige geschlossene Bebauung mit einem lediglich geringen Grünflächen-Anteil und freistehenden Hochhäusern. Tagsüber heizen sich die betreffenden Klimatop-Bereiche stark auf, während die Auskühlung in der Nacht sehr gering ausfällt. So entsteht gegenüber der Umgebung ein Hitzeinseleffekt mit relativ niedriger Luftfeuchtigkeit. Regionale und überregionale Windsysteme werden von der dichten und hohen Bebauung stark beeinflusst, sodass der Luftaustausch eingeschränkt wird und eine hohe Schadstoffbelastung besteht. Dies gilt in Verbindung mit einer hohen Lärmbelastung vor allem für Straßenschluchten, für die böenartige Windverwirbelungen ein typisches Merkmal sind.

Kennzeichnend für das **Stadtkern-/Innenstadt-Klimatop** ist eine dichte und hohe innerstädtische Bebauung mit sehr wenigen Grünanteilen, wodurch es tagsüber zu einer starken Aufheizung kommt, während in der Nacht eine deutliche Hitzeinsel mit geringer Luftfeuchtigkeit entsteht. Durch die massive Bebauung werden regionale und überregionale Winde stark beeinflusst. Insgesamt ist die Schadstoffbelastung hoch. In den Straßenschluchten treten zudem neben böenartigen Windverwirbelungen besonders hohe Luftschadstoff- und Lärmbelastungen auf.

Das **Gewerbe-Klimatop** entspricht weitestgehend dem der verdichteten Bebauung. Hinzu kommen allerdings ausgedehnte Zufahrtsstraßen, Stellplatzflächen und eine erhöhte Schadstoff- und Abwärmebelastung. Wärme-

bildaufnahmen zeigen, dass es nachts vor allem im Dachniveau großer Hallen zu einer intensiven Auskühlung kommt, während die von Gebäuden gesäumten Parkplatzflächen und Straßen weiterhin stark erwärmt bleiben.
Das **Industrie-Klimatop** weist starke Parallelen zum Stadt-Klimatop und dem Stadtkern/Innenstadt-Klimatop auf. Hinzu kommen vor allem größere Verkehrsflächen und weit höhere Emissionen. Bei intensiver Aufheizung am Tage bildet sich auch in den Nachtstunden aufgrund der Ausdehnung versiegelter Flächen eine deutliche Hitzeinsel aus, obwohl die Dächer der Hallen wie beim Gewerbe-Klimatop teilweise beachtlich auskühlen. Die bodennahen Luftmassen sind aufgeheizt, trocken und mit Schadstoffen angereichert. Die massiven Bauwerke und die bodennahe Erwärmung verändern das Windfeld erheblich.
Im Gegensatz zur VDI Richtlinie 3787 Blatt 1 führt die vom baden-württembergischen Ministerium für Verkehr und Infrastruktur (2012) herausgegebene »Städtebauliche Klimafibel« das **Bahnanlagen-Klimatop** auf. Über den Tag heizt es sich intensiv auf, während es in der Nacht relativ schnell wieder abkühlt. Die Oberflächentemperaturen sind dort höher als im Freiland. Aufgrund seiner geringfügigen Überbauung sind die Gleiskörper windoffen. In bebauten Gebieten fungieren sie häufig als Luftleitbahnen beziehungsweise Luftaustauschflächen. Allerdings werden sie als Klimatop erst ab einer Breite von ungefähr 50 Meter berücksichtigt, also nur im Falle mehrgleisiger Bahnstrecken.
(Quelle: Ministerium für Verkehr und Infrastruktur Baden-Württemberg (2012): Städtebauliche Klimafibel. Hinweise für die Bauleitplanung, S. 176–183)

Unter Einbezug sozialer und demografischer Merkmale wie die Dichte an Kindern unter fünf Jahren oder an Personen im Alter 75+ werden städtische Räume zu identifiziert, in denen mit Blick auf hitzesensible Risikogruppen unter dem Aspekt »Hitze und menschliche Gesundheit« prioritär Handlungsbedarf besteht (vgl. ebd.: 102f., 118). Dementsprechend liefert die Analyse eine solide Basis, um in thermischen Problemzonen geeignete Maßnahmen für Hitzevorsorge und -schutz festzulegen (Abbildung 4). Daneben schafft sie durch belastbare Daten eine Entscheidungsgrundlage, um den Anpassungsprozess in der Kommune mit einer langfristigen

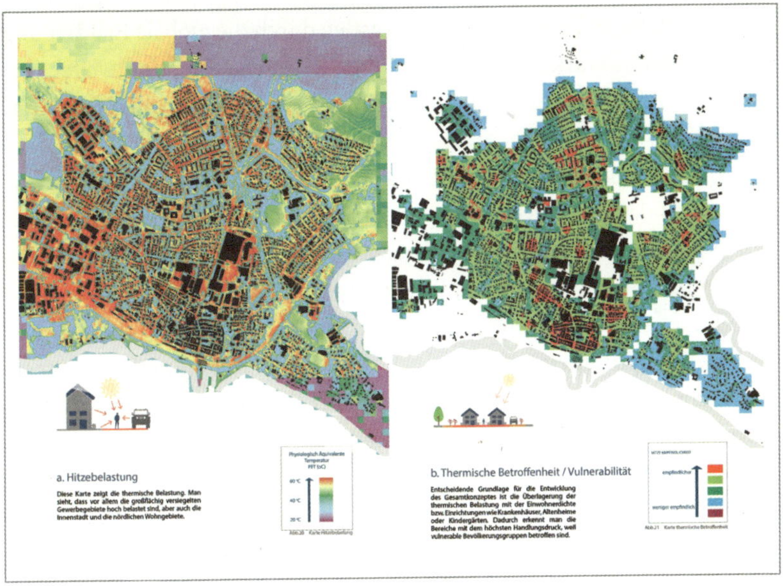

Abbildung 4: Gegenüberstellung Hitzebelastung und thermische Betroffenheit in Radolfzell. Illustration: iMA, Freiburg

Perspektive zielgerichtet und planvoll vorzubereiten. Beispielweise kann die Kommunalverwaltung mit Blick auf die Zukunft eine Ansiedlung von Risikogruppen in wärmebelasteten Quartieren vermeiden, etwa bei der Standortwahl für Einrichtungen wie Reha-Kliniken, Kindertagesstätten oder Betreutes Wohnen. Mittelfristig reduzieren Wärmeschutz und eine bessere Durchgrünung die Belastung. Wird eine weitere Versiegelung vermieden, verhindert dies eine Verschlechterung der Situation.

Stadtklima von morgen heute gestalten

Um planerisches Handeln schon heute an die künftigen klimatischen Veränderungen und deren Folgen anzupassen, ist die Bewertung zukünftiger Belastungen unerlässlich (Hessisches Landesamt für Natur, Umwelt und

Geologie, 2019, 91). Der Temperaturanstieg durch die globale Erwärmung kann in bereits stark belasteten Stadtbereichen die Situation weiter verschärfen und in derzeit wenig betroffenen Bereichen zu neuen Belastungen führen.

Für die Projektion des zukünftigen Hitzeinseleffekts und seiner Auswirkungen auf das lokale Klima werden klimatologische Kennwerte verwendet. Diese Kennwerte, wie Tropennächte, Hitze- und Sommertage, setzen die Temperatur an definierten Schwellentagen zur aktuellen Bebauungsstruktur in Relation (Deutscher Wetterdienst, 2024). Anhand der Daten und kartographischen Darstellungen kann die Stadtplanung einschätzen, wie Nachverdichtungen, Entsiegelungen oder Begrünungsmaßnahmen das Ausmaß und die Verteilung wärmebelasteter Areale beeinflussen.

Bei der Planung potenziell stark betroffener Bereiche sollten Maßnahmen zur Hitzeminderung vorgesehen werden, besonders für Risikogruppen. In weniger belasteten Bereichen sollte ein Anstieg der Belastung vermieden werden. Modellierungen zeigen, wie Bau- oder Infrastrukturvorhaben das Mikroklima beeinflussen und ob sie die Situation verbessern oder verschlechtern.

Die Stadtklimaanalyse bietet damit eine Vielzahl von Impulsen für klimagerechtes Bauen. Etwa indem bei der Optimierung der klimatischen Situation in einem Planungsgebiet bei Um- und Neubauten darauf geachtet wird, dass Häuser parallel zu den Korridoren ausgerichtet sind, über die kalte Luft in den mehr oder weniger bebauten Bereich strömt. So wird verhindert, dass der Luftaustausch blockiert wird. Ebenso lässt sich die Verschattung im Quartier über die Dichte der Bebauung und die Anordnung der Gebäude bewusst so steuern, dass der sommerliche Hitzeschutz gewährleistet ist.

Kommunale Klimaanpassung erreicht ein neues Niveau

Die Adaption an die Folgen der globalen Erwärmung ist eine kommunale Zukunftsaufgabe, bei deren Bewältigung alle Beteiligten auf politischer, administrativer und zivilgesellschaftlicher Ebene zusammenwirken müssen. Mit vertieften Informationen und einer belastbaren Datenbasis liefern Stadtklimaanalysen die dazu notwendige Voraussetzung. Die in den Modellierungen definierten Handlungsfelder und -bedarfe erleichtern die Kooperation und Koordination von Planungsprozessen innerhalb der Verwaltung und mit weiteren beteiligten Personen, darunter Bauherren und Architekten. Kommunale Klimaanalysen fördern somit inter- und transdisziplinäre Sichtweisen und helfen, eine systematische und gesamtstädtische Konzeption für die Klimaanpassung zu entwickeln. Kenntnisse zur klimatischen Wirkung von Nachverdichtungen beziehungsweise städtebaulichen Maßnahmen und zu möglichen Kompensationen existieren in der Theorie schon lange (Bundesinstitut für Bau-, Stadt- und Raumforschung, o.J.). Bisher wird dieses Fachwissens allerdings nur eingeschränkt in die alltägliche Planungspraxis übertragen, was auch für den gezielten Einsatz von Ausgleichsmaßnahmen gilt . Das liegt auch daran, dass wirtschaftliche Interessen eine hohe Verdichtung förderten und Daten zum

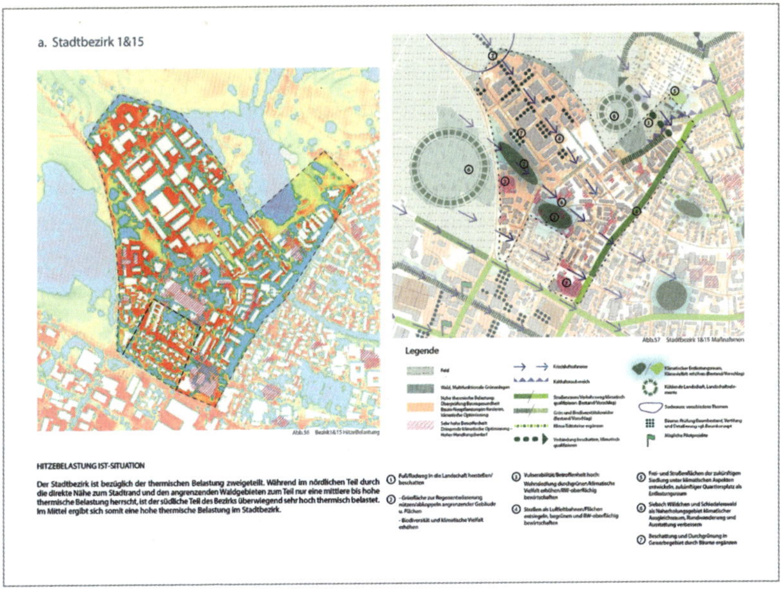

Abbildung 5: Karten zur Hitzebelastung und Vorschläge für Abhilfemaßnahmen am Beispiel von Radolfzell. Illustration: Henning Larsen

Stadtklima in vielen Fällen nicht vorliegen (vgl. ebd.). Abbildung 5 zeigt beispielhaft Vorschläge, wie sich die Hitzebelastung im urbanen Umfeld reduzieren lässt.

Grün- und Freiraumsysteme

Grün- und Freiflächen bieten einen echten Mehrwert inmitten urbaner Lebensräume. Nicht nur unzählige Pflanzen und Tiere finden hier Lebensräume. Die Hotspots städtischer Biodiversität stellen auch für Menschen einen Rückzugsraum jenseits des Alltags dar. Naturnah gestaltete, lebendige und vielfältige Grünräume steigern Wohn- und Aufenthaltsqualität, sind identitätsprägend und verbessern das Stadtklima maßgeblich. Kaltluft entsteht vorrangig auf Grün- und Freiflächen im nahegelegenen Umland. Das heißt: Wälder, Wiesen, Felder, Brach- und Gartenland mit Vegetationsdecke produzieren aufgrund ihrer nächtlichen Auskühlung ungefähr 10 bis 12 Kubikmeter Kaltluft pro Quadratmeter und Stunde (Ministerium für Verkehr und Infrastruktur Baden-Württemberg, 2012, 221).

Innerhalb der Stadt wird Kaltluft auf Friedhöfen, in Parks, Kleingärten und durch Baumalleen erzeugt. Nächtlich kühlen bodennahe Luftmassen über Grünflächen schneller ab als über versiegelten Bereichen. Ideal sind dafür wolkenlose Nächte mit wenig Wind, da keine Wolken die Wärmestrahlung des Bodens zurückstrahlen und schwacher Wind die Luftmassen über kaltluftproduzierenden Flächen länger verweilen lässt. Die abgekühlte Luft fließt dann in wärmere Stadtgebiete. Kalte Luft fließt dabei aufgrund ihrer höheren Dichte immer zu tieferen Stellen im Gelände. Eine Hangneigung von ein bis zwei Grad, was ein bis drei Meter Gefälle auf 100 Meter entspricht (Landeshauptstadt Dresden, o.J.), ist für nennenswerte Kaltluftströmungen notwendig. Kaltluft kann auch durch Flurwinde in die Stadt gelangen, die aufgrund der Temperaturdifferenz zwischen Stadt und Umland entstehen. Urbane Hitzeinseln wirken wie Tiefdruckgebiete, die kühlere Luft ansaugen. Diese Strömungen sind aufgrund ihrer geringen Geschwindigkeit schwer nachweisbar und weniger stark als Kaltluftströme über ein Gefälle.

Kaltluftzufuhr gelingt nur durch Flächen ohne blockierende Hindernisse, sogenannte klimawirksame Luftleitbahnen wie Flüsse, Bachläufe, breite Straßen oder Infrastrukturtrassen. Eine strategische Vernetzung von Gebieten, in denen Kaltluft entsteht, mit diesen Luftschneisen kann die Durchlüftung und Kühlung von Stadtgebieten erheblich verbessern.

Klimawirksame Luftleitbahnen erkennen und fixieren, schützen und entwickeln

Klimawirksame Kaltluftschneisen verbinden Orte, an denen Kaltluft erzeugt wird, möglichst mit städtischen Belastungsräumen. Diese Schneisen bestehen aus linear angeordneten Freiflächen, Straßen und Infrastrukturräumen, die als Ventilationskorridore für bodennahe Luftströme dienen (Stadtverwaltung Radolfzell, 2022, 28). Wie Kaltluftproduktionsgebiete müssen auch sie für die Durchlüftung städtischer Räume erhalten bleiben. Durch vorausschauende Planung können sie gezielt von Bebauung freigehalten und klimagerecht weiterentwickelt werden.

Kaltluftleitbahnen transportieren kühle, jedoch nicht unbedingt schadstofffreie Luftmassen (Hessisches Landesamt für Natur, Umwelt und Geologie, 2019, 39). Je nach Luftqualität kann dies positive oder negative Einflüsse auf die Luft im Einwirkungsbereich haben. Frischluft ist schadstofffreie Luft. Um eine qualitative Verbesserung oder zumindest keine Verschlechterung im Stadtgebiet zu erreichen, sollten Kaltluftgebiete und -schneisen möglichst von emittierenden Nutzungen wie Gewerbeansiedlungen, verkehrsreichen Straßen und Infrastruktur freigehalten werden.

Planungen, die klimatische Belange berücksichtigen, können potenzielle Zielkonflikte frühzeitig erkennen und vermeiden (Bayerisches Landesamt für Umwelt, Naturschutz und Landschaftspflege, o.J., 8). Der Landschaftsplan kann Maßnahmen zur Verbesserung der Luftzufuhr vorsehen, etwa indem dichte Baumbestände ausgelichtet oder abflusshemmende Barrieren entschärft werden, zum Beispiel durch breitere Durchlässe in Straßendämmen.

Kaltluft kann durch breite Hecken gezielt abgeleitet werden, etwa in Bereichen mit empfindlichen Sonderkulturen wie Obst, Wein oder Spargel, um die Gefahr von Spätfrösten zu verringern. Auch durch den Rückbau von Gebäuden und die Reduzierung der Bebauungsdichte können neue Freiflächen geschaffen und klimatisch optimiert und beispielsweise als Kaltluftbahnen genutzt werden. Dorfanger, also ursprünglich mit Gras und Bäumen bewachsene Plätze, sind ebenfalls dazu geeignet, die Durchlüftung in Kommunen zu fördern.

Dicht stehende und hohe Hindernisse können Luftturbulenzen verursachen, welche die Luftqualität lokal verbessern, aber den Kaltluftfluss verzögern oder ganz stoppen (Stadtverwaltung Radolfzell, 2022, 28). Eine systematische und strategische Bauleitplanung, die Gebäudestruktur und Bebauungsdichte berücksichtigt, ist entscheidend für eine frühzeitige Klimaanpassung. Essenziell dafür sind die erweiterten Betrachtungen über das Stadtklimamodell, das die klimatischen Wechselwirkungen zwischen Stadt und Umland berücksichtigt.

Kühlung von innen: Städtische Klimaoasen

Wirksame und wohltuende Effekte erzeugen in bebauten Gebieten vor allem Grünräume wie beispielweise Parks und Friedhöfe. Aber auch vertikale und horizontale Grünstrukturen sind natürliche Schadstoff- und Feinstaubfilter, die das Mikroklima lokaler Hitze-Hotspots durch Verdunstung von Wasser über die Blattoberfläche spürbar verbessern können. Entscheidend dabei ist allerdings, wie verfügbar (Regen)Wasser ist. Ohne Wasser können die Pflanzen gerade in Trockenzeiten nicht mehr ausreichend verdunsten und – je nach Pflanzengröße – auch nicht mehr beschatten. Die Spaltöffnungen der Pflanzen gehen zu und die Blätter rollen sich ein.

Wasser wäre verfügbar, wenn Regenwasser nicht wie meist in unseren Städten einfach nur abgeleitet würde, sondern dezentral im Boden, in den Pflanzen, auf Dächern oder in Retentionsmulden gespeichert werden würde. Wenn sich jede Stadt das Ziel setzen würde, grüne Bereiche an der tiefsten Stelle und zum Beispiel Straßenbäume ohne Bordsteineinfassung anzulegen, hätten die Pflanzen deutlich besser Wachstumsbedingungen. Auf diese Weise wird nicht nur der naturnahe Wasserkreislauf unterstützt, sondern auch die Temperaturregulation und Rückhaltung von Regenwasser. Zudem würden die Nährstoffkreisläufe für eine vitale Stadtnatur verbessert.

Sanierungs- und Umbauprojekte bieten zudem die wichtige Gelegenheit, wasserundurchlässige Oberflächen schrittweise zu entsiegeln und mit durchlässigen Belägen zu ersetzen. Jeder Quadratmeter entsiegelte Fläche reduziert den Regenwasserabfluss von 90 auf 50 Prozent (Sickerpflaster) und darunter. Grob über den Daumen gepeilt werden dadurch pro Jahr rund 500 Liter pro Quadratmeter dem Boden zugeführt und kann dort versickern, verdunsten oder von Pflanzen aufgenommen werden.

Einen großen Hebel zur klimatischen Verbesserung stellt die Konversion von größeren Arealen wie militärischen Liegenschaften, Bahnanlagen sowie Industrie- oder Gewerbeansiedlungen dar. Dabei können oft größere zusammenhängende Räume mit besonderem klimatischen Regenerationspotenzial geschaffen werden. Ungenutzte Baulücken können temporär oder langfristig zu Pocket Parks umgestaltet werden (vgl. ebd.). Die Ausstattung dieser Miniparks reicht von einfachen Pflanzenbeeten und Bänken unter Bäumen bis hin zu Gartenkunst mit hochwertiger Gestaltung. In hochfrequentierten Bereichen mit überschaubarem Platzangebot können auch beschattete Sitzgelegenheiten für spürbare Entlastung sorgen.

Auch Risikogruppen profitieren von gut erreichbaren Naturräumen

Um zu gewährleisten, dass auch hitzesensible Risikogruppen mit eingeschränkter Mobilität diese Klimaoasen nutzen, sollte ein dichtes Netz privater und öffentlicher Grünräume geschaffen werden. Die Entfernung, in der diese Flächen zueinander angelegt werden, orientiert sich an den lokalen Gegebenheiten. Allerdings sollten sie nicht weiter als 250 Meter beziehungsweise fünf Gehminuten auseinanderliegen (vgl. ebd.). Über eine strategische Verteilung der Parkflächen und eine Vernetzung größerer Grünflächen kann die bioklimatische Wirkung verstärkt werden. Die große Stärke von Frei- und Grünräumen liegt in der Aufwertung des lokalen Mikroklimas, weniger in der Verbesserung der gesamtstädtischen Situation.

Wegen des anhaltend hohen Wohnraumbedarfs besteht in Städten oft ein enormer Flächendruck, der eine Nutzung von Frei- und Grünflächen im Rahmen der Klimaanpassung erschwert. Umso wichtiger ist es, thermisch belastete und mit naturnahen Flächen unterversorgte Wohngebiete und Quartiere an vorhandene Strukturen etwa durch den öffentlichen Personennahverkehr anzubinden. Der Ausbau von Fuß- und Radwegverbindungen durch und zwischen Naturräumen, zum Beispiel durch grüne Trittsteine, erhöht die Nutzbarkeit durch die Bevölkerung und schafft lokal großräumige Luftleitbahnen (vgl. ebd.: 30). Sanierung, Umnutzung, Neuanlage und Nachverdichtung im Bestand schaffen auf diese Weise neue Qualitäten und Werte und beleben das bauliche Ensemble. Abbildung 6 zeigt, wie die Integration klimawirksamer Konzepte frühzeitig im Planungsprozess informierte Entscheidungen ermöglicht, welche Performance erreicht werden soll. Die Investition in eine quartiersbezogene und zugleich räumliche vernetzte Klimaanpassung ist daher auch eine Investition in einen attraktiven, lebenswerten und renommierten Wohn- und Wirtschaftsstandort.

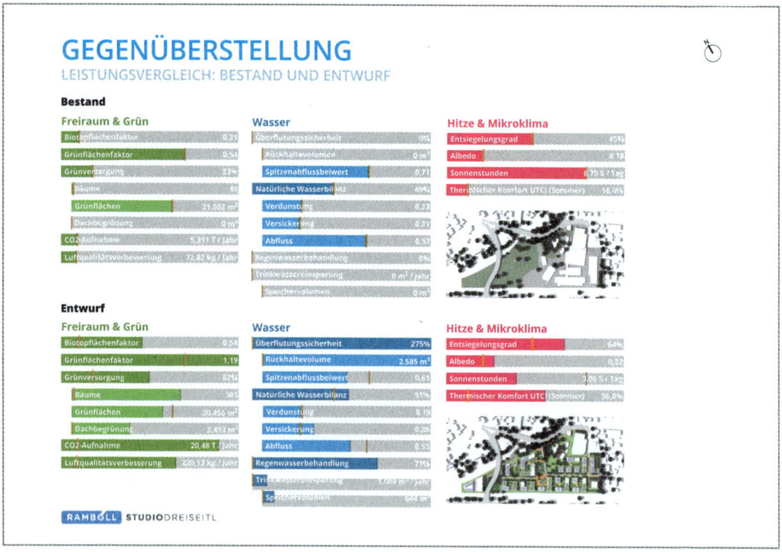

Abbildung 6: Neue digitale Planungssoftware kann das Potential einer Planung im Hinblick auf die Klimaanpassung früh im Prozess sichtbar machen, beispielhaft mit der Software Greenscenario gezeigt. Illustration: Henning Larsen

Hohe Biotop-Vielfalt macht Städte resilienter

Biotope und natürliche Lebensräume wirken unterschiedlich auf das lokale Klima. Während Bäume und Wälder vor allem tagsüber das Mikroklima durch Verschattung, Verdunstungskühlung und Luftreinigung positiv beeinflussen, sind flach bepflanzte Flächen in der Nacht produktive Orte der Kaltluftentstehung (vgl. ebd.: 31). Um das Potenzial von Naturräumen für Tag- und Nachtsituationen effektiv und umfassend auszuschöpfen, sollte die mikroklimatische Vielfalt der Biotope erhöht und strategisch in Wohngebieten, Quartieren und auf öffentlichen Plätzen verteilt werden. Das Stadtklimamodell gibt hier Anhaltspunkte für die Standortwahl. Baum- und Strauchgruppen, Wasserelemente, Blühwiesen, extensiv gepflegte Rasenflächen, gesunde Bäume, Hecken, Retentionsmulden und Gewässer sind natürliche Elemente, die Hitzebelastungen zu jeder Tag- und Nachtzeit abfedern können. Damit die Kaltluft, die sich in den Grünflächen bildet, in angrenzende Siedlungsbereiche eindringen kann, sollten offene Übergangsbereiche angelegt werden (vgl. ebd.).

Klimaanpassung als Chance für die kommunale Mobilitätswende

Die Investition in Stadtnatur lohnt sich nicht nur wegen der mikroklimatischen Wirkung, sondern auch, weil sie nahezu immer einen Mehrfachnutzen bietet. So können im Zuge der Mobilitätswende mehr naturbasierte Lösungen im Stadtgebiet etabliert werden. Die klimafitte und umweltfreundliche Kommune von morgen zeichnet sich durch eine hohe Lebens-, Wohn- und Aufenthaltsqualität aus. Die Verlagerung der Mobilität weg vom motorisierten Verkehr hin zu aktiver Bewegung wie dem Laufen oder Radfahren leistet dazu einen wichtigen Beitrag. Allerdings benötigen aktive Mobilitätsformen neben Sicherheit vor allen Dingen mehr Platz. Erreichen lässt sich dies, indem der motorisierte Individualverkehr verringert wird. Durch den Rückbau oder die Umwidmung von Fahr- und Parkplatzflächen im öffentlichen Raum ergeben sich neue Nutzungsmöglichkeiten. Auf diese Weise können unter anderem Flächen für nicht-motorisierte Fortbewegung oder Grünflächen ausgewiesen und realisiert werden. Damit wird die Aufenthaltsqualität für Fußgänger, Radler, Sportler und Erholungssuchende gesteigert, gleichzeitig sind dies wirksame Anreize für den Langsamverkehr. Auch unterstützt die Bepflanzung von Verkehrsflächen die Vernetzung von Biotopen, zudem sind so attraktive urbane Naturerlebnisorte besser erreichbar, gerade auch für Risikogruppen.

Gelegenheitsfenster von ohnehin vorgesehen Maßnahmen wie Sanierungen und Umbauten von Straßen lassen sich gezielt für Begrünungen nutzen. Anders als Straßenbäume können bunt blühende Seiten- und Mittelstreifen oder Gleisbereiche zwar keine Verschattung bieten, dafür unterstützten sie die Verdunstungskühlung und fungieren als grüne Leitbahnen für bodennahe Kaltluftströme (vgl. ebd.: 44). Werden Fuß- und Radwege durchgängig verschattet, so reduziert sich die direkte Sonneneinstrahlung auf angrenzende Oberflächen und Fassaden, die Verkehrswege und Plätze heizen sich nicht übermäßig auf (vgl. ebd.: 45). Schattige Ruheorte entlang der Route, aber auch die Vernetzung grüner Areale entlang der Streckenführung machen einen Umstieg auf Rad und Erledigungen zu Fuß attraktiv. Multifunktionale Verkehrsräume stellen damit in mehrfacher Weise einen Nutzen für das Stadtklima dar.

Einige Kommunen verwenden zur Beschattung künstliche Elemente wie Sonnensegel oder -schirme. Da sie aber keine naturbasierten Ökosystemleistungen darstellen, die zur Abkühlung und Lufthygiene beitragen, sind sie kein Ersatz für Bäume, Hecken und andere Vegetation.

Kommunen brauchen eine zukunftsorientierte Förderung

Damit insbesondere kleinere und mittlere Kommunen in der Lage sind, die nötigen Voraussetzungen zu schaffen, um Belange der Klimaanpassung in Planungsprozessen zu berücksichtigen, sind neben eindeutigen und klaren gesetzlichen Vorgaben auch finanzielle Ressourcen nötig. In aller Regel sind sie dabei auf Drittmittel angewiesen. Dadurch entsteht eine Bindung an Förderprogramme und Projektzyklen, mit denen eine strategisch und langfristig angelegte Klimaanpassung schwer realisierbar ist. Überwiegend finanzieren Drittmittel einzelne Konzepte oder Maßnahmen wie etwa die Erarbeitung eines Klimaanpassungskonzepts oder die Durchführung einer Stadtklimaanalyse. Information zur aktuellen Förderlandschaft findet man auf der Webseite des Zentrums Klimaanpassung (https://zentrum-klimaanpassung.de; https://ad.zentrum-klimaanpassung.de/foerdermoeglichkeiten/startseite). Zwar zielen die Förderrichtlinien des Bundesumweltministeriums durch die Förderung ausgewählter Maßnahmen und eines mehrjährigen Klimaanpassungsmanagements auch auf die Umsetzung bestehender Konzepte ab, allerdings ist für eine erfolgreiche Klimaanpassung und Verstetigung in der Verwaltung eine breite und kontinuierliche Förderung notwendig (Albrecht et al., 2022, 9). Um die Adaption an die Folgen des Klimawandels in den Kommunen voranzubringen, ist es nötig, sowohl für strategische als auch investive Maßnahmen ausreichend finanzielle Mittel bereitzustellen (vgl. ebd.). Um Konzepte und Prozesse weiterentwickeln und kontinuierlich optimieren zu können, sollten die geförderten Projektzyklen für Daueraufgaben dringend verlängert werden. Die strategische Planung könnte so nachhaltig verstetigt und ausgebaut werden. Auch eine vorausschauende Personalplanung wäre hierdurch besser möglich und die Bindung von Beschäftigten ließe sich erhöhen.

Um den wachsenden Herausforderungen durch die Klimakrise gerecht zu werden, bedarf es auf Bundes- und im besten Fall ergänzend auch auf Landesebene einer zukunftsorientieren Förderpolitik, die in den Kommunen flexibel innovative Maßnahmen und Projekte unterstützt. Kleine Kommunen mit knappem Budget und überschaubaren personellen Ressourcen sind in ihrem Handeln eingeschränkt und in vielen Fällen nicht imstande, die für eine Anpassung notwendigen Recherchen, Analysen, Auswertungen, Planungen, Investitionen und Unterhaltungsmaßnahmen zu stemmen (vgl. ebd.). Um ihnen den Förderzugang zu erleichtern, sollten bürokratische Hürden zur Beantragung finanzieller Mittel abgebaut werden. Darüber hinaus ist es für finanzschwache Städte und Gemeinden oft schwierig, trotz Förderung ihren Eigenanteil an Investitionen und Projekten zu tragen. Um für betroffene Verwaltungen den Einstieg in die Klimaanpassung zu erleichtern und deren Ausbau und Verstetigung trotz überschaubarer Ressourcen möglich zu machen, sollte der Eigenanteil für sie vollständig entfallen. Stattdessen könnten finanzschwache Kommunen Arbeits- und

Sachleistungen erbringen, wie das teilweise bereits im EU-Struktur- und Investitions-Fonds praktiziert wird (vgl. ebd.).

Eine zukunftsweisende Strategie ist in diesem Zusammenhang die interkommunale Zusammenarbeit. Sie sichert und steigert die Leistungs- und Handlungsfähigkeit von Städten und Gemeinden, die gemeinsam Aufgaben wahrnehmen und dadurch Vorteile aus den Synergieeffekten ziehen. Um kleinen und finanzschwachen Kommunen auch bei der Klimaanpassung die Chance zu geben, ihre Handlungsspielräume auszuschöpfen, sollten die Möglichkeiten deutlich ausgeweitet werden, Fördermittel im Verbund zu beantragen. Auf diese Weise könnte auch der Erfahrungsaustausch und Wissenstransfer zwischen den beteiligten Verwaltungen im Sinne von Best Practice gezielt gefördert und das lokale Know-how anwendungsorientiert gestärkt werden. Das ist dringend notwendig, denn bei der Anpassung an den Klimawandel gibt es keine One-fits-all-Lösung.

Es führt kein Weg daran vorbei: Städte und Gemeinden müssen sich vor Ort auf die lokalen Auswirkungen der globalen Erwärmung einstellen, weil sich Klimafolgen regionalspezifisch sehr unterschiedlich äußern. Dementsprechend sind Konzepte, Strategien und Maßnahmen besonders wirksam, wenn sie exakt auf die lokalen Gegebenheiten abgestimmt sind. Auch die zu erwartenden Entwicklungen sind dabei wichtig. Schließlich fallen Klimaprojektionen der nahen und entfernten Zukunft für Gebiete in Bergregionen anders aus als in Talauen oder Kessellagen. Zudem sehen sich Kommunen in ländlichen Gegenden mit anderen Risiken und Anpassungspotenzialen konfrontiert als Ballungszentren. Ein Patenrezept, das sich landesweit umsetzen lässt, gibt es nicht. Umso wichtiger ist es, dass Kommunen im Rahmen der Förderpolitik auf EU-, Bundes- und Landesebene bei der Erarbeitung von Lösungen bedarfsgerecht unterstützt und der Wissenstransfer von Verwaltungen mit Praktikern, Fachleuten und Forschung gestärkt wird.

Klimaanpassung muss Pflichtaufgabe werden

Bislang sind Klimaschutz und -anpassung im Rahmen der Selbstverwaltung freiwillige Aufgaben von Städten und Gemeinden. Einige Bundesländer, darunter Baden-Württemberg, haben zwar entsprechende Gesetze wie das Klimaschutz- und Klimaanpassungsgesetz Baden-Württemberg verabschiedet, allerdings ohne beide Handlungsfelder auf kommunaler Ebene umfassend als Pflichtaufgaben zu verankern. Und das, obwohl die Kommunen hierbei einen entscheidenden Beitrag leisten, damit die nationalen Zielsetzungen erreicht werden – letztendlich können nur dort konkrete Maßnahmen in die Praxis überführt werden. Vielfältige Hindernisse dürfen die Adaption an den Klimawandel nicht zur schnöden Abwägungssache machen. Das Gros der Städte und Gemeinden ist daher weit davon entfernt, lokal vorhandene Potenziale voll umfänglich auszuschöpfen und Resilienz-Maßnahmen bezüglich des Klimawandels vor Ort umzusetzen.

Nicht umsonst hat im September 2022 das »Klima-Bündnis« aus über 560 deutschen Kommunen ein Positionspapier unter anderem mit der Forderung veröffentlicht, dass »Klimaschutz und -anpassung in allen Fachgesetzen und Planungsdirektiven ein starkes Gewicht erhalten [müssen], mit klar definierten Zielen und Instrumenten, um die kommunalen Anstrengungen zu unterstützen und eine rechtsichere Umsetzung zu ermöglichen« (Klima-Bündnis, 2022, 8). Weitaus stärker als bislang sollten sich Klima- und Förderpolitik daran orientieren, wie man Stadt- und Gemeindeverwaltungen in der Praxis stärken und bei der Realisierung von Klimaaktivitäten nachhaltig, bedarfsgerecht und dauerhaft unterstützen kann. Neben Förderstrukturen müssen damit auch Gesetze viel stärker vom Ergebnis her gedacht und überlegt werden, wie man all das gemeinsam mit den Verantwortlichen in den Rathäusern mit Leben füllen kann. Denn wenn sich die Klimakrise immer weiter verschärft, sind praktische Lösungen mehr denn je gefragt. Es gibt keinen Grund, warum nicht ab sofort in jedem Bauprojekt die einfachsten Maßnahmen umgesetzt werden: Dach- und Fassadenbegrünung sowie maximale Entsiegelung und Regenwasser vor Ort sammeln und nutzen. Dazu gehört aber auch die Prüfung größerer Zusammenhänge (zum Beispiel Kaltluftbahnen), um keine Problemstellen im Stadtgefüge zu schaffen.

Gerhard Hauber

Klimafolgenanpassung in Kommunen strukturell verankern

Die Ausgangslage

Komplexe Strukturen, Schnittstellen und Herausforderungen im Kontext der Klimafolgenanpassung

Wenn Anpassungskonzepte an Klimafolgen sowie Programme für die zu ergreifenden Maßnahmen bereits vorliegen oder noch zu erstellen sind, dann führt dies innerhalb der bestehender Verwaltungsstrukturen zu vielen neuen Aufgaben und Schnittstellen. Dadurch sind Prozesse und Abläufe neu zu gestalten, was sich in der bestehenden Organisation und Aufgabenverteilung nur schwer bis gar nicht bewerkstelligen lässt. Durch den demographischen Wandel und den stets zunehmenden Mangel an Fachkräften sind vor allem diejenigen Organisationseinheiten, die sich in erster Linie mit den Anpassungsmaßnahmen befassen sollten, vielerorts bereits mit den derzeitigen Aufgaben und Arbeitsmengen überlastet. Damit sind sie kaum oder überhaupt nicht in der Lage, zusätzlich neue Themenfelder zu bearbeiten. Viele Kommunen stehen daher vor der großen Herausforderung, viele Dinge zukunftsgerichtet zu überprüfen und gegebenenfalls komplett oder zumindest in großen Teilen neu zu denken und neu zu strukturieren. Das betrifft bestehende Organisations- und Prozessstrukturen genauso wie die Verteilung und Erledigung alter und neuer Aufgaben. Ziel ist es, die Effizienz zu steigern und die Prozesse für die Bearbeitung der vielfältigen und vielschichtigen neuen Aufgaben zu verbessern.

Weil sich die Anforderungen stets dynamisch ändern und sich die Aufgabengebiete kontinuierlich verändern und erweitern, müssen die Entscheidungswege und Bearbeitungsprozesse nicht erst in der Zukunft, sondern bereits jetzt möglichst flexibel, agil und anpassungsfähig sein. Dies bedeutet, bestehende Schnittstellen zwischen verschiedenen Organisationseinheiten zu prüfen und gegebenenfalls aufzulösen, zu reduzieren oder zu optimieren. Hierfür typische Beispiele sind Schnittstellen zwischen Organisationseinheiten, die sich mit Stadtentwicklung, Tiefbau, Bauhof, Freianlagen, Stadtgrün, Friedhofswesen, also allgemein mit dem städtischen Freiraum befassen. Wichtige Themenfelder, die im Rahmen einer Analyse der bestehenden Strukturen, Arbeitsweisen und Schnittstellen betrachtet werden sollten, sind unter anderem moderne und wirtschaftliche Betriebsformen und Arbeitsweisen, Management und Einsatzplanung des Personals sowie digitalisierte Arbeits- und Kommunikationsformen. Vor allem aber muss der Personalbestand überdacht werden – und der sich daraus ableitende Bedarf, um die bestehenden und zukünftigen Aufgabengebiete adäquat bewältigen zu können.

Der mögliche Prozess

Gespräche, Analyse, Schlussfolgerungen und Empfehlungen

Die nachfolgend skizzierten Schritte zeigen, wie verwaltungsintern vorgegangen werden kann, um die Strukturen und Arbeitsabläufe nachhaltig zu verbessern und an die künftigen Herausforderungen bei der Bewältigung der Klimawandelfolgen anzupassen.

Vorbereitung durch eine Projektgruppe

Zunächst sollten Ziele, Schwachstellen und Begrifflichkeiten klar definiert werden. Hierzu müssen bereits bekannte Hintergrundinformationen zu den einzelnen Fachgebieten und Arbeitsweisen untereinander ausgetauscht werden. Dazu sollten alle vorhandenen und erforderlichen Unterlagen und Arbeitsgrundlagen zusammengetragen werden. Dann sind bestehende und zukünftige Rollen so klar wie möglich zu definieren, die sich vor allem im Hinblick auf die neuen und erweiterten Aufgaben zur Klimafolgenanpassung und die daraus abgeleitete Zusammenarbeit ergeben. Darauf aufbauend ist dann das weitere Vorgehen festzulegen und ein erster Zeitplan zu erstellen.

Information und Analyse

In den geplanten Umstrukturierungsprozess sollten alle relevanten Personen einbezogen sein. Dazu zählen die betroffenen Führungskräfte, der Personalrat sowie ein mögliches und notwendiges »Projektteam«. Da sich jede Verwaltung sehr individuell zusammensetzt und historisch gewachsene Aufgaben und Verantwortungen sich meist nicht mit den vorhandenen Organigrammen decken, wird ein solches für die Klimawandelfolgen zuständige Projektteam von Verwaltung zu Verwaltung unter Umständen komplett anders aussehen. Wie es letztlich gestaltet wird, ist vor allem von denjenigen Stellen abhängig, die das Projekt auslösen, also von Oberbürgermeister, Bürgermeister, Amtsleitung oder Personalabteilung. Ein hierfür beispielhaftes Projektteam könnte sich aus einem Vertreter des Personalamts, einem aktuellen Amtsleiter und/oder Abteilungsleitern sowie gegebenenfalls externen Beratern zusammensetzen.

Sobald das Team zusammengestellt ist, sollte es zeitnah über das weitere Vorgehen, den Zeitplan und die Ziele des Prozesses informiert werden. Eine erste Information kann zum Beispiel durch eine gemeinsame Sichtung und Analyse der bisher zusammengetragenen und vorliegenden Informationen (siehe Punkt Vorbereitung) erfolgen. Dann kann als Basis für die weitere Bearbeitung ein erstes Organigramm erstellt werden, wie die neue Organisationsstruktur aussehen könnte. Dabei geht es darum, wie sich das Projekt und der sich daraus ableitende Arbeitsprozess gliedert, welche Aufgaben, Teams und Strukturen mit welchem Personalbestand zu bewältigen sind und welche Möglichkeiten es gibt, dies alles zu optimieren. Auch kann sich das Team in diesem Stadium bereits über die ersten ermittelten Erkenntnisse Gedanken machen und den weiteren Prozess gegebenenfalls daran anpassen.

Entwicklung einer Lösung

Das vorläufige Organigramm sollte daraufhin in gemeinsamen Besprechungen mit dem Projektteam erörtert, angepasst und weiter ergänzt und verbessert werden. Auch sollte gegebenenfalls über dafür erforderliche neue Arbeitsweisen diskutiert und das weitere Vorgehen gemeinsam abgestimmt werden.

Präsentation und Umsetzung

Wem und wie die Ergebnisse der gemeinsam erarbeiteten, möglichen neuen Organisationsstruktur dann verwaltungsintern präsentiert werden, hängt sehr stark von der Größe der jeweiligen Verwaltung sowie den Gepflogenheiten und den bevorzugten Routinen der beteiligten Akteure ab. Wichtig ist, dass nun alle diejenigen Personen eingebunden sind, die für den weiteren Prozessablauf relevant und mitentscheidend sind bis hin zum Oberbürgermeister. Dabei kann solch ein wichtiger Prozess wie die Klimafolgenanpassung auch zu einem neuen Amt führen. Im besten Fall kann dann – eventuell unter Einbindung weiterer Gremien wie beispielsweise Ausschüsse oder erweiterte Projektteams – für das womöglich nochmals nachgeschärfte und optimierte Ergebnis ein Einvernehmen mit dem Gemeinderat erzielt werden.

Gespräche und Interviews

Für eine umfassende Analyse ist es wichtig, das Personal kontinuierlich in den Prozess einzubinden. Da es bei großen Verwaltungseinheiten nicht möglich sein wird, alle Mitarbeitenden direkt mit einzubeziehen, empfiehlt es sich, mit den maßgeblichen Führungskräften und dem Personalrat Gespräche und Interviews zu führen. Hier sollte ein allgemeingültiger Gesprächsleitfaden zusammengestellt werden, der unter anderem Fragen zu folgenden Stichworten umfassen sollte:

- Arbeitstätigkeit (Stichworte und ungefähre Prozentangaben)
- Auftraggeber (intern und extern)
- Auftragnehmer (intern und extern)
- Arbeits- und Auftragsdokumentation
- Abstimmungen (amtsintern, verwaltungsintern und extern)
- Arbeits- und Kapazitätsplanung (wer/wie/wann)
- Wege und Mittel der Kommunikation (intern und extern)
- Softwareeinsatz (welche, wie, Umfang)
- »Tops und Flops« der bestehenden Strukturen
- Wünsche an die neue Strukturen

- Allgemeine Ideen, Optimierung, Vorschläge
- Arbeitsplatz (an welchem Ort, ungefähre Prozentangaben)
- Gegebenenfalls weitere Fragen

Durch diese Gespräche und Interviews können wichtige Wünsche, Anregungen, Kritikpunkte, Bedürfnisse und Anforderungen der Mitarbeitenden identifiziert werden, die für eine neue Struktur und vor allem deren erfolgreiche Implementierung essentiell sein werden. Eine neue Struktur kann oft nur mit dem bestehenden Personal eingeführt werden und wird nur dann mitgetragen, wenn sich die Mitarbeitenden mit ihren Ideen darin wiederfinden.

Typische Antworten, aber auch neue, nicht selten zukunftsweisende Ergebnisse und Erkenntnisse aus entsprechenden Gesprächen und Interviews können folgende stichwortartigen Beispiele sein:

Viele Stellen sind unbesetzt – Überalterung des Personals – Wunsch nach mehr Unterstützung bei Personalfragen und Organisation – Wunsch nach mehr Wertschätzung und Berücksichtigung bestimmter Aspekte der täglichen Arbeit – Immer mehr Arbeit, bei immer weniger Kollegen – Wunsch nach Optimierung von Arbeitsweisen – Bessere Abstimmung des internen Auftragswesens – Vereinheitlichung von GIS-Anwendungen – Optimierung der Kommunikation innerhalb der Verwaltung – Strategische Abstimmung von Themen und Projekten interdisziplinär (ämter- und fachübergreifend) – Mehr Expertise in bestimmten Bereichen (zum Beispiel Freiraumplanung) – Gemeinsames Daten- und Dateimanagement – Wissenstransfer – Stellenüberlappungen – Besseres »Mobiles Arbeiten« zum Beispiel für Spielplatz- und Baumkontrollen – Klärung und Optimierung von Abläufen und Prozessen (zum Beispiel im Friedhofswesen) – Schaffung von Ausbildungsplätzen – Klarere Strukturen und Aufgabenverteilungen – Aufgabenverteilung nach Ausbildung und Expertise und nicht nach Gewohnheit und historisch gewachsenen Strukturen – Zu viel Bürokratie – Bessere Zusammenarbeit und Kommunikation zwischen den Ämtern, Bereichen und Teams.

Bestandsanalyse

Im Rahmen der Bestandsanalyse sollten verschiedene Grundlageninformationen zusammengetragen, analysiert und zusammengefasst werden. Typische Beispiele hierfür sind (falls vorhanden und aktuell):

- Organigramme der betroffenen Ämter, Abteilungen und sonstigen Organisationseinheiten. Dies können zum Beispiel Tiefbauamt, Stadtplanungsamt, Umweltamt, Grünflächenamt, Bauhöfe oder Gärtnereien sein. Aufgrund sehr unterschiedlicher Bezeichnungen und Aufgabenzuordnung in unterschiedlichen Verwaltungen lässt sich hierfür nur schwer eine vollständige Auflistung anführen.
- Zuständigkeiten und Aufgaben der betroffenen Themenfelder und Organisationseinheiten.
- Vorhandene Beschreibungen von Stellen und Arbeitsplätzen sowie Qualifikationen und Aufgabengliederungspläne.
- Alter der Mitarbeitenden, Ausbildungen, Abschlüsse, Qualifikationen und jeweilige Stellenanteile.

Ämter, Abteilungen und Strukturen

Bei der weiteren Analyse der Organisationsstrukturen werden in der Regel Informationen zu folgenden Bereichen erfasst und ausgewertet:

- Hierarchie: Leitung, Sekretariat, Abteilungen, Teams, Mitarbeitende
- Haupttätigkeiten der jeweiligen Einheiten und Teams
- Funktionen der einzelner Mitarbeitenden
- Alter der Mitarbeitenden
- Eingruppierungen
- Beschäftigungsgrad
- Zusätzlich können und sollten weitere Informationen gewonnen werden, wie zum Beispiel:
  - Zahl der Mitarbeitenden
  - Altersdurchschnitte und Altersverteilung innerhalb der jeweiligen Organisationseinheiten
  - Informationen zu Ausbildungen und Qualifikationen
  - Art der Ausbildung
  - Teamzugehörigkeit und Tätigkeit

Aufgaben und Arbeitsweisen

Bei der Analyse von Aufgaben und Arbeitsweisen sollten Aufgaben- und Themenfelder sowie die entsprechenden Schnittstellen zwischen den einzelnen Organisationseinheiten klar identifiziert werden. Dabei sollte untersucht werden, wie viele Entscheider und Entscheidungsprozesse bei bestimmten Schnittstellen beteiligt sind und wie dies die Bearbeitung von Projekten und Prozessen wie der Klimafolgenanpassung beeinflusst. Weiterhin wichtig ist, potenzielle Schwierigkeiten zu erkennen, etwa wenn externe Fachleute die richtigen Ansprechpartner finden sollen. Auch sollten Faktoren identifiziert werden, welche die Abstimmungsprozesse erschweren und verlangsamen. Abbildung 1 gibt hierzu einen beispielhaften Überblick, welche Ämter welche Aufgaben in einer mittelgroßen Kommune erfüllen und welche Schnittstellen dadurch entstehen. Daraus wird deutlich, dass die Klimafolgenanpassung nicht nur eine neue, sondern vor allem eine echte Querschnittsaufgabe ist, für die es daher umso wichtiger ist, klare Strukturen und Abläufe zu definieren.

Dieser beispielhafte Auszug der Schnittstellen zu verschiedenen Themen und Aufgabengebieten innerhalb einer Verwaltung macht deutlich, wie viele Entscheider beteiligt sind. Offenkundig wird auch, wie viele Entscheidungsprozesse bei einigen Schnittstellen erforderlich sind, um die Klimafolgenanpassung – wie andere Projekte und Prozesse auch – fachgerecht bearbeiten und voranbringen zu können. Augenfällig ist zudem, wie schwer es vor allem für Externe, also Bürger, Vertragspartner und andere, sein dürfte, den richtigen Ansprechpartner zu finden. Auch Abstimmungsprozesse aller Art und gegebenenfalls Änderungen von Abläufen und Strukturen werden dadurch erschwert, auf jeden Fall aber verlangsamt und verkompliziert.

Personal und Führung

Bei der Analyse des Personalstamms und seiner Hierarchien sollten die folgenden Informationen erhoben werden:

- Besetzung von Schlüsselstellen und Vorarbeiterpositionen.
- Verteilung von Aufgaben und Zuständigkeiten.
- Qualifikationen der Führungskräfte und Mitarbeitenden.
- Ausführung von Arbeiten und Aufgaben durch »fachfremdes« Personal und dessen Anteil am gesamten Arbeitsvolumen.

- Zufriedenheit und Motivation der Mitarbeitenden anhand der vorab geführten Gespräche und Interviews.
- Führungsstil der jeweiligen Führungskräfte, sowie deren Umgang mit dem entsprechenden Aufgabenumfang und den Verantwortungsbereichen, die mit der Führungsaufgabe zusammenhängen.

Schlussfolgerungen zur Bestandsanalyse

Mögliche Schlussfolgerungen aus der Analyse sind zum einen ganz allgemeiner Natur, sie treffen in den meisten Fällen aber auch auf die Klimafolgenanpassung zu. Dazu zählen:

- Schnittstellen zwischen den Organisationseinheiten sollten auf ein Minimum reduziert und Abstimmungs- und Entscheidungsprozesse agiler und weniger hierarchieintensiv gestaltet werden, vor allem für neue und zusätzliche Aufgaben wie die Klimafolgenanpassung.
- Wenn mehrere Organisationseinheiten für übergreifende Entscheidungs- und Abstimmungsprozesse zuständig sind, ist dies oft zu langwierig und zu komplex.

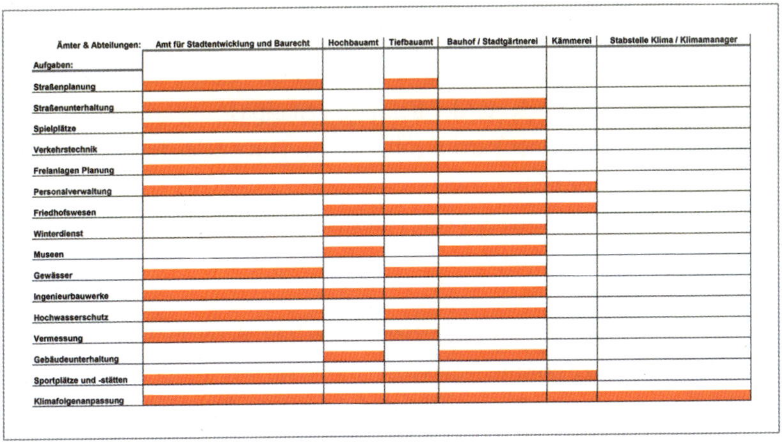

Abbildung 1: Beispiel für Ämter, Aufgaben und Schnittstellen für verschiedene Themengebiete – woraus klar ersichtlich ist, dass die Klimafolgenanpassung eine Querschnittsaufgabe ist.

- Projekte und Prozesse werden häufig dezentral abgestimmt, umgesetzt und bearbeitet. Das ist insbesondere dann der Fall, wenn sie wie die Klimaanpassung neu und noch nicht in der Verwaltung verankert sind.
- Standardisierte Prozesse und Abläufe sind oft schlecht aufeinander abgestimmt, wenig nachvollziehbar organisiert und stark individualisiert.
- Führungskräfte sind teilweise bereits mit der aktuellen Menge an Aufgaben und Arbeit überlastet und allein aus Zeitmangel nicht in der Lage, Prozesse wie die Klimaanpassung neu zu denken, zu optimieren oder einfach nur darzustellen.
- Führungskräfte sind teilweise überorganisiert und überstrukturiert, dabei aber ineffektiv.
- Es gibt zu viele Chefs, Auftraggeber und Auftragnehmer, was zu Abhängigkeiten von individuellen Absprachen, individuellem Wissen und individueller und oft bilateraler Organisation der Klimafolgenanpassung führt.
- Klare, stabile und optimierte Strukturen für wichtige Themen und Aufgaben fehlen oder werden nicht gelebt und nicht überwacht. Somit sind sie nicht kontrollier- und steuerbar.
- Die demografische Entwicklung erschwert oder blockiert sogar ganz interne Änderungen und notwendige Um- und Neustrukturierungen, wie sie im Zuge der Klimafolgenanpassung in der Regel erforderlich sind. Dies gilt auch für die Implementierung und Bearbeitung neuer Aufgaben.
- Die Aufgaben, die sich aus der Klimafolgenanpassung ergeben, sind zu vielfältig, um von einer Person vollverantwortlich geleistet und bearbeitet werden zu können.
- Es besteht grundsätzlicher Bedarf an zusätzlicher Expertise für die neue Organisation sowie die Be- und Erarbeitung des Themenfelds Klimafolgenanpassung.
- Aufgaben, Themen und Expertisen einzelner Bereiche sind zu wenig gebündelt und zusammengefasst.
- Abstimmungen und Prozessabläufe sind wenig effizient und oft schwer nachvollziehbar.
- Durch eine unzureichende und schlecht organisierte interne Kommunikation entstehen unter anderem Mehrfachbearbeitungen, Missverständnisse, Konkurrenz und Frust.

- Eine direkte Weitergabe des Wissens und das Einbringen von Ideen und Know-how in Standard- und Projektprozesse ist wenig bis gar nicht möglich, oder es wird nicht gefördert.
- Singuläre Expertisen von Mitarbeitenden zu einzelnen Aspekten der Klimafolgenanpassung sind nicht allgemein verfügbar.
- Austausch und Transfer von Wissen sowie Kommunikationsabläufe werden zu wenig gefördert, gelebt und fortentwickelt.
- Krankheitsbedingte Ausfälle von Mitarbeitenden können nur schlecht bis gar nicht kompensiert werden.
- Es gibt zu viele Direktaufträge, die nicht durch Führungskräfte optimiert und organisiert werden können. Dies erschwert eine nachvollziehbare und verbindliche Kapazitätsplanung, oder macht sie gänzlich unmöglich.
- Die Entscheidungs- und Abstimmungswege sind zu kompliziert und für Außenstehende und externe Projektbeteiligte zum Teil wenig bis gar nicht nachvollziehbar.
- Die organisatorischen Defizite wirken sich negativ auf das Image der Verwaltung und so auch auf die Kommune aus.

Beispiele für wesentliche Defizitfelder und Schwachstellen bei der Organisation von neuen Projekten und Prozessen wie der Klimafolgenanpassung zeigt Abbildung 2.

Empfehlungen zur Bestandsanalyse

Aus den vorab identifizierten und dargestellten Faktoren und Defiziten lassen sich folgende Handlungsempfehlungen und notwendige Maßnahmen zur Implementierung neuer Strukturen und neuer Aufgabenfelder wie der Klimafolgenanpassung formulieren:

- Die Bündelung von Aufgaben, welche die Klimafolgenanpassung betreffen, sollte möglichst in einer Organisationseinheit erfolgen. Dazu zählen einerseits Verwaltungsaufgaben wie Personal, Beschaffung, Verträge und Kommunikation, andererseits alle planerischen und steuernden Entwicklungsaufgaben wie Klimaanpassung mit den Bereichen Grünflächen, Umwelt, Natur, Landschaft, Straßen, Verkehr und Technik. Dieser Aufgabenkatalog erfordert eine entsprechend qualifizierte Leitung wie zum Beispiel Landschaftsarchitekt oder Bauingenieur, wobei Erfahrungen in Verwaltungsaufgaben vorteilhaft sind.

- Sinnvoll ist es, für diese umfassende Aufgabe eine neue Organisationseinheit zu schaffen – gegebenenfalls aus bestehenden Ämtern oder Abteilungen. So lassen sich Synergien nutzen und Strukturen verschlanken.
- Zusammenstellung von Teams mit Expertisen aus verschiedenen Ämtern, welche – angepasst an das Know-how sowie die Erfordernisse der Klimaanpassung – die Leitung und Steuerung übernehmen.

Aufgaben

Abbildung 3 zeigt einen Auszug aus den zu erwartenden vielfältigen Zukunftsthemen und Aufgaben, die sich unter anderem auch aus den folgenden Schwerpunkten ableiten lassen:

Abmilderung der Folgen des Klimawandels (Klimafolgenanpassung) – Förderung der Gesundheit – Sicherung sozialer Funktionen – Steigerung

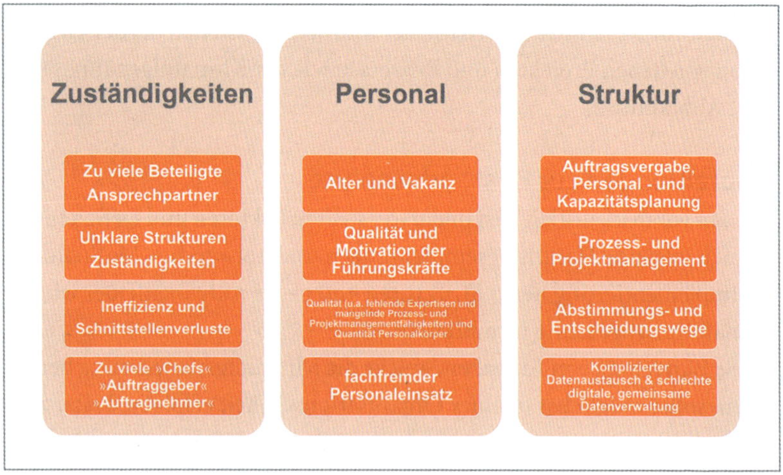

Abbildung 2: Beispiele für wesentliche Defizitfelder und Schwachstellen.

der Standortqualität – Schutz des Bodens, des Wassers und der Luft – Erhalt des Artenreichtums – Baukultur – Partizipation – Automatisierung – Konnektivität – Klimaneutralität – Resilienz – Zirkularität – und weitere Themen.

Ziele

Aus den vorgenannten Zukunftsthemen und Aufgaben und aus den aktuellen Defiziten lassen sich für eine neue Organisationseinheit oder neue Organisationsstruktur zur Bearbeitung der Querschnittsaufgabe Klimafolgenanpassung die in Abbildung 4 dargestellten, wesentlichen Ziele formulieren. Diese Ziele sollten für die Optimierung von Schnittstellen und Prozessen gelten, nicht nur für neue wie die Klimafolgenanpassung.

Die beispielhafte DNA einer neuen Organisationseinheit zur Klimafolgenanpassung

Aufgaben und Prozesse innerhalb einer Organisationseinheit lassen sich optimal auf drei tragende Säulen aufteilen (Abbildung 5). Dies ist ein wesentlicher Faktor für eine erfolgreiche und nachhaltige Implementierung neuer Strukturen und Prozesse.

Diese drei Säulen sind:

- Eine gut strukturierte Verwaltung (Controlling, Monitoring und Koordination, Personalmanagement und Arbeitsmitteleinsatz) mit Bereichen

Abbildung 3: Auszug kommunaler Zukunftsthemen und Aufgaben.

wie Sekretariat, Zentrale Dienste, Pacht, Verträge und Genehmigungen sowie Kommunikation.

- Eine Einheit für die Projektentwicklung, Planung und Steuerung von Bereichen wie Klimafolgenanpassung, städtischer Raum, Grünräume und Landschaft, Freizeitanlagen sowie Infrastruktur. Die entsprechende Themenfelder umfassen zum Beispiel Grün- und Freianlagen, Umwelt, Natur und Landschaft, Straße und Verkehr, Technik sowie die die dazu gehörigen Pflege- und Unterhaltungsplanung und deren Management.
- Eine Organisationseinheit für Unterhaltung und Pflege, wozu das Management des Freiraums im Hinblick auf Umsetzung, Ausführung, Werterhalt sowie technische und handwerkliche Dienstleistungen gehören. Eingeschlossen sind hier auch Bereiche wie zum Beispiel Gärtnerei, Grün- und Freianlagen, Technische Dienste, Umsetzungs- und Baumaßnahmen und Kontrollen von Straßen, Spielplätzen und Bäumen.

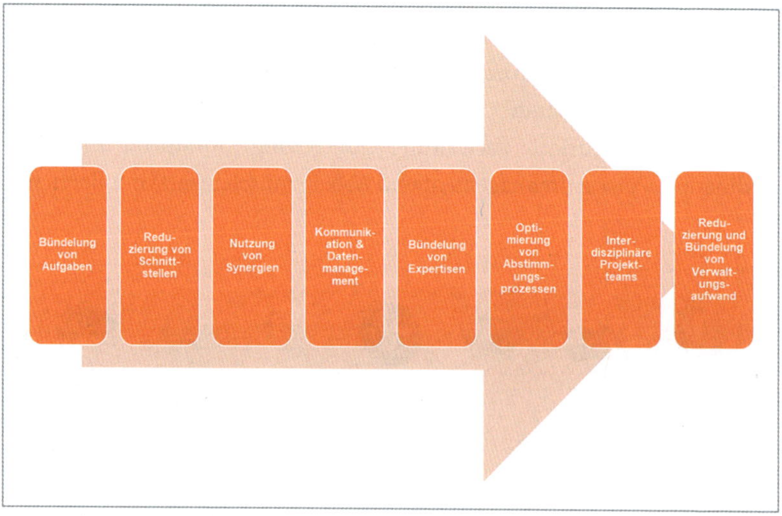

Abbildung 4: Wichtige Ziele einer Um- oder Neustrukturierung von Organisationseinheiten wie beispielsweise einer Einheit für die Klimaanpassung.

Wie bereits mehrfach erwähnt, ist – zusätzlich zu den drei Säulen – eine kompetente Leitung der neuen Organisationseinheit essentiell für den Erfolg. Diese muss für die Umsetzung und Verstetigung der neuen Strukturen und Prozesse sorgen. Ein neu entwickeltes Organigramm, das auf den bereits aufgeführten Faktoren und Inhalten basiert, sollte hierbei zwingend auf die vorhandenen Möglichkeiten – Größe und Verwaltungsstruktur der Kommune, Personal und dessen Qualifikationen – abgestimmt sein.

Unter anderem können dadurch auch die Einführung, Optimierung und Verstetigung folgender für die Klimawandelanpassung wichtigen Prozesse ermöglicht werden:

- Vereinfachte und effizientere, bestenfalls digitale Abstimmungs- und Bearbeitungsprozesse, zum Beispiel GIS-basierte Anwendungen.
- Gemeinsame Verwaltung und Nutzung von stadtklimarelevanten Daten wie Versiegelungsgrade, Grünflächenanteile, Dach- und Fassadenbegrünungen, Stadtbäume und deren Standorte, Wasserflächen und Zugang zu Wasser beispielsweise für die Bewässerung.

Abbildung 5: Drei tragende Säulen – die beispielhafte DNA einer funktionierenden Organisationseinheit zur Klimaanpassung.

- Digitalisierte Standards für interne und externe Kommunikation von Grundlagen, Projektständen, Prozessentwicklungen, Entscheidungen, Ergebnissen und dergleichen.
- Standards für die interne und externe Vergabe von Aufträgen zum Beispiel für Beratung, Planung, Bau sowie Umsetzungsmaßnahmen zu geplanten und laufenden Projekten der Klimafolgenanpassung, aber auch für verwaltungs- und projektinterne sowie politische Abstimmungs- und Entscheidungsprozesse.
- Klar definierte Rollen von Auftraggebern und Auftragnehmern, auch in der verwaltungsinternen Prozess- und Projektstruktur.
- Interner Austausch und Transfer von Wissen zu projekt- und prozessrelevanten Inhalten, wie neuen Gesetze und Regelungen, neuen technischen und umweltrelevanten Daten und Möglichkeiten sowie möglichen Finanzierungen und Förderprogrammen.
- Interdisziplinäre Projektteams, die bestenfalls Expertise und Knowhow aus allen beteiligten Querschnittsorganisationseinheiten aufweisen. Dazu zählen auch kompetente Projektleiter, die sich je nach Schwerpunkten wie Beteiligungen, Entwicklung, Steuerung, Planung, Umsetzungen, zeitlichem Ablauf und Projektstand sowie eventuell weiteren wichtigen Faktoren abwechseln können und müssen.

Umsetzung und Neustrukturierung

Drei Bausteine sind für eine angestrebte Um- und Neustrukturierung wichtig: die Personal- und Organisationsstruktur, die Rekrutierung und Ausbildung von Personal sowie der Komplex Kommunikation, Datennutzung und Abstimmung. Diese Bereiche können im Zuge des weiteren Prozessverlaufs detailliert ausgearbeitet und weiterentwickelt werden.

Personal- und Organisationsstruktur

Es ist eine gewaltige Herausforderung, den gesamten Prozess der Um- und Neustrukturierung umfänglich zu beginnen. Dieser muss zielgerichtet gesteuert, evaluiert, begleitet, fortentwickelt und vor allem kontrolliert werden. Um das alles leisten zu können, bedarf es unbedingt der Implementierung von gegebenenfalls erforderlichen neuen Schlüsselstellen innerhalb der neuen Organisationseinheit. Diese Schlüsselstellen, auch die vorhandenen, sollten möglichst vor dem eigentlichen Prozessbeginn klar definiert und besetzt sein. Andernfalls würden sich einige neue Strukturen nur schwer bis gar nicht einführen und umsetzen lassen.

Wie schon mehrfach betont, benötigt eine neue Organisationseinheit wie die Klimafolgenanpassung in erster Linie eine starke Leitung, die nicht nur die fachliche Expertise, sondern vor allem auch entsprechende Führungsqualitäten und großes Organisationsgeschick vorweisen kann. Zusätzlich erforderlich ist eine gut ausgebildete und starke Leitung für eine zentrale Verwaltungseinheit, die zudem strukturell denken und handeln kann. Die Leitung einer neuen Organisationseinheit wird die täglichen und die im Zuge eines Change-Prozesses notwendigen weiteren Aufgaben nur mit fachlicher und organisatorischer Unterstützung aus einer zentralen Verwaltungseinheit erfüllen und leisten können.

Um die bereits jetzt sehr wichtigen und künftig im Zuge der Klimaerwärmung noch wichtiger und umfangreicher werdenden Aufgaben aus der Grün- und Freiraumplanung erfüllen zu können, benötigt es die fachliche Expertise von Landschaftsarchitekten oder ähnlich qualifizierten Mitarbeitenden. Diese ist auch erforderlich, um die aus der Klimafolgenanpassung resultierenden notwendigen Prozesse und Projekte im Sinne der kommunalen Erfordernisse durchführen zu können. Auch wenn künftige Projekte und damit einhergehende Leistungen teilweise fremdvergeben werden, können diese nur mit interner Expertise fachlich fundiert vergeben, begleitet, betreut und auch entsprechend abgenommen werden.

In einer neuen Organisationseinheit mit Aufgabenschwerpunkten in der Unterhaltung und Pflege, bei der Betreuung von Umsetzungs- und Baumaßnahmen sowie bei der Durchführung von Kontrollen müssen die Teams und Kolonnen entsprechend ihren fachlichen und sonstigen Qualifikationen zusammengestellt und strukturiert werden. Damit diese Einheit ihre Aufgaben gezielt, strukturiert und effizient erfüllen kann, sollten die Prozesse, Arbeitsabläufe und Zuteilungen von Gebieten beziehungsweise Quartieren eingehend geprüft und hinsichtlich Flächen und Arbeitsumfang aufgeteilt werden.

Gewinnung und Ausbildung von Mitarbeitenden

Aktuell ist es vor allem in den technischen Berufen sehr schwer, geeignetes Personal zu finden und dauerhaft zu binden. Diese Tendenz wird sich auch in den kommenden Jahren fortsetzen. Kommunale Verwaltungen sollten daher möglichst selbst ausbilden. Hierbei sind nicht nur die reinen Ausbildungsberufe wie beispielsweise Gärtner, Landschaftsbauer, Straßenwärter und gegebenenfalls auch Schreiner, Mechatroniker und Maler zu berücksichtigen, sondern vielmehr auch Bauzeichner (Tiefbau) und duale Studierende oder auch Praktikanten, zum Beispiel aus den Bereichen Wasserwirtschaft, Landschaftsarchitektur, Umweltplanung und Bauingenieurswesen. Durch die Ausbildung in der Verwaltung und in kommunalen Betrieben können sehr schnell produktive Mitarbeitende generiert werden, die sich bereits während und vor allem nach der Ausbildung im »System« bestens auskennen und sich in dieser Zeit mit der Stadt, mit der Verwaltung und ihren Jobs identifizieren.

Wenn es dann noch gelingt, den Auszubildenden nach ihren jeweiligen Abschlüssen entsprechende Stellen, die auch zunächst befristet sein können, anzubieten, werden sich die in Zukunft zu erwartenden Personalengpässe wesentlich reduzieren. Zusätzlich zur Generierung künftiger Mitarbeitender wäre so ein unbedingt notwendiger Wissenstransfer von langjährigen zu neuen Mitarbeitenden durchaus möglich und steuerbar. Durch die stets neuen Impulse, Ideen und Techniken, die Auszubildende und Studierende immer wieder von ihren Schulen, Hochschulen und überbetrieblichen Ausbildungen mitbringen, würde diesbezüglich eine Dynamik entstehen, die sich durch reine Fortbildungen und dergleichen nicht erreichen ließe.

Ein weiterer, nicht zu unterschätzender Faktor ist auch ein Imagegewinn als Arbeitgeber. Dies setzt natürlich voraus, dass die Kommune eine gute bis sehr gute Ausbildung gewährleisten kann. Dies ist wiederum nur mit dafür qualifizierten und motivierten Ausbildern möglich. Bevor eine Kommune Ausbildungsplätze anbietet, sollten daher unbedingt nicht nur alle Formalitäten geprüft und erledigt werden, sondern vielmehr müssen alle entscheidenden Beteiligten auch wirklich voll hinter der Ausbildung stehen. Nur dann können die vorab beschriebenen positiven Ziele und Aspekte erreicht werden.

Kommunikation, Datennutzung und Abstimmung

Das Herz und der zentrale Datenpool für alle Aufgaben und Bereiche einer Organisationseinheit, die unter anderem mit den Themen der Klimafolgenanpassung betraut ist, sollte heutzutage aus einem GIS-System bestehen, das mit allen Informationen gefüttert wurde, die den städtischen Raum betreffen. Um Arbeiten, Projekte und auch wiederkehrende Prozesse wie zum Beispiel Grünflächen- und Straßenpflege dauerhaft und zielgerichtet planen, überwachen und koordinieren zu können, ist eine entsprechende Kommunikation über ein gemeinsam geführtes GIS-System unerlässlich. Nur so lassen sich unter anderem neue Maßnahmen zur Klimafolgenanpassung, der Personalbedarf, Pflegeeinsätze, Neupflanzungen von Bäumen, Flächenangaben, Flächenumwandlungen, Pflegepläne, Haushaltskosten und vieles mehr eindeutig und verlässlich aufzeigen, planen und vor allem auch kommunizieren.

Es ist daher unerlässlich, dass innerhalb einer Organisationseinheit alle Beteiligten gleichzeitigen Zugriff auf ein System haben und damit alle entscheidenden Daten sowohl mobil erfasst als auch entsprechend jederzeit ausgelesen und kommuniziert werden können. Dazu zählen zum Beispiel Klimafolgenanpassungsmaßnahmen, Baumkataster, Spielplatzkataster, Straßenzustände, Lage und Zustände von Leitungen, Kategorien und Zustände von Pflegemaßnahmen. Viele Prozesse lassen sich dadurch wesentlich beschleunigen und verlässlicher ausführen und umsetzen. Auch die Kommunikation sowie die Übernahme und Weitergabe von Daten zum Beispiel mit Leitungsträgern wird dadurch wesentlich effizienter und nachvollziehbarer.

Zusätzlich zu einem einheitlichen GIS-System sollte auch das alltägliche Datenmanagement weitestgehend einheitlich gehandhabt werden. Hierbei geht es sowohl um einheitliche digitale Ordner- und Ablagestrukturen als auch um einen einheitlichen Umgang mit Dateinamen von Projekten und Daten, die Ablage von digitalen Korrespondenzen sowie weiteren Inhalten von Prozessen und Projekten. Nur so lässt sich stets verbindlich und schnell kommunizieren, vor allem auch mit externen Fachleuten. Zusätzlich können damit auch krankheitsbedingte oder sonstige Ausfälle schnellstmöglich kompensiert werden.

Die effiziente und nachhaltige Steuerung und Bearbeitung von Projekten und Prozessen lässt sich nur dadurch gewährleisten, dass alle Beteiligten jederzeit Zugriff auf alle relevanten Daten haben und diese auch ohne »Insiderwissen« oder vorige Rückfragen finden! Da jeder Mitarbeitende einen eigenen Stil hat, Dokumente zu bezeichnen und abzulegen, ist hierfür ein gemeinsam entwickelter Konsens zu finden – eine durchaus schwierige und langwierige Aufgabe. Deshalb gibt es hierfür bereits ausgereifte Softwarelösungen, die alle wesentlichen Pfade, einmal eingestellt, auch jederzeit unveränderbar vorgeben. Leider lassen sich aufgrund fehlender Vergleichszahlen zu aktuellen Arbeitsweisen und Zeitläufen hierzu keine genauen Angaben machen. Sicher ist aber, dass jegliche Art von Abstimmung – egal ob in- oder extern – durch gemeinsame Kommunikationsstandards sowie die gemeinsame Nutzung und Pflege von Daten um ein Vielfaches beschleunigt wird. Vor allem wird sie dadurch auch wesentlich resilienter für personelle Ausfälle und singuläre Fehler.

Mehrwert und Verbesserung

Wie bereits beschrieben, ist es ohne aktuelle Vergleichszahlen zu Kosten und Aufwänden sehr schwer bis gar nicht möglich, Mehrwert und Verbesserung derartiger Um- und Neustrukturierungen in Prozenten, Kosteneinsparungen oder sonstigen Zahlen aufzuzeigen. Grundsätzlich können Kommunen gerade im Bereich öffentlicher Räume, in denen in den letzten Jahrzehnten in erster Linie gespart wurde, nicht davon ausgehen, dass eine Neu- und Umstrukturierung von Organisationseinheiten wie etwa die zur Klimafolgenanpassung mit sofortigen Kosteneinsparungen gleichzusetzen ist. Wo sehr lange zu wenig oder gar nicht investiert wurde, muss zunächst dringend wieder überproportional investiert werden, um Verbesserungen zu erreichen. Künftige Maßnahmen und Prozesse können auf ihre Kostenrelevanz hin auch nur überprüft und verglichen werden, wenn zuvor vergleichbare Werte und Kennzahlen generiert werden.

Dies alles lässt sich nur in einer funktionierenden und effizienten Organisationsstruktur er- und bearbeiten. Darum sollte der Fokus auf folgende Punkte gerichtet werden:

- Umsetzung einer dringend notwendigen, oben beschriebenen Um- und Neustrukturierung von gesamten Organisationseinheiten und von umfassenden Aufgaben hin zu schlagkräftigen und effizienten Strukturen.

- Damit einhergehend Optimierungen von Prozessen und deren Management, um Aufgaben zukünftig schneller, schlanker und transparenter erledigen zu können. Hierfür wesentliche Faktoren sind:
  - Vereinfachte und reduzierte Strukturen und Schnittstellen, zum Beispiel durch Schaffung neuer, themenbezogener Organisationseinheiten (Projektteams), die gegebenenfalls auch nur für einen Projektzeitraum zusammengestellt werden. Wichtig ist hierbei vor allem die Übertragung von Verantwortlichkeiten und den damit einhergehenden Kompetenzen, Entscheidungen zu treffen.
  - Optimierte und verschlankte Prozesse, sowohl zur Abstimmung als auch zur Bearbeitung von Querschnittsthemen, für welche die Klimafolgenanpassung ein typisches Beispiel ist.
  - Effizienteres Arbeiten und Organisieren, unter anderem durch gemeinsame Nutzung und Verwaltung von Daten.
  - Nutzung und Bündelung von internen Kompetenzen zur Klimafolgenanpassung, beziehungsweise diese gegebenenfalls durch Ausbildung selbst generieren.
  - Abhängigkeiten von zu vielen internen und externen Beteiligten durch optimierten Wissenstransfer reduzieren.
  - Zielgerichtete und transparente Kapazitäts- und Zeitplanung.
  - Optimierter und transparenter Einsatz von Mitteln, was sich durch ein konsequentes Management der Projekt- und Prozesskosten erreichen lässt.
  - Bedarfsgerechte und aufgabenorientierte Planung und Entwicklung des Personals.

Die Ansprüche wachsen und damit auch die Aufgaben für die Bereitstellung, Ausgestaltung, Unterhaltung und Fortentwicklung von städtischen Räumen, vor allem im Hinblick auf die dringend notwendigen Klimafolgenanpassungen. Der Raum bleibt innerstädtisch zunächst der gleiche, er muss aber immer mehr Funktionen, Aufgaben und Anforderungen ermöglichen und übernehmen. Dazu gehören die Maßnahmen zur Klimafolgenanpassung, aber auch steigende Mobilität, Naherholung, Wohnen, Sport, Arbeiten, Medien und andere Bereiche mehr. All dies wird die kommunalen Verwaltungen vor große Herausforderngen stellen.

Schlussfazit und Ausblick

Für eine Neu- und Umstrukturierung von Organisationseinheiten sowie zur zielgerichteten Be- und Erarbeitung von Projekten und Prozessen zur Klimafolgenanpassung können folgende Faktoren als essentiell zusammengefasst werden:

- Ohne eine zeitnahe Einleitung von Um- und Neustrukturierungsprozessen können viele derzeitige Verwaltungen als eigenständige Organisationseinheiten nicht mehr lange Bestand haben. In den kommenden fünf bis zehn Jahren werden sehr viele aktuelle Mitarbeitende in den Ruhestand gehen und somit bereits bestehende Aufgaben und Verantwortlichkeiten nicht mehr adäquat bearbeitet werden können. Derart fragile Strukturen sind daher wenig bis gar nicht in der Lage, neue, vielschichtige und arbeitsintensive Themenfelder wie die Klimafolgenanpassung zu integrieren und nachhaltig zu bearbeiten.
- Die Vielzahl der unterschiedlichen Aufgaben und Themenfelder, die bereits jetzt in vielen bestehenden Organisationseinheiten bearbeitet werden, können mit dem aktuellen Personal nicht umfassend bearbeitet werden, auch wenn einige Stellen bestenfalls überlappend nachbesetzt werden können. Es ist daher bereits jetzt in einigen Bereichen mit schwerwiegenden Fehlern oder einem gänzlichen Versagen der Organisation zu rechnen. Zurückzuführen ist dies vor allem auf Überlastung und fachfremde Erfüllung von Aufgaben. Somit ist es auch nur schwer möglich, so komplexe Themen wie die Klimafolgenanpassung zusätzlich in die bereits gestörten Abläufe zu integrieren. Es genügt daher auch nicht, neue Stellen wie zum Beispiel die eines Managers für Klimaanpassung zu schaffen, ohne dabei auch gleichzeitig Strukturen zu bilden, die eine gemeinsame interne Bearbeitung ermöglichen. Wenn stets nur themenrelevante Aspekte gesammelt werden, werden die internen Abläufe nicht optimiert, sondern eher gestört und viele bereits schon überlastete Stellen noch weiter überfordert.
- Auch wenn man sich ab sofort eingehend und intensiv um Nachbesetzungen und die Ergänzung des Mitarbeiterstamms bemühen würde, ist angesichts des derzeitigen Fachkräftemangels in den technischen Berufen nicht davon auszugehen, dass notwendige neue Mitarbeitende

schnell genug gefunden werden können. Gleichzeitig wäre das aktuelle Personal aus den benannten Gründen auch nicht in der Lage, zusätzlich zu den alltäglichen Aufgaben potentielle Nachfolger und sonstige neue Mitarbeitende zielgerichtet einarbeiten zu können. Selbst wenn die Kommune neue Mitarbeitende finden würde, würden sich diese in einem derzeit unstrukturierten und schlecht organisierten Arbeitsumfeld wiederfinden. Unter solchen Voraussetzungen wäre mit einer großen Fluktuation zu rechnen.

- Um notwendige und wirksame Umstrukturierungsprozesse einführen und verstetigen zu können, braucht es unbedingt die als wesentliche Schlüsselfunktionen und Positionen identifizierten Personalstellen.
- Um die Schlüsselstellen einer neuen Organisationseinheit wie die zur Klimafolgenanpassung zeitnah und maximal gut besetzen zu können, sollten die Grenzen der möglichen Dotierungen intensiv geprüft werden. Im Hinblick auf den aktuellen Stellenmarkt wird es nur schwer möglich sein, schnell und erfolgreich neue und hochqualifizierte Mitarbeitende akquirieren zu können, wenn es hier zu wenig Verhandlungsspielraum gibt.
- Organisation, Dokumentation und vor allem Kapazitätsplanung sollten in vielen Kommunen zeitnah entsprechend der beschriebenen und aufgezeigten Empfehlungen neu gedacht und angepasst werden. Auf Basis von quantifizierten Arbeitsnachweisen und Dokumentationen, die ins Verhältnis gesetzt werden zu Flächen, Stückzahlen und dergleichen, können notwendige Personalzahlen und vor allem die benötigten Ausbildungsschwerpunkte ermittelt werden. Darauf aufbauend können reale Personal- und Sachkosten beziffert werden. Sie bilden die fundierte Grundlage für die weitere Kapazitäts- und Stellenplanung sowie zur Kalkulation von Material und Maschinen.
- Durch die Umstrukturierung von Organisationseinheiten und Teams könnten Arbeitsabläufe und Aufgaben optimiert, zielgerichteter und langfristig effizienter ausgeführt werden. Im Zusammenhang mit Flächen- und Aufgabenkennzahlen sowie Kosten würde so auch ein künftiger Vergleich zwischen externer Vergabe und eigener Erfüllung von Aufgaben und Projekten möglich. Das würde auch eine zielgerichtete Kosten- und Kapazitätsplanung bei der jährlichen Planung und Füh-

rung des Haushalts ermöglichen. Gleichzeitig könnten damit auch die Möglichkeiten und Kapazitäten generiert werden, um sich ausreichend intensiv mit neuen und wichtigen Themenfeldern wie der Klimafolgenanpassung befassen zu können.

- Da sich der Arbeitsmarkt vor allem in den Bereichen Handwerk und technische Berufe auf absehbare Zeit nicht wesentlich entspannen wird und die öffentliche Verwaltung in Konkurrenz zur starken Privatwirtschaft steht, sollte auch verstärkt auf die Ausbildung im eigenen Haus und somit auf die eigenständige Generierung von Mitarbeitenden gesetzt werden. Durch eigene Ausbildung in bestimmten Bereichen ließe sich eine Personalplanung für diese sensiblen Bereiche wesentlich zielgerichteter und vor allem verlässlicher aufstellen und umsetzen. Gleichzeitig könnte dies auch zu einem Imagegewinn führen, der es der Kommune wiederum ermöglichen würde, sich am Stellenmarkt innovativer und zukunftsorientierter zu positionieren. Wenn das Personal so individuell auf die kommunalen Bedürfnisse aufgebaut und abgestimmt ist, wäre es für die Integration von zu erwartenden weiteren neuen Aufgabenfeldern wie die Klimafolgenanpassung weitaus resilienter und flexibler.
- Um einer gesamten neugedachten Organisationseinheit auch ein gesundes, solides und gemeinsames Fundament geben zu können, bedarf es in erster Linie der Nutzung gemeinsamer Software (zum Beispiel GIS Komplettlösungen) zur Bearbeitung bestehender und zukünftiger Aufgaben.
- Zusätzlich dazu sollten vor allem folgende Faktoren und Punkte vereinheitlicht und standardisiert werden: Kommunikation, Kapazitätsplanung, Datenmanagement, Datei- und Projektbezeichnungen, Vertretungsregelungen, der Umgang mit internen und externen Schnittstellen und je nach bestehenden Strukturen noch weitere.
- Um bestehende Defizite und Schwachstellen dauerhaft und effizient beseitigen und ausschließen zu können und gleichzeitig nutzbare Kapazitäten für neue Themenfelder wie die Klimafolgenanpassung zu generieren, sollte der gesamte anstehende und zwingend notwendige Prozess groß gedacht werden. Die Umsetzung kann dann, wenn nicht anders möglich, auch Schritt für Schritt erfolgen, zudem kann gegebenenfalls nachgebessert werden. Auch wenn sich die monetäre Optimierung mangels aktueller Zahlen nicht darstellen und vergleichen lässt, sollten die

aufgeführten Argumente und die anstehenden Aufgaben gewichtig genug sein, um die Sinnhaftigkeit und Notwendigkeit der Veränderungsprozesse nachvollziehen zu können – und dann auch deren Umsetzung in Angriff zu nehmen.

- Es ist dringend davon abzuraten, nur Teilaspekte vereinzelt anzugehen und umzusetzen und quasi im Bestand schnellstmöglich mit den vorhandenen Mitteln und Mitarbeitenden kleinere Prozesse zu ändern. Vor allem so gewichtige Zukunftsthemen wie die Klimafolgenanpassung lassen sich nicht allein mit singulären personellen Veränderungen und Ergänzungen in einer Art Salamitaktik stemmen. Zum einen sind alle Bausteine voneinander getrennt nicht annähernd so effektiv und nachhaltig, wie wenn alle aufeinander abgestimmt werden können. Zum anderen würde dadurch die – aktuell zum größten Teil bereits sehr hohe – Überforderung und Frustration der Mitarbeitenden nur verstärkt werden. Kleine und wenig effiziente, nicht im Zusammenhang gedachte und optimierte Veränderungen werden in der Regel zunächst als lästig empfunden. Das gilt zum Beispiel für zusätzliche Aufgaben wie die Mitarbeit in einem neuen Projektteam etwa zur Klimafolgenanpassung. Das bewirkt, dass selbst diese nur zeitverzögert umgesetzt und eingeführt werden. Das wiederum führt dazu, dass deren eventuell bereits geringe Wirkungen verpuffen, bevor sie für die Mitarbeitenden positiv spürbar werden. Somit führen derartige, aus der Not geborene »Optimierungen« in der Regel zu noch mehr Frust und erzeugen das Gegenteil der eigentlich beabsichtigten Wirkung.

Stefan Auer und Michael Wolf

Zusammenarbeit auf verschiedenen Ebenen

KlimaBB – Der Landkreis Böblingen bündelt Klimaanpassung

Der Landkreis Böblingen zeichnet sich durch Dynamik und Prosperität aus: Er ist Heimat für eine seit Jahrzehnten wachsende Zahl an Menschen – fast 400.000 Einwohnende leben heute in den 26 kreisangehörigen Kommunen. Als Hightech-Standort beherbergt er Produktions-, Forschungs- und Entwicklungszentren weltbekannter Konzerne, innovative »Hidden Champions« und zahlreiche leistungsfähige kleine und mittelständische Betriebe. Attraktive Städte und Gemeinden, eine abwechslungsreiche Kulturlandschaft und vielfältige Freizeit- und Erholungsmöglichkeiten machen den Landkreis zu einer Raumschaft mit hoher Lebensqualität.

Die Auswirkungen der globalen Erwärmung sind indessen auch im Landkreis Böblingen zunehmend spürbar. Zwischen den Höhenrücken des Schwarzwalds und der Schwäbischen Alb gelegen, zählt er ohnehin zu den eher wärmeren Gegenden Baden-Württembergs. Und die Belastungen werden im Zuge des Klimawandels weiter zunehmen. Eine Datenauswertung der University of Maryland (2025) zeigt, dass beispielsweise in der Gemeinde Schönaich im Jahr 2080 klimatische Bedingungen herrschen könnten, wie sie heute in der mittelitalienischen Stadt Tolentino anzutreffen sind. Von Starkregenereignissen und Überschwemmungen waren Gemeinden des Landkreises in der Vergangenheit mehrfach betroffen. Auch hier ist tendenziell von einer Zunahme der Gefahren auszugehen.

Die Städte und Gemeinden sollten sich daher frühzeitig gegen Verwundbarkeiten wappnen – aber auch die Chancen im Blick haben, die sich dabei für die Ortsentwicklung insgesamt ergeben. Mehrwert lässt sich vor allem mit naturbasierten Lösungen zur Klimaanpassung erzielen: So verringern beispielsweise Maßnahmen zur Entsiegelung und Begrünung lokale Aufheizungseffekte – zugleich kann mehr urbanes Grün Städte insgesamt attraktiver und lebenswerter machen.

KlimaBB – Hintergrund, Ziele, Inhalte

Um die Kommunen bei der Planung und Umsetzung einer klimaangepassten Entwicklung zu unterstützen, haben der Verband Region Stuttgart und der Landkreis Böblingen das Kooperationsprojekt »Klimaanpassung im Landkreis Böblingen – Hinweise für die klimafeste Stadt- und Ortsentwicklung« (KlimaBB) initiiert. Im engen Miteinander der beiden Institutionen wurden Verwundbarkeitskarten, Maßnahmenkataloge und weiterführende Hinweise erarbeitet. Das Projekt wurde seitens des Ministeriums für Umwelt, Klima und Energiewirtschaft des Landes Baden-Württemberg als beispielgebend bewertet und mit einer finanziellen Sonderzuwendung bedacht. Obgleich das Bewusstsein für die Erderwärmung und die daraus resultierenden Handlungserfordernisse in den letzten Jahren zugenommen hat, werden Konzepte zur Klimafolgenanpassung bisher vor allem von Kommunalverwaltungen initiiert, die aufgrund ihrer Größe über ein gewisses Maß an Spezialisierung verfügen, häufig in Form eines eigenen Umweltamtes oder eines Klimaschutzmanagers. Das Thema Klimaanpassung ist in solchen Verwaltungen präsent. Die meisten Kommunen im Landkreis Böblingen verfügen indes über kein derartig spezialisiertes Fachpersonal. Vor allem für diese Gemeinden soll KlimaBB eine Hilfestellung sein.

Auszüge aus den Ergebnissen wurden in einer 300 Seiten umfassenden Projektpublikation aufbereitet (VRS & LraBB, 2022, Abbildung 1). Aufgrund der thematischen Vielfalt und der räumlichen Ausdehnung der Betrachtungen – insbesondere der landkreisweiten Kartenanalysen – kann die Projektpublikation nur einen Ausschnitt der vorgenommenen Untersuchungen zeigen. Einen vollständigen Einblick in alle Kartenwerke ermöglicht eine WebGIS-Anwendung (in Vorbereitung).

Die Projektergebnisse sollen in die Planungen der Städte und Gemeinden Eingang finden. Der Verwaltung geben sie Hinweise für anpassungswirksame Maßnahmen im Siedlungsbestand oder eine klimafeste Konzeption größerer Um- und Neubauvorhaben. Dem Gemeinderat können sie zur Orientierung und Entscheidungsfindung dienen. KlimaBB vermittelt Klimaanpassung dabei nicht als zusätzliche solitäre Aufgabe, sondern als integralen Bestandteil einer vorausschauenden kommunalen Ortsentwicklungsstrategie.

Das Herzstück von KlimaBB sind die Kartenwerke. Individuelle Darstellungen für alle 26 Kommunen zeigen, welche Bereiche der Ortschaften durch klimabedingte Umwelteinwirkungen besonders verwundbar sind. Betrachtet werden zwei Themen- beziehungsweise Wirkkomplexe: Zum einen geht es um Hitze und lufthygienischen Belastungen (Wirkkomplex »Hitze«), zum anderen um Risiken durch Starkregenereignisse sowie Fluss- beziehungsweise Bachhochwasser (Wirkkomplex »Überflutung«). Die Kartenwerke erlauben eine Anwendung bis auf Ebene der vorbereitenden Bauleitplanung (Flächennutzungsplan), teils auch darüber hinaus (Bebauungsplan beziehungsweise Quartier). Für parzellenscharfe oder auf

Abbildung 1: Die Publikation zum KlimaBB-Projekt. Foto: B612

einzelne bauliche Objekte gemünzte Aussagen sind in der Regel vertiefende Untersuchungen nötig.

Zur Darstellung von Belastungen und Gefahren sowie als Grundlage für weiterführende Themenkarten (mehr dazu unten) stellt KlimaBB für die beiden oben genannten Wirkkomplexe je eine Basiskarte dar.

Basiskarte zum Wirkkomplex »Hitze«: Klimatope verorten Wärmeinseln und Ausgleichsräume

Die thermische Situation wird anhand von Daten aus dem Klimaatlas Region Stuttgart (VRS, 2008) in Form sogenannter Klimatope abgebildet (Abbildung 2). Klimatope beschreiben verschiedene Gebiete mit jeweils ähnlichen mikroklimatischen Ausprägungen. Diese Gebiete unterscheiden sich

Abbildung 2: Klimatope und Kaltluftströme – exemplarischer Kartenausschnitt für Böblingen/Sindelfingen. Quelle: VRS und LraBB, 2022

vornehmlich nach dem thermischen Tagesgang, der vertikalen Rauigkeit (Windfeldstörung), der topographischen Lage beziehungsweise Exposition und der Art der Flächennutzung. In gewerblich intensiv genutzten Bereichen und entlang stark befahrener Straßen wird in den Karten zudem ein erhöhtes Emissionsaufkommen (Luftschadstoffe) angezeigt. Grundlagen zur Ermittlung der Klimatope sind neben Informationen zur bioklimatischen Situation Daten zur Landnutzung, die Flächennutzungspläne der Städte und Gemeinden, Luftbilder und digitale Geländemodelle. Das Konzept der Klimatope stellt einen in Wissenschaft und Praxis etablierten Ansatz dar und beruht auf Richtlinien des Vereins Deutscher Ingenieure (VDI 3787). Da in besiedelten Räumen die mikroklimatischen Ausprägungen im Wesentlichen durch die reale Flächennutzung und insbesondere durch die Art der Bebauung bestimmt werden, sind die Klimatope nach den jeweils dominan-

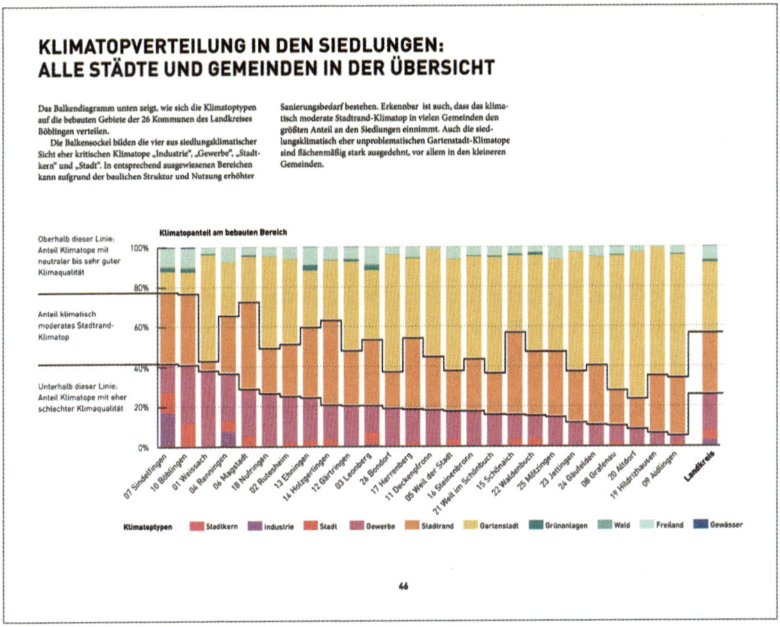

Abbildung 3: Klimatop-Verteilung in den Siedlungen – alle Kommunen im Überblick. Quelle: VRS und LraBB, 2022

ten Flächennutzungsarten beziehungsweise baulichen Typologien benannt. Innerhalb der Siedlungen reicht das Spektrum von den lokalklimatisch besonders problematischen, kompakt bebauten Klimatoptypen »Stadtkern« und »Industrie« bis hin zu den parkähnlichen »Grünanlagen-Klimatopen« oder den offenen, nicht überbauten »Freiland-Klimatopen«, die ausgleichend auf die erwärmte und schadstoffbelastete Umgebung wirken.

Auch wichtige Kaltluftflüsse, ebenfalls dem Klimaatlas entnommen, sind in den Karten verzeichnet. Aus dem kühleren Umland, wo die schwere kalte Luft hauptsächlich in der Nacht auf Äckern, Wiesen, in Kleingärten und Wäldern entsteht, drängt sie, dem Geländerelief folgend, tendenziell zu tieferen Punkten. Je größer das Volumen und je höher die wandernde Frischluftschicht dabei ist, desto leichter überwindet sie Hindernisse wie Bäume, Hügel oder Gebäude – und desto tiefer kann sie in Siedlungen eindringen und dort für Luftaustausch und Abkühlung sorgen.

Abbildung 3 zeigt, wie sich die Klimatoptypen auf die bebauten Gebiete der 26 Kommunen des Landkreises Böblingen verteilen. Die Balkensockel bilden die vier aus siedlungsklimatischer Sicht eher kritischen Klimatope »Industrie«, »Gewerbe«, »Stadtkern« und »Stadt«. In so ausgewiesenen Bereichen kann aufgrund der baulichen Struktur und Nutzung erhöhter Sanierungsbedarf bestehen. Erkennbar ist auch, dass vor allem in kleineren Gemeinden die klimatisch moderaten Klimatoptypen »Stadtrand« und »Gartenstadt« (orangefarbene und gelbe Balkenanteile) den größten Anteil an den Siedlungen einnehmen.

Über die analytische Betrachtung hinaus ordnet KlimaBB jedem Klimatoptyp spezifische Maßnahmen zu, die dazu beitragen können, die kleinräumigen Bedingungen zu verbessern oder günstige räumlich-bauliche Konstellationen zu erhalten. Grundsätzlich gilt: Je mehr vitales Siedlungsgrün vorhanden ist, das Verdunstungskühle produzieren und Schadstoffe filtern kann, je mehr Bäume oder bauliche Elemente Schatten spenden, je geringer der Anteil versiegelter Oberflächen ist, je tiefer die Kaltluft aus dem Umland in die Siedlungen vordringen, je weniger Emittenten zusätzlich Wärme und Schadstoffe abgeben – desto besser ist die Klimaqualität, sprich: desto weniger heiß und lufthygienisch günstiger ist ein Stadtraum.

Basiskarte zum Wirkkomplex »Überflutung«: Gefahren durch Hochwasser und Starkregen

Im Zuge des Klimawandels ist auch mit einer Häufung und Intensivierung von Flusshochwasser und Starkregenereignisse zu rechnen. Die Siedlungen und Infrastrukturen sind dabei auch deswegen besonders gefährdet, weil bei baulichen Vorhaben über viele Jahrzehnte hinweg auch bereits bekannte Risiken häufig nur unzureichend beachtet wurden.

Für die Verortung der Überflutungsgefahren durch Fließgewässer nutzt KlimaBB Daten des Landes Baden-Württemberg (abrufbar über einen Daten- und Kartendienst, LUBW 2025). Diese zeigen, wo und in welcher Höhe das Wasser bei Hochwasserereignissen unterschiedlicher Wahrscheinlichkeiten steht. KlimaBB übernimmt die Daten für zwei Wahrscheinlichkeitsszenarien und stellt sie in einer dem Maßstab angepassten generalisierten

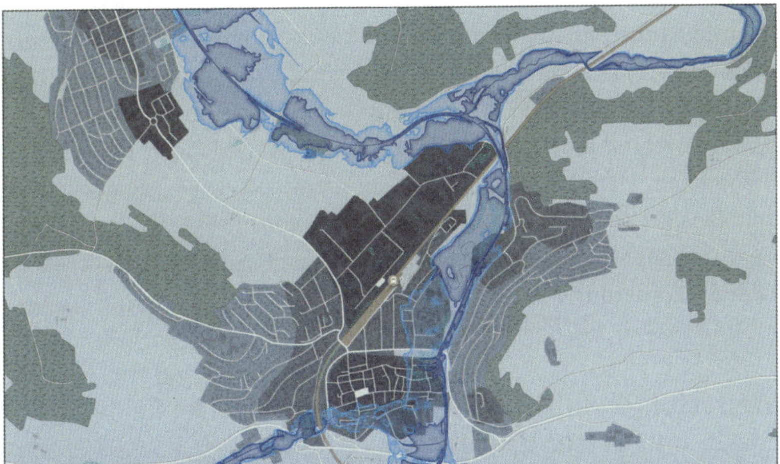

Abbildung 4: Überflutungsgefährdete Bereiche – exemplarischer Kartenausschnitt für Weil der Stadt. Quelle: VRS und LraBB, 2022

Form kartographisch dar: Erstens für Hochwasserereignisse, die statistisch gesehen einmal in 100 Jahren erreicht oder überschritten werden (HQ_{100}), und zweitens für den Extremfall (HQ_{extrem}), der unter anderem auch das Versagen von Schutzeinrichtungen wie Dämmen oder Mauern einbezieht.

Anders als bei Überschwemmungsgefahren durch Fließgewässer liegen für das Thema Starkregengefährdung keine kreisweit einheitlichen Kartierungen des Landes oder anderer Stellen vor. Daher wurde im Rahmen von KlimaBB eine GIS-basierte topographische Gefährdungsanalyse nach einschlägigen Standards durchgeführt. Damit können Abflusswege des Regenwassers und sogenannte Blue-Spots (Geländesenken, in denen sich Niederschlagswasser staut) ermittelt und in Karten visualisiert werden. Hydrodynamische Prozesse wie zeitliche Verläufe und Fließgeschwindigkeiten, die Leistungsfähigkeit der lokalen Kanalisationssysteme oder weitere örtliche Besonderheiten sind indessen nicht Gegenstand topographischer Analysen. Infolgedessen wird auch im Rahmen von KlimaBB darauf hingewirkt, dass die Gemeinden nötigenfalls die Erstellung tiefergehender hydrodynamischer Analysen beziehungsweise kommunaler Starkregengefahrenkarten bei entsprechenden Fachbüros beauftragen.

In einer kombinierten Betrachtung von Hochwasser- und Starkregengefahren zeigt die Basiskarte »Überflutung« (Abbildung 4) Bereiche mit besonderem Handlungsbedarf. Zu den naturbasierten Lösungen zählen zum Beispiel Retentionsmaßnahmen entlang von Fließgewässern, die Entsiegelung des Gebäudeumfelds zur natürlichen Regenwasserversickerung oder die Förderung von grünen Retentionsdächern.

Weiterführende Themenkarten für spezifische Felder der Stadt- und Ortsentwicklung

Wohngebiete und Arbeitsstätten, Schulen und andere Einrichtungen der sozialen Infrastruktur sowie öffentliche Plätze und Freizeiteinrichtungen: Alle Bereiche einer Stadt sollen auch unter den Bedingungen des Klimawandels möglichst gut funktionieren. Daher werden in KlimaBB die beiden voranstehend erläuterten Basiskarten zur thermischen Belastung und zu den Überflutungsgefahren mit fünf Bereichen beziehungsweise städtischen Grundfunktionen räumlich überlagert. Dort, wo sich Belastungen und Gefahren besonders stark bemerkbar machen und dabei zugleich auf viele oder besonders vulnerable Menschen, Güter und Funktionen treffen, ist auch der Handlungsdruck potenziell am höchsten. Insgesamt wurden nach diesem Prinzip der Überlagerung zehn Themenkarten erstellt, von denen zwei nachfolgend exemplarisch erläutert werden.

Für möglichst realitätsnahe Ergebnisse und um örtliche Besonderheiten besser abbilden zu können, wurden die mittels verschiedener Indikatoren, Daten und Luftbildanalysen erstellten Themenkarten den Städten und Gemeinden zur Plausibilisierung vorgelegt. Persönliche Gespräche mit den Verwaltungsspitzen und weiteren Verwaltungsfachleuten aller 26 Städte und Gemeinden dienten dazu, die methodische Vorgehensweise darzulegen und die jeweiligen Zwischenergebnisse zu diskutieren. Die tiefergehende Prüfung und Ergänzung der Karten durch die Kommunen erfolgten im Nachlauf dazu anhand eigens dafür erstellter Unterlagen.

Über die Validierung der Kartenwerke hinaus diente die Einbindung der Kommunen in den KlimaBB-Prozess auch dazu, die Akzeptanz bei den lokalen Adressaten zu erhöhen. Damit wurde eine wesentliche Voraussetzung dafür geschaffen, dass die Ergebnisse in der kommunalen Praxis im Fortgang auch tatsächlich genutzt werden. Nicht zuletzt leisteten die Gespräche der KlimaBB-Kooperationspartner mit den lokalen Verantwortungsträgern einen Beitrag dazu, den fachlichen Austausch über die vertikalen Verwaltungsebenen Region, Landkreis und Kommunen hinweg zu stärken.

Exemplarische Themenkarte 1: klimatischer Wirkkomplex »Hitze« – Themenkarte zur grün-blauen Infrastruktur

Grün-blaue Freiräume wirken auf vielfältige Weise positiv auf Mensch und Umwelt. Temperaturregulation, Luftfiltration, Erholung, Naturerleben, Erhalt der Biodiversität oder CO_2-Speicherung – dies sind nur einige Stichwörter, die auf ihre umfangreichen »Ökosystemleistungen« verweisen. Auch für das Siedlungsklima sind sie wichtig: Je nach Ausstattung, Größe und Lage können Grünflächen kühlend in die bebaute Umgebung hineinwirken. Bei großer Hitze wirken selbst kleinere Flächen als wohnungsnahe Kühloasen und Erholungsräume. Darüber hinaus bedienen sie Freizeitbedürfnisse hinsichtlich Spiel, Bewegung und Begegnung. Ein vielfältiges naturnahes Freiraumangebot ist dabei auch ein Standortfaktor und Imageträger, mit dem Gemeinden punkten können. Auch Gewässerstrukturen, Wälder und andere erholungswirksame Strukturen im Siedlungsumfeld, die vor allem vielen kleineren Gemeinden im Landkreis Böblingen eine hohe klimatische Lagegunst verleihen, zählen zu den klimawirksamen Strukturen.

Der Klimawandel setzt die grün-blaue Infrastruktur jedoch unter Stress: Die für das Siedlungsklima wichtige Verdunstungskühle bleibt aus, wenn die Vegetation bei Hitze und sommerlicher Trockenheit verdorrt. Niedrigwasserstände haben vor allem auf kleinere Gewässer negative ökologische Auswirkungen. Hinzu kommt der Nutzungsdruck durch den Menschen, der sich bei längeren und intensiveren Sommern weiter erhöhen wird.

Vor diesem Hintergrund markiert die KlimaBB-Themenkarte zur grün-blauen Infrastruktur (Abbildung 5) verschiedene Orte und Bereiche für naturnahe Erholung, Spiel und Bewegung und gibt darüber hinaus auch Anhaltspunkte für klimaökologische Aufwertungspotenziale, die den Verantwortlichen als erste Hinweise für Maßnahmen dienen können. Zum Beispiel ermöglicht es eine kreisweite luftbildbasierte Klassifizierung der Beschattungsanteile aller städtischen Grünflächen ab 0,1 Hektar durch Baumbestand (»eher gering«, »mittel«, »hoch«), diejenigen Flächen zu identifizieren, auf denen die lokale Aufenthaltsqualität bei Hitze sowie die Kühlleistung der Fläche durch zusätzliche Bäume erhöht werden könnte. Eine Negativkulisse zeigt diejenigen Bereiche im Siedlungskörper an, die eine Unterversorgung an größeren Grün- oder Waldflächen aufweisen.

Bei den entsprechenden Maßnahmenempfehlungen geht es neben der Schaffung zusätzlicher Angebote grundsätzlich darum, die bestehenden grün-blauen Infrastrukturen zu erhalten, sie klimaökologisch aufzuwerten, sie zu pflegen, sie besser zugänglich zu machen und sie zu vernetzen. Vor allem der Erholungswert städtischer Freiräume gewinnt bei Hitze zusätzlich an Bedeutung und fördert Gesundheit und Wohlbefinden (Abbildung 6). Davon profitieren vor allem Menschen ohne eigenen Garten und Familien mit Kindern. Zudem sollten Freiräume speziell innerorts, wo Platz knapp

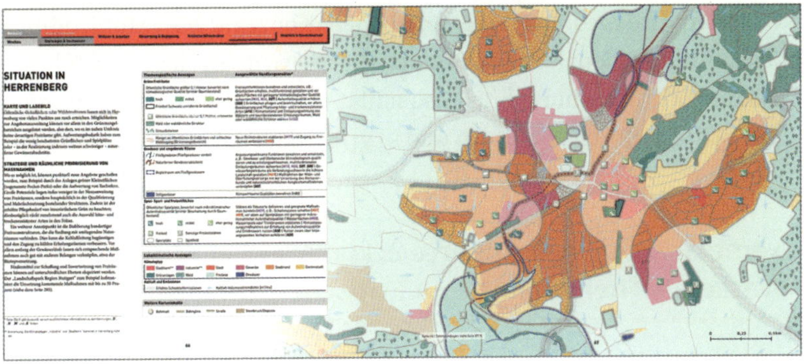

Abbildung 5: Themenkarte zur grün-blauen Infrastruktur (Wirkkomplex »Hitze«) – exemplarische Darstellung für die Stadt Herrenberg in der Projektpublikation. Quelle: VRS und LraBB, 2022

Abbildung 6: Stadtpark in Leonberg mit hoher klimatischer Aufenthaltsqualität. Foto: VRS/Voigtmann

ist, idealerweise mehreren Zwecken dienen: Konzepte wie »Multicoding« oder »multifunktionale Freiraumnutzung« zielen daher darauf ab, Klimaanpassung, Klimaschutz, Erlebnisqualität und andere Funktionen möglichst verträglich zu verknüpfen und in grün-blauen Räumen zu bündeln.

Exemplarische Themenkarte 2: klimatischer Wirkkomplex »Wasser« – Themenkarte zur kritischen Infrastruktur

Eine möglichst flächendeckend wirksame Überflutungsvorsorge ist wünschenswert, gleichwohl gibt es einige neuralgische Orte, Objekte und Nutzungen, die besonders kritisch und daher bevorzugt zu sichern sind. Dazu zählen Organisationen mit einer wichtigen Bedeutung für das Gemeinwesen – zum Beispiel soziale und gesundheitliche Einrichtungen –, aber auch technische Anlagen, deren Ausfall gravierende Folgen nach sich ziehen kann, oder besondere Gefahrenpunkte, zum Beispiel Unterführungen. Der Grad der Kritikalität bemisst sich an unterschiedlichen Kriterien: Welche Gebäude beherbergen Nutzer, die sich ohne Hilfe nicht vor Fluten retten können? Welche Infrastrukturen und Akteure sind im Katastrophenfall wichtig für Hilfe und Rettung? Für welche Funktionen muss Ersatz bereit-

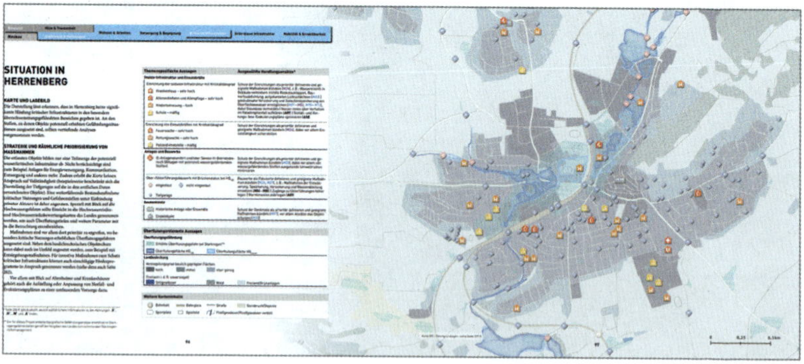

Abbildung 7: Themenkarte zur kritischen Infrastruktur (Wirkkomplex »Überflutung«) – exemplarische Darstellung für die Stadt Herrenberg in der Projektpublikation. Quelle: VRS und LraBB, 2022

gestellt werden, wenn sie vorübergehend ausfallen? Wo drohen irreversible Schäden? Und andere Fragen.

Die Themenkarte zur kritischen Infrastruktur stellt unter anderem Krankenhäuser, Altenheime, Feuer- und Rettungswachen, Tiefgaragen, Über- und Unterführungsbauwerke oder Baudenkmäler dar und überlagert diese mit der Basiskarte »Überflutung« (Abbildung 7). Die Einfärbungen der Piktogramme verweisen auf das relative Maß der überschwemmungsbezogenen Kritikalität der jeweiligen Objektgruppe (nicht des konkreten, einzelnen Objekts). Rot und damit als »sehr kritisch« sind zum Beispiel alle im Katastrophenfall wichtigen Feuerwachen markiert. So wird erkennbar, wo hohe Überschwemmungsrisiken und besonders kritische Einrichtungen räumliche zusammenfallen – und der Vorsorgebedarf entsprechend hoch ist.

Hinweise für eine klimaresiliente Siedlungsentwicklung

Im dynamischen Landkreis Böblingen deuten die Anzeichen auf weiteres Wachstum und damit auch auf eine weitere Zunahme der Inanspruchnahme von Flächen hin – für Wohn- und Arbeitsstätten sowie für Infrastruktur. Um den Gemeinden über die Betrachtung des Bestehenden hinaus Hinweise zur Auswahl geeigneter Standorte für Neubaumaßnahmen an die Hand geben zu können, widmet KlimaBB der klimafesten Siedlungserweiterung – im Innen- wie im Außenbereich – ein eigenes Themenkapitel mit spezifischen Hinweiskarten.

Im Außenbereich eignen sich vor allem diejenigen Freiflächen für bauliche Maßnahmen, die für die Kaltluftproduktion unbedeutend sind, aufgrund ihrer Lage eine geringe Neigung zur Wärmeinselbildung haben und bezogen auf die Kaltluftströmungen von den Siedlungen abgewandt liegen – wobei im letztgenannten Fall zwar der Bestand geschont wird, die Frischluftversorgung des neuen Gebietes aber entsprechend eingeschränkt ist. Bauliche Eingriffe sind dort in der Regel siedlungsklimatisch gut verträglich, auch in Form von kompakteren und höheren Gebäuden. Im Siedlungsbestand beziehungsweise Innenbereich weisen diejenigen Gebiete eine hohe Eignung auf, in denen eine bauliche Verdichtung die klimatisch-lufthygienischen Verhältnisse nicht signifikant verschlechtert.

Mit Blick auf die Hochwassergefahren sind vor allem die im HQ_{100}-Bereich gelegenen Flächen für bauliche Entwicklungen in der Regel ungeeignet, allein schon aus rechtlicher Sicht. Weitere, auch kleinräumliche Überflutungsgefahren durch Starkregen sind im Einzelfall zu bewerten.

Nachvollziehbare Vermittlung

Über planerische Hilfestellungen hinaus zielt KlimaBB grundsätzlich darauf ab, das Bewusstsein für die Herausforderungen zu schärfen, Handlungserfordernisse zu kommunizieren und zu begründen – nicht zuletzt auch gegenüber der Bürgerschaft. Deshalb werden die Analysen und Handlungsempfehlungen möglichst allgemeinverständlich dargestellt. Zentral ist dabei vor allem die Erklärung der Kartenwerke: Flankierend zu den

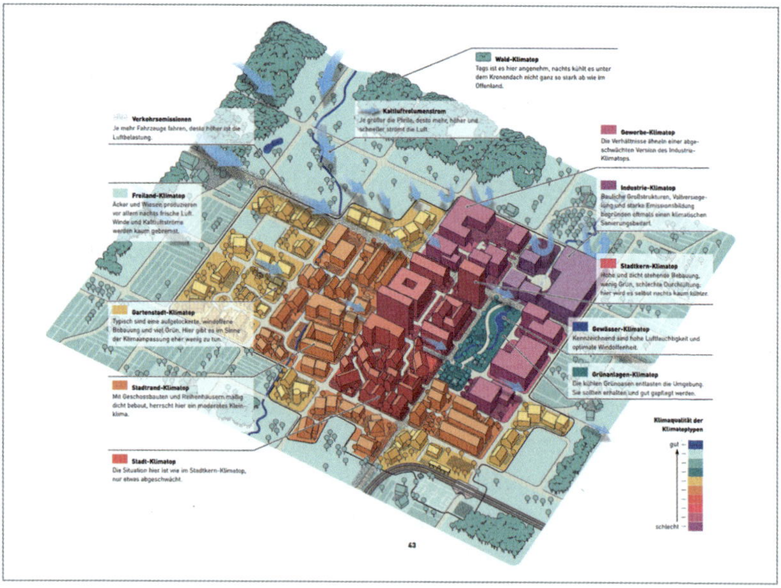

Abbildung 8: Eine fiktive Modellstadt zur plakativen Erklärung der Kartenwerke. Quelle: VRS und LraBB, 2022

fachlichen Erläuterungen werden alle Basis- und Themenkarten anhand einer fiktiven »Modellstadt« veranschaulicht (Abbildung 8). Diese ist bewusst schematisch gehalten, bildet aber trotzdem die wesentlichen Merkmale und Funktionen einer realen Ortschaft ab. Sie unterstützt die textlichen Erklärungen, indem sie zentrale Inhalte, Aspekte und Prinzipien der jeweiligen Karten bildhaft und plakativ nachzeichnet. So soll das Verständnis der teils komplexen Karten erleichtert werden.

64 Maßnahmen und 10 Strategiegrundsätze

Über die Kartenwerke hinaus wurde für KlimaBB ein Maßnahmenkatalog mit 64 baulich-planerischen Anpassungsmaßnahmen erstellt, an dem sich die Kommunen oder andere Anwender orientieren können. Auch die Maß-

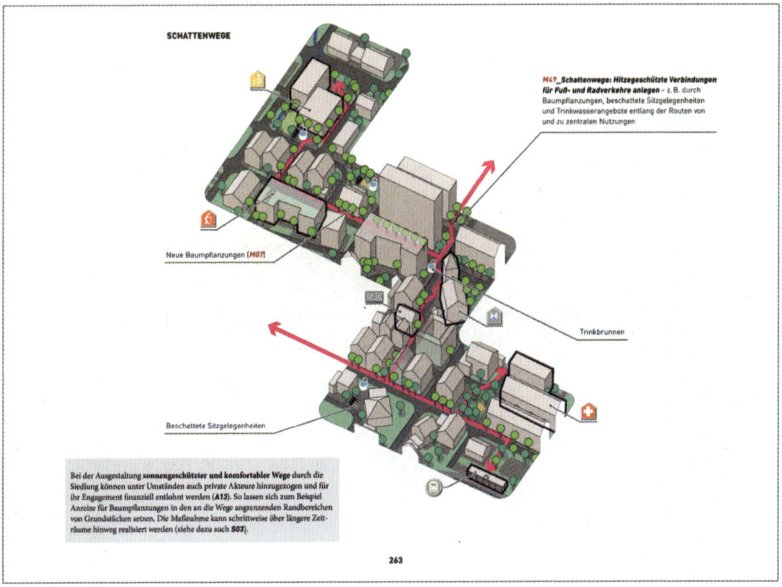

Abbildung 9: Bildhafte Darstellung der Maßnahme »Schattenwege«. Quelle: VRS und LraBB, 2022

nahmen werden anhand der oben erwähnten Modellstadt möglichst gut verständlich dargestellt (Abbildung 9). Bei den Handlungsoptionen geht es um größere Eingriffe wie das Anlegen neuer klimaaktiver Grünflächen, aber auch um vergleichsweise kleine Maßnahmen wie etwa die Beschattung von Bushaltestellen.

Im Mittelpunkt stehen naturbasierte Lösungen nach dem »Schwammstadt-Prinzip« (Abbildung 10). Das Konzept basiert auf dem Gedanken, Wasser dort zu speichern, wo der Niederschlag fällt, statt es, wie meist üblich, in die Kanalisation einzuleiten. Mittels einer aus den Speicherelementen gespeisten Versorgung der Vegetation mit Wasser kann auch die pflanzliche Verdunstungs- beziehungsweise Kühlleistung gesteigert werden – was in der Folge das thermische Niveau überhitzter Siedlungsräume senken

Abbildung. 10: Schwammstadt-Elemente im Wohngebiet »Arkadien« in Winnenden. Foto: VRS/Gräter

kann. Auf diese Weise werden Überflutungsvorsorge und thermische Entlastung kombiniert.
Um angesichts der Vielzahl an Handlungsoptionen einige grundlegenden Maximen nicht aus dem Auge zu verlieren, wird dem Maßnahmenkatalog eine allgemeine Betrachtung zur Seite gestellt. Dabei geht es um zehn übergeordnete »Strategiegrundsätze«, die bei der Planung und Umsetzung von Klimaanpassungsmaßnahmen möglichst beachtet werden sollten.

Sowieso-Ansatz

Wenn möglich, sollten Maßnahmen zur Klimaanpassung nicht als isolierte Zusatzaufgabe verstanden werden, sondern im Zuge sowieso durchzuführender Standardaufgaben und Projekte gleich mit erledigt werden. Dieses Vorgehen ist effizient und kann Ressourcen sparen. Zum Beispiel kann bei einer Neugestaltung eines öffentlichen Platzes von vornherein an die Verwendung heller, bei Sonneneinstrahlung weniger stark aufheizender Bodenbeläge gedacht werden.

Puffer-Ansatz

Da sich nur schwer vorhersagen lässt, wie genau sich der Klimawandel vor Ort im Einzelfall auswirken wird, kann es sinnvoll sein, sich zwar einerseits an Szenarien mit hoher Wahrscheinlichkeit zu orientieren, andererseits aber auch »Sicherheitspuffer« vorzusehen. So werden Schäden im Idealfall auch dann vermieden, wenn es schlimmer kommen sollte als erwartet.

Langfrist-Ansatz

Klimaanpassung ist kein Projekt, sondern ein Prozess. Speziell mit Blick auf die Bestandssanierung muss sie als Daueraufgabe kontinuierlich verfolgt werden. In manchen Fällen hilft ein Vorgehen in Etappen: So kann zum Beispiel der Ausbau sonnengeschützter »Schattenwege« durch die Ortschaft mittels Stadtbäumen schrittweise erfolgen – dabei hat jeder realisierte Teilabschnitt für sich schon einen Wert.

Überörtlicher Ansatz

Da der Klimawandel keine Gemeindegrenzen kennt, sollten Aktionsradien stets ursachen- und wirkungsbezogen definiert werden. Besonders augenscheinlich ist dieses Erfordernis mit Blick auf die Hochwasservorsorge. Aber auch die Belüftung der Siedlungen ist ein überörtliches Thema, da die Frischluftversorgung einer Ortschaft spürbar beeinträchtigt wird, wenn die Nachbargemeinde in eine wichtige Kaltluftleitbahn hineinbaut.

Überfachlicher Ansatz

Die Klimaerwärmung hat gesundheitliche, ökonomische und ökologische Folgen. Deswegen ist die Zusammenarbeit verschiedener Disziplinen und Fachrichtungen erforderlich. Das kann auch dazu beitragen, dass keine wichtigen Aspekte übersehen werden.

Partizipativer Ansatz

Die Mitwirkung unterschiedlicher Akteurs- und Interessengruppen (Zivilgesellschaft, Wirtschaft, Verbände und andere) bei der Planung von Klimaanpassungsmaßnahmen im öffentlichen Raum ist ein Thema von grund-

Abbildung 11: Projektvorstellung für Kommunen. Foto: VRS

sätzlicher Bedeutung. Der Einsatz partizipativer Elemente stärkt dabei die Akzeptanz und erleichtert die Umsetzung.

Multifunktionaler Ansatz

Da freie Flächen im Siedlungsraum knapp sind, sollten sie möglichst multifunktional genutzt werden, damit sie sowohl klimatische und ökologische Anforderungen als auch ästhetische und soziale Funktionen erfüllen können. Ein Wasserspielplatz etwa kann Spiel- und Erlebnisvielfalt mit dem Rückhalt von Niederschlagswasser verbinden – eine entsprechende Sicherung vorausgesetzt.

Mehrwert-Ansatz

Sogenannte No-Regret-Maßnahmen haben neben ihrem Beitrag für die Klimaanpassung zusätzliche Vorteile. Ein Beispiel dafür sind Bäume und anderes Stadtgrün, das neben der kühlenden Wirkung auch die biologische Vielfalt erhöht, Aufenthalts- und Lebensqualität verbessert und zudem auch Immobilienwerte steigern kann – wobei potenzielle negative Aspekte mit Blick auf eventuelle Mietsteigerungen hier ausgeklammert sind.

Aktivierungs-Ansatz

Bei der Klimaanpassung sind nicht nur die Verwaltungen gefragt. Private Akteure können gegebenenfalls zu Vorsorgemaßnahmen verpflichtet oder durch finanzielle Anreize zum Handeln angeregt werden. Auf diese Weise können zum Beispiel Gebäude- und Hofbegrünungen oder Maßnahmen zur Entsiegelung unterstützt werden.

Integrierter Ansatz

In intensiv genutzten Ortslagen sind Zielkonflikte an der Tagesordnung. Auch die Klimaanpassung kollidiert bisweilen mit anderen Bestrebungen und Aufgaben, so etwa mit dem Klimaschutz: Kompakte Siedlungsformen sind in der Regel zwar emissionsärmer und damit klimaschonender, neigen aber zur Ausbildung von Wärmeinseleffekten. Es gilt, sich solcher Probleme bewusst zu sein und im Einzelfall möglichst gerechte und ausbalancierte Lösungen zu finden.

Vom Konzept zur Umsetzung

KlimaBB stellt den Städten und Gemeinden im Landkreis Böblingen fundierte Grundlagen für eine vorsorgende Klimaanpassung bereit. Besonders kleineren Kommunen mit entsprechend limitierter personeller Ausstattung und fehlenden Datengrundlagen wird somit ein kostenfreies Angebot unterbreitet, das die externe Beauftragung von Klimaanalysen und Anpassungskonzepten obsolet machen kann.

Der Verband Region Stuttgart und der Landkreis Böblingen stellen die Projektergebnisse in den Städten und Gemeinden in Gemeinderatssitzungen, im verwaltungsseitigen Fachaustausch oder zu anderen Anlässen vor – mit jeweils ortsspezifischen, individuell aufbereiteten Unterlagen (Abbildung 11). Dabei kann auch erörtert werden, wie die Ergebnisse Eingang in die Bauleitplanung und langfristige Strategien zur Ortsentwicklung finden können. Um entsprechende Wirkung zu entfalten, stehen der Verband Region Stuttgart und der Landkreis Böblingen den Kommunen darüber hinaus unterstützend zur Seite, wenn es um die Akquise von Fördermitteln oder um mögliche Partnerschaften bei modellhaften und umsetzungsorientierten Anpassungsprojekten geht. Die eigentliche Anpassungsleistung ist aber in den Städten und Gemeinden zu vollbringen – und dabei mit vielen anderen kommunalen Aufgaben »unter einen Hut« zu bekommen.

Christoph Hemberger, Thomas Grund und Martin Wuttke

Projektseite

www.region-stuttgart.org/de/bereiche-aufgaben/regionalplanung/klima/klimabb/

Interdisziplinäre Masterpläne: Alle müssen an einem Strang ziehen

Klimaanpassungen in bestehenden Siedlungsstrukturen stellen Städte und Gemeinden vor deutlich größere Herausforderungen als bei der Neuplanung: Der über Jahrzehnte gewachsene Bestand lässt sich nur schwer verändern, die Eigentürmer- und Nutzerstrukturen sind vielfältig und die Möglichkeiten zur Veränderung durch Planungsinstrumente in vielen Fällen begrenzt. Umso mehr muss sich die Planung um diesen Bestand kümmern. Sanierungen und Umbauprozesse im Rahmen der Bestandserneuerung bieten mannigfaltige Möglichkeiten, um städtebauliche Potenziale für die Klimaanpassung zu aktivieren.

Im Interview erläutert Albrecht Reuß vom Kompetenzteam Landesentwicklung der Architektenkammer Baden-Württemberg, wie eine integrierte und interdisziplinäre Stadtplanung die dafür notwendigen Voraussetzungen schafft. Mit ihr gelingt es, Strategien der Klimaanpassung mit ohnehin anstehenden Maßnahmen in der Kommune zu verknüpfen. Ein Beispiel ist die kommunale Wärmeplanung, mit der bis 2045 ein vollständig fossilfreies Wärmenetz aufgebaut werden soll. Dies kann zum Anlass genommen werden, den öffentlichen Raum insgesamt zu transformieren.

Herr Reuß, welche Risiken die globale Erwärmung mit sich bringt und wie sich Kommunen dagegen wappnen können, ist lange bekannt. Die Fakten liegen auf dem Tisch und trotzdem kommen Maßnahmen nur langsam in Gang. Wie gelingt es also, in der Stadtplanung vom Wissen deutlich schneller ins praktische Handeln zu kommen?

Albrecht Reuß: Die Schäden und Kosten, die durch Klimawandelfolgen bereits heute – auch in den Kommunen – entstehen, sind immens. Allein die Hochwasserereignisse in Bayern und Baden-Württemberg Ende Mai/Anfang Juni 2024 dürften nach vorläufigen Schätzungen der Versicherungswirtschaft Schäden in einer Größenordnung von zwei Milliarden Euro verursacht haben (Gesamtverband der Versicherer, 2024). Daran wird deutlich: Wollen Städte und Gemeinden die Gefahren der Klimaänderung abwenden, müssen sie Anpassungsleistungen nicht nur intensivieren, sondern auch deutlich schneller und ambitionierter ins Handeln kommen. Die Stadtplanung nimmt dabei eine Schlüsselrolle ein. Denn im Umgang mit Wetterextremen und anderen Klimafolgen kommt widerstandsfähigen Siedlungsräumen mit ihren Straßen, Oberflächen und Gebäuden eine zentrale Bedeutung zu. Leitziel der Planung ist, eine nachhaltige, lebenswerte und menschwürdige Stadtumwelt zu schaffen. Eine Aufgabe, welche die Stadtplanung keinesfalls im Alleingang bewältigen kann. Vielmehr lässt sich eine an klimatische Veränderungen angepasste Planung nur durch interdisziplinäres Agieren realisieren. Nur wenn es uns gelingt, beispielsweise Mobilität, technische Infrastruktur, Regenwassermanagement, Biodiversität und nicht zuletzt Lebensqualität künftig gemeinsam zu denken, können wir wirklich schneller ins praktische Handeln kommen.

— **Das heißt: Im Grunde ist interdisziplinäre Zusammenarbeit in der Stadtplanung vergleichbar mit der Zusammenstellung eines vielfältigen Orchesters, um eine Symphonie zu spielen.**

— Tatsächlich ist das ein zutreffender Vergleich. Jede Expertin, jeder Experte aus Stadtplanung, Landschaftsarchitektur bis hin zum Ingenieurwesen, der Ökologie und der Soziologie spielt eine eigene, aber harmonische Rolle bei der Gestaltung klimagerechter und ökologisch nachhaltiger Stadträume mit hoher Lebens- und Aufenthaltsqualität. Um einen gut orchestrierten Plan im Umgang mit Klimafolgen zu entwickeln, muss sich die Stadtplanung also aktiv mit unterschiedlichen Disziplinen auseinandersetzen. Jede bringt eine wichtige Perspektive und eine Reihe wertvoller Kompetenzen mit. Im Zusammenspiel entsteht ein fachlich differenziertes und kreatives Umfeld, in dem innovative Lösungen entstehen können. Und genau diese innovativen Lösungen werden wir brauchen. Wir werden die Probleme von morgen nicht mit dem Werkzeugkasten von gestern lösen. Wenn wir aber tatsächlich innovative Lösungen finden, dann werden die Menschen die Transformation unserer Städte und Ortschaften am Ende nicht als reine Abwehr von Gefahren, sondern als Gewinn von Lebensqualität begreifen.

Gelingt es damit nicht auch, eine stadtplanerische Gesamtperspektive der lokalen Klimaanpassungen zu entwickeln, die sozusagen als Navigationshilfe dient?

Unbedingt! Das 2024 in Kraft getretene Klimaanpassungsgesetz des Bundes verpflichtet – über den Umweg der Bundesländer – bestimmte Kommunen bereits, kommunale Konzepte zur Klimaanpassung zu erstellen. Die wesentlichen Inhalte dieser Pläne müssen die Bundesländer bestimmen. Uns Stadtplanerinnen und Stadtplanern geht es mit dem Plädoyer für städtebauliche Masterpläne aber um mehr als um eine eher technische Betrachtung von Starkregen oder Hitzeinseln. Was wir brauchen, sind interdisziplinär erarbeitete Zielbilder für unsere Städte und Ortschaften – angefangen bei den öffentlichen Räumen, im nächsten Schritt aber auch für öffentliche Gebäude, für private Freiräume und private Gebäude. Solch ein Masterplan wäre dann tatsächlich als eine Navigationshilfe für die künftige Entwicklung einer Kommune zu verstehen. Daraus ergibt sich ein Orientierungsrahmen für die Umsetzung von kurz-, mittel- und langfristigen Konzepten, Projekten und Maßnahmen. Bei der Aufstellung des Plans kann in der Regel auf ein breites Fundament bereits vorhandener und beschlossener Einzelkonzepte und Fachplanungen aufgebaut werden. Das heißt: Konzepte zur Mobilitätswende, zur Biodiversitätsentwicklung oder Aufwertung des Stadtklimas werden in den Masterplan integriert. Dabei werden sie auf Synergieeffekte und mögliche Widersprüche zu anderen Planungen hin untersucht. Im Ergebnis werden einzelne oft isoliert nebeneinanderstehende Pläne harmonisiert und zu einem großen integrierten, fachübergreifenden Konzept zusammengefasst.

Um beim Orchestervergleich zu bleiben: Alle Instrumente spielen zusammen und es gibt eine Partitur, an der sich die Musiker orientieren. Wobei das Ergebnis dieses Zusammenwirkens deutlich über die Summe der einzelnen Komponenten hinausgeht, es entsteht ein musikalisches Gesamtkunstwerk.

Genauso ist es auch bei der interdisziplinären Stadtplanung: Kooperieren Fachdisziplinen gut miteinander – sei es auf Ebene der Ämter und Behörden oder auf Ebene der Büros –, dann sind einzelne Planungen und Maßnahmen aufeinander abgestimmt. Ähnlich wie bei einer Partitur werden Abläufe und einzelne Schritte für die Umsetzung festgelegt, aber alle Beteiligten folgen einem gemeinsamen Leitbild. Auf diese Weise gelingt es, Klimaanpassung als kommunales Gesamtkonzept umzusetzen. Was so simpel klingt, wird in der Praxis leider noch nicht immer berücksichtigt. Viel zu oft verlieren wir uns in Einzelkonzepten und vergessen, dass wir dabei auf ein und denselben Raum zugreifen. Ein Masterplan vereinigt dagegen alle Anforderungen und kann dadurch Zielkonflikte bearbeiten. Er ist darüber hinaus ein bewährtes Instrument, um die Umsetzung kurz-, mittel- und langfristiger Vorhaben auch finanziell und personell vorausschauend zu planen, sodass in den verschiedenen Phasen der Durchführung eine aufwandsgerechte Ausstattung mit Ressourcen zur Verfügung steht. So wird sichergestellt, dass Maßnahmen tatsächlich vollständig umgesetzt werden.

Können Sie das an einem konkreten Beispiel deutlich machen?

Bis zum Jahr 2045 müssen alle Wärmenetze in Deutschland klimaneutral sein. Aus diesem Grund sollen die bundesweit rund 11 000 Kommunen bis Mitte 2028 einen Wärmeplan erstellen (Bundesministerium für Wohnen, Stadtentwicklung und Bauwesen, 2023). Damit wird das Ziel verfolgt, konkrete Strategien und umsetzungsorientierte Maßnahmen für eine klimaneutrale und zugleich wirtschaftliche Wärmeversorgung möglichst großer Teile des Gebäudebestands zu entwickeln. Es ist damit zu rechnen, dass zum Ausbau der Wärmenetze in vielen Straßen Leitungen neu zu verlegen sind. Dann lasst uns das doch zum Anlass nehmen, für diese Straßen gleichzeitig Verschattungskonzepte zu entwickeln sowie Konzepte für Regenwassernutzung, Biodiversität und nicht zuletzt Aufenthaltsqualität. Auch für die bereits erstellten Wärmepläne in den Kommunen Baden-Württembergs besteht noch die Möglichkeit, solche Maßnahmen parallel mit zu planen und dann gemeinsam umzusetzen. Bei diesem Transformationsprozess handelt es sich um eine Gemeinschaftsaufgabe, an deren Umsetzung eine Vielzahl an Akteuren wie Stadtplanung, Tief- und Hochbauamt, Kämmerei, Stadtwerke, Eigenbetriebe, Baurecht, Liegenschafts- und Umweltamt beteiligt sind. Der kommunale Wärmeplan ist also ein typischer sektoraler Fachplan, aber im besten Fall kann er auslösen, dass die Kommune einen Masterplan für ihre öffentlichen Räume darauf aufbaut. Auf diese Weise lassen sich verschiedene sektorale Fachplanungen zur Klimaanpassung bündeln und mit der Erstellung beziehungsweise der Umsetzung des Wärmeplans verknüpfen. Die Schaffung und Weiterentwicklung städtischer Grünflächen wird zur Folge von Maßnahmen aus der kommunalen Wärmewendestrategie.

Klimaanpassung wird also in Sowieso-Maßnahmen integriert?

Die Kommunen müssen ohnehin einen Wärmeplan und Klimaanpassungspläne erstellen. In diesem Zusammenhang ist es nur logisch und konsequent, einen Masterplan zu erstellen, der sich primär mit allen öffentlichen Räumen der Kommune befasst. Wenn also Verkehrsflächen wie Straßen, Gehwege, Parkplätze oder Verkehrsinseln sowieso von Bauarbeiten betroffen sind, können dort zum Beispiel wasserundurchlässige Oberflächen mit hohem Wärmespeichervermögen teilweise entsiegelt und durch Grünflächen oder durchlässigere Beläge wie Splittfugenpflaster ersetzt werden. So kann Niederschlag zurückgehalten, gespeichert und verdunstet werden, wodurch an heißen Tagen die Umgebung gekühlt wird. In die gleiche Richtung wirken Baumrigolen, unterirdische Speichersysteme, die Regenwasser zurückhalten und damit den darüber liegenden Baum versorgen, der Schatten spendet, Verdunstungskälte erzeugt und Schadstoffe aus der Luft aufnimmt. All diese Dinge lassen sich bei der Erstellung eines Masterplans vordenken und organisieren.

Um aber Verkehrsbereiche klimatisch im Rahmen von Sowieso-Maßnahmen aktivieren zu können, ist es sinnvoll, tatsächlich vorhandene Flächenpotenziale zu kennen und vollumfänglich mitzudenken. Ist es daher nicht sinnvoll, ausgehend von der lokalen Mobilitätswende einen Masterplan zu erstellen?

Im Rahmen der Mobilitätswende können im öffentlichen Raum Flächen, die bislang dem motorisierten Verkehr vorbehalten waren, umgewidmet werden. Da für die Wärmeplanung baulich in Verkehrsräume eingegriffen wird, ist es zweckmäßig zu wissen, welche Areale dabei für die Klimaanpassung qualifiziert werden können. Können Teile eines Straßenquerschnitts in grün-blaue Infrastruktur umgewandelt werden? Gibt es Bereiche, die zu Pocketparks umgestaltet werden? Entstehen entlang von

Fahrstreifen für den ÖPNV Wartestellen, die mit Bäumen verschattet werden sollen? Egal, ob ich von der Mobilitätswende oder der Wärmewende ausgehe, am Ende lande ich immer bei einem Masterplan, der Flächen für die Klimaanpassung identifiziert. Auf diese Weise können kommunale Potenziale für die Nachhaltigkeits- und Klimatransformation umfassender ausgeschöpft werden, weil auf engem Raum mehrere Ziele aus unterschiedlichen Handlungsfeldern platziert werden. Bislang wurden Maßnahmen in der Klimaanpassung oft lokal isoliert umgesetzt, durch diese multifunktionale Flächennutzung gelingt es, die Anpassung auf größere geografische Räume zu beziehen. Das bietet die Chance, die Widerstandsfähigkeit gegenüber Klimafolgen auf gesamtstädtischer Ebene zu stärken. Aber auch die Flächenkonkurrenz wird entschärft, weil sie bewusst bearbeitet wird.

— **Viele Kommunen klagen darüber, dass die Flächenkonkurrenzen gar keine Spielräume zulassen würden. Es liegen ja beispielsweise überall Leitungen, über denen keine Bäume gepflanzt werden können.**

— In diese Frage kommt aktuell viel Bewegung. Wenn ich vorher Innovation angesprochen habe, dann meint das beispielsweise ein anderes Verständnis im Umgang mit Leitungen. Schließen sich Leitungen und Baumpflanzungen tatsächlich gegenseitig aus? In der Forschung wird erprobt, dass Wurzeln unter bestimmten Voraussetzungen Leitungen nicht unbedingt schädigen. Gleichzeitig haben Stadtbäume und Abwasserkanäle vergleichbare Lebenserwartungen. Das bedeutet: Wenn die Leitung erneuert werden muss, muss der Baum auch erneuert werden. Warum also nicht doch Bäume auf Kanäle setzen? (Süddeutsche Zeitung, 2024) Und wieder sieht man: Es geht nur, wenn alle Disziplinen an einem Strang ziehen.

— **Was bedeuten solche kollaborativen Handlungsansätze für die Ausschreibungspraxis? Macht das nicht alles noch viel komplizierter?**

— Tatsächlich ist die Ausschreibungspraxis heute schon kompliziert. Und tatsächlich leiden viele Kolleginnen und Kollegen in den Verwaltungen und Büros schon heute unter dem Gefühl mangelnder Wirksamkeit bei enorm hohem Aufwand. Der Aufwand entsteht meiner Wahrnehmung nach aber nicht durch die interdisziplinäre Zusammenarbeit an sich, sondern dass in der Praxis zwischen den Disziplinen häufiger gegen- als miteinander gearbeitet wird. Wollen wir also die Wirksamkeit erhöhen, müssen wir das Miteinander stärken, müssen wir wieder übergreifender und strategischer denken. Zurück zur konkreten Ausschreibungspraxis: Bei integrativen Projekten ist eine gemeinsame Ausschreibung sinnvoll. Wichtig ist, dass eine zentrale Stelle den Gesamtprozess steuert und koordiniert. Die Stadtplanung eignet sich aufgrund ihrer interdisziplinären Ausbildung dafür in besonderer Weise. Im Vergleich zu Einzelausschreibungen hat eine integrierte Ausschreibung den Vorteil, dass insgesamt knappe Personalkapazitäten geschont, der bürokratische Aufwand begrenzt und Zeit, aber auch Geld gespart wird. Eine Vergabe ist grundsätzlich sowohl an einzelne Unternehmen als auch an einen Zusammenschluss von Unternehmen denkbar. Das bedeutet auf der Anbieterseite, dass interdisziplinäre Kooperationen auch zwischen Büros aktiv hergestellt werden müssen. Eine besondere Herausforderung stellt bei solchen Vergabeverfahren die Bestimmung der Zuschlagskriterien dar und die daraus folgende Bewertung der Angebote. Gerade bei integrativen Projekten sollte der Preis nicht das allein ausschlaggebende Kriterium sein. Denn maßgeblich für den Erfolg solcher Aufträge ist die Fähigkeit zur Zusammenarbeit der Vertragsparteien.

— **Was genau sollte bewertet werden?**

— In der Praxis wird das meistens so gehandhabt, dass die Bieter anhand eines Projektplans ihr integriertes Vorgehen beschreiben. Bei einem Präsentationstermin sollten dann auch unterschiedliche Teildisziplinen zu Wort kommen. Beides kann die ausschreibende Stelle in ihrer Angebotsbewertung berücksichtigen. Allerdings sollten die vorzulegenden Referenzen der Büros nicht zu eng gefasst werden, da dieser eher rückwärtsgewandte Blick neue Kooperationen und Innovationen auch erschweren kann.

— **Letztlich müssen aber nicht nur Anbieter in der Lage sein, in neuen Strukturen zu arbeiten, sondern auch die Verwaltung selbst, in der teilweise ein gewisses Silodenken vorherrscht. Inwiefern wird dadurch die Einführung interdisziplinärer oder multifunktionaler Handlungsansätze erschwert?**

— Ein gewisses Silodenken, also die einseitige Fokussierung auf das eigene Sachgebiet, kommt in den Strukturen der öffentlichen Verwaltung leider noch immer relativ häufig vor. Gründe dafür sind beispielsweise die strikte Trennung in Dezernate, aber auch ganz simple Dinge wie ein Haushaltsplan. Es führt dazu, dass Verwaltungen gerne erstmal klären, wer überhaupt zuständig ist, anstatt sich gemeinsam an die Arbeit zu machen. Die schon häufiger angesprochene Stadtplanung ist – obwohl sie eine Trägerdisziplin für integriertes Planen sein könnte – in diesen Silostrukturen gefangen. Es gibt aber auch ganz positive Beispiele! Einige Verwaltungen haben bereits eine projektorientierte Arbeitsweise eingeführt. Hierbei kommen dann tatsächlich aus allen betroffenen Fachbereichen die Mitarbeiterinnen und Mitarbeiter in einem Projektteam zusammen und arbeiten deutlich zielorientierter. Für die Verwaltungsspitzen heißt das, eher in Strukturen zu steuern, den Projektteams aber auch eine gewisse Entscheidungsmacht zuzugestehen.

Wie schon erwähnt kommt es bei der Klimaanpassung zu baulichen Eingriffen in Flächen. Können damit auch Eigentümerverhältnisse und unterschiedliche Zuständigkeiten zur Hürde werden?

In der Praxis gibt es tatsächlich einige Hürden. Für öffentliche Straßen ist der sogenannte Träger der Straßenbaulast verantwortlich. Für Gemeindestraßen ist das in aller Regel die Kommune, für Kreisstraßen das Landratsamt, für Landesstraßen und Bundesstraßen das Regierungspräsidium. Der Träger plant, errichtet, ändert und betreibt die Straßen. Das heißt, dass er unter anderem für Unterhalt, Erhalt und Verkehrssicherung Sorge trägt und alle damit in Verbindung stehenden Kosten. Wenn also eine Lokalverwaltung im Zuge der Klimaanpassung etwa ein Pflanzenbeet auf einer Verkehrsfläche anlegen will, für die eine andere Hoheitsebene verantwortlich ist, muss sie mit dem Baulastträger abklären, ob und unter welchen Voraussetzungen ein solcher Eingriff möglich wäre. Es muss vertraglich geregelt werden, wer für die Planung, den Bau, den Unterhalt und die Verkehrssicherung verantwortlich ist und sämtliche – auch fortlaufenden – Kosten trägt. Solche Verfahren scheitern häufig an einem großen Zeit- und Bürokratieaufwand. Um bei der Klimaanpassung schnell voranzukommen, müssen sich Kommunalverwaltungen deshalb derzeit noch häufig auf Flächen in ihrer Zuständigkeit konzentrieren und mit integrierten Konzepten die dort vorhandenen Potenziale vollumfänglich ausschöpfen.

Möglichkeiten, im Zuge der Klimaanpassung vielfältige Mehrwerte zu schaffen, existieren nicht nur auf öffentlichen, sondern auch auf privaten Flächen. Wie lassen sie sich nutzen?

In Neubaugebieten können Potenziale für die Klimaanpassung über Bebauungspläne aktiviert werden. In über Jahrzehnten gewachsenen Siedlungsstrukturen gelingt das weniger auf solchen rechtlich formalisierten Wegen, sondern über informelle Instrumente wie zielgerichtete Kampagnen, Pressearbeit und dergleichen. Ein probates Mittel sind auch kommunale Förderprogramme, die im privaten Bereich beispielsweise Anreize für das Entsiegeln von Flächen oder die Pflanzung von Bäumen setzen. Solche informellen Vorgehensweisen sind formellen in vielerlei Hinsicht überlegen, weil sie anders als eine Plan- oder Konzepterstellung mit keinen bürokratisch aufwendigen Verfahren verbunden sind. Gemessen am zeitlichen Aufwand führen sie schneller zum Erfolg als formelle Ansätze und binden weniger personelle Ressourcen. In diesem Zusammenhang stellen Masterpläne ein wertvolles Instrument für die Sensibilisierung der Bevölkerung dar. Durch ihren interdisziplinären Aufbau sind qualitative Mehrwerte erkennbar, von denen die kommunale Gesellschaft nachhaltig profitiert. Das steigert die Akzeptanz für Klimaanpassungsmaßnahmen und setzt Impulse, dass Bürger selbst handeln. Je nachdem wie die Klimakrise weiter voranschreitet, können bis zur Mitte des Jahrhunderts laut Experten für klimabedingte Schäden sogar Kosten von bis zu 900 Milliarden Euro entstehen (Die Bundesregierung, 2023). Die Situation wird sich in den kommenden Jahren also tendenziell weiter zuspitzen. Wenn Städte und Gemeinden die größten Gefahren der Klimaänderung abwenden wollen, müssen sie jetzt schnell und ambitioniert ins Handeln kommen. Umso wichtiger ist es, vorhandene Mittel, Instrumente und Potenziale gezielt und umfassend zu nutzen und die Bürgerschaft in den Transformationsprozess zu integrieren. Denn um die Widerstandsfähigkeit der Kommunen gegenüber Wetterextremen und anderen Klimafolgen zu stärken, müssen alle Akteure an einem Strang ziehen.

Albrecht Reuß

Klimaanpassung, Biodiversität & naturbasierte Lösungen

Biodiversität fördern in Zeiten des Klimawandels

Der Mensch verändert die Natur auf vielfältige Weise, oft mit tiefgreifenden Auswirkungen auf das Klima und die Biodiversität. Durch Landwirtschaft, Urbanisierung, Industrie, Einschleppen gebietsfremder Arten und Infrastrukturentwicklung greift er in natürliche Ökosysteme ein, verändert Landschaften und beeinflusst das Klima, die Artenzusammensetzung sowie den Wasser-, Luft- und Bodenhaushalt. Das führt häufig zu einer Verschmutzung der Umwelt, Zerstörung von Lebensräumen und Verlust von Pflanzen- und Tierarten.

Im Zuge der Herausforderungen, die der rasante Klimawandel und der Verlust an Biodiversität mit sich bringen, gewinnt die naturnahe Gestaltung im urbanen Raum immer mehr an Bedeutung. Mit naturnaher Gestaltung kann das Stadtklima positiv beeinflusst und gleichzeitig die Biodiversität gefördert werden. Laut Bundesnaturschutzgesetz § 1 müssen öffentliche Flächen so erhalten und/oder entwickelt werden, dass sie den größtmöglichen Nutzen für Natur- und Klimaschutz, biologische Vielfalt und Erholung bieten. Indem wir natürliche Prozesse in die Planung und Gestaltung unserer Städte und Dörfer integrieren, können wir einen Beitrag leisten, um unsere Lebensräume widerstandsfähiger zu machen und gleichzeitig die Biodiversität zu fördern. Urbane Räume müssen multifunktional naturnah gestaltet werden, damit gleichermaßen Raum für Mensch und Natur geschaffen wird.

Was bedeutet Biodiversität und wie steht es um sie in Baden-Württemberg?

Biodiversität beschreibt die Vielfalt des Lebens auf der Erde. Sie umfasst alle verschiedenen Arten von Tieren, Pflanzen, Pilzen und Mikroorganismen sowie die genetische Vielfalt innerhalb dieser Arten und die Vielfalt der Ökosysteme, in denen sie leben. Der Erhalt der Biodiversität ist überlebenswichtig, da sie das Gleichgewicht und die Stabilität unserer Natur erhält, Ökosystemdienstleistungen wie sauberes Wasser, Luft und Nahrung bereitstellt und für das Wohlbefinden aller Lebewesen sorgt.

In Baden-Württemberg sind mittlerweile 37,6 Prozent der Biotoptypen gefährdet und 13,5 Prozent stehen auf der Vorwarnliste (LUBW, 2021). Der Verlust an Lebensräumen hat wiederum Auswirkungen auf die Tier- und Pflanzenarten im Land, wovon 40 Prozent gefährdet sind (LUBW, 2024). Vögel und Insekten sind vom Populationsschwund besonders betroffen. Die Zahlen sind alarmierend: Die Hälfte der Brutvogelarten ist gefährdet (LUBW, 2022). Bei den 492 erfassten Wildbienenarten stehen 48 Prozent auf der Roten Liste und weitere 9,4 Prozent auf der Vorwarnliste (Schwenninger et al., 2023). Bei den Farn- und Blütenpflanzen sind ein Drittel gefährdet (LUBW, 2023, 23. Oktober).

Hoffnungsträger für eine Trendumkehr kann dabei der städtische Raum mit seinen vielen Chancen für eine hohe Biodiversität sein (Abbildung 1). Wird die Förderung von Flora und Fauna bei Maßnahmen zur Klimaanpassung mitgedacht, können zwei drängende ökologische Herausforderungen miteinander kombiniert werden. Durch gezielte naturnahe Gestaltung von Straßenbegleitgrün, städtischen Blumenbeeten, Parks, privaten Gärten, Retentionsflächen, Dachgärten oder selbst auf Unternehmensflächen können solche urbanen Naturräume nicht nur das Stadtklima positiv beeinflussen, sondern wichtige Rückzugsorte für viele Tier- und Pflanzenarten schaffen. Selbst Arten, die ursprünglich eher selten im Siedlungsbereich anzutreffen waren, finden im urbanen Raum ihre Nischen. Dazu zählen beispielsweise die Zauneidechse, der Wanderfalke, die Blauflügelige Ödlandschrecke, der Eichelhäher oder der Zitronenfalter.

Städte haben das Potenzial, Refugien für die Artenvielfalt zu sein, wenn wir sie bewusst ökologisch aufwerten. Die Stadt Erfurt beispielsweise verknüpft ihr Konzept »Klimagerechtes Flächenmanagement der Landeshauptstadt Erfurt« mit Biodiversitätsförderung (Düring, 2023): Bereits 2011 wurde seitens des Stadtrats der »Umsetzungsplan der Stadt Erfurt zur Deklaration Biologische Vielfalt in Kommunen« einstimmig beschlossen. Darin enthalten sind unter anderem Maßnahmen zur Extensivierung von Grünflächen, die Begrenzung des Siedlungsflächenwachstums, der

Erhalt naturnaher Flächen, der Biotopverbund, die Ausweisung neuer Schutzgebiete, die Verbesserung der Gewässermorphologie und Umweltbildung. Begleitend wird der Landschaftsplan fortgeschrieben, in dem wesentliche Elemente wie der Masterplan Grün sowie ein Ausgleichsflächenkonzept enthalten sind. Im Rahmen einer Selbstverpflichtungserklärung zum Baumschutz wird die Erhaltung des vorhandenen städtischen Baumbestands noch stärker vorangetrieben. In Bebauungsplänen wird Gebäudegrün festgesetzt. Auch die Extensivierung von Grünflächen, die Förderung von Blühflächen und eine bessere Pflege von Streuobstwiesen führen gleichermaßen zum Schutz der Biodiversität als auch des Klimas. Eine extensive, höhere Wiesenvegetation hält besser das Wasser im Boden zurück, Blühflächen reduzieren Erosion im Falle von Starkregenereignissen und Streuobstbäume steigern die Artenvielfalt und verbessern das Mikroklima.

Abbildung 1: Wildblumenwiesen bieten für viele Tier- und Pflanzenarten im urbanen Raum einen willkommenen Lebensraum. Foto: NABU/Anke Heidemüller

Versiegelung minimieren, vielfältige Grünflächen schaffen und vernetzen

Den täglichen Flächenverbrauch in Deutschland von rund 55 Hektar pro Tag zu reduzieren – was etwa 77 Fußballfeldern entspricht –, ist dringend notwendig. Wenn bei Neubauprojekten Grün- und Freiflächen versiegelt werden, gehen wichtige Funktionen dieser Flächen verloren wie Klima- und Biodiversitätsschutz, Klimaanpassung, Luftreinhaltung, CO_2-Speicherung oder Erholung.

Eine vorausschauende Raumordnung nach dem Leitbild der dreifachen Innenstadtentwicklung ist künftig unerlässlich: Erhalt und Entwicklung von Grünflächen, bauliche Nachverdichtung und Mobilität vernetzt denken, um für Flora, Fauna und Mensch eine möglichst hohe Lebensqualität zu erzielen. Bei neuen Bauprojekten sollte auf eine möglichst geringe Versiegelung geachtet werden, zum Beispiel durch die Nutzung von Flächen, die bereits versiegelt sind, oder durch die Planung von Flächen, die später wieder entsiegelt werden können.

Versiegelte Bestandsflächen wie öffentliche Plätze, Fußgängerbereiche oder Parkplätze können gegebenenfalls bei Sanierungen (teil-)entsiegelt werden, zum Beispiel mit Rasengittersteinen, Rasenfugenpflaster oder Natursteinpflaster mit breiten Fugen sowie Kies- oder Splittflächen. Das fördert nicht nur die Versickerung von Regenwasser, sondern auch die Bodenlebewesen. Zudem bieten diese Varianten Lebensraum für die heimische Pflanzen- und Tierwelt, denn sie können beispielsweise mit der dafür passenden Saatgutmischung begrünt werden.

Durch die Anlage von Wildblumenwiesen, Staudenbeeten und Gehölzpflanzungen werden Lebensräume für verschiedene Tiere und Pflanzen im Siedlungsraum geschaffen. Das erhöht die Artenvielfalt in der Stadt. Gleichzeitig kühlen die Pflanzen durch die Verdunstung von Wasser ihr Umfeld. Das gilt besonders für großkronige Bäume, die zudem auch noch immer wertvoller werdenden Schatten spenden. Altbaumbestand ist daher zu erhalten, wo immer es geht.

Die planerische Verbindung solcher Grünflächen zu einem Biotopverbund erleichtert Tieren und Pflanzen das Wandern und die Ausbreitung. Größer gedacht, können als Grünband angelegte Grünflächen die Biotopvernetzung durch den Siedlungsraum gewährleisten. Aber auch kleine naturnahe Grünflächen können als sogenannte Trittsteinbiotope den Siedlungsraum für verschiedene Arten »durchwanderbar« machen. Ein Biotopvernetzungssystem aus Kernflächen, Verbindungselementen und Trittsteinbiotopen ist unverzichtbar.

Wasserflächen wie Teiche oder Bachläufe, Regenwasserrückhaltung und Versickerungsflächen helfen, Überschwemmungen zu vermeiden und das Grundwasser zu schützen. Durch die Wasserverdunstung regulieren sie das Stadtklima. Werden sie naturnah gestaltet und mit heimischen Wildpflanzen begrünt, bieten sie solchen Arten wertvolle Lebensräume, die feuchte oder wechselfeuchte Standorte bevorzugen.

Durch Maßnahmen wie diese schafft man lebendige Räume, die nicht nur die Artenvielfalt fördern, sondern auch das Stadtklima angenehmer und gesünder machen sowie den Wasserhaushalt verbessern. Das trägt dazu bei, unsere Städte widerstandsfähiger gegenüber Hitze, Starkregen

Abbildung 2: Selbst Parkplätze lassen sich naturnah gestalten mit versickerungsfähigen Belägen oder Rasengittersteinen, mit Staudensaum und großkronigen Bäumen. Foto: NABU/Anke Heidemüller

und anderen Klimafolgen zu machen und gleichzeitig lebenswerte Räume für Menschen, Pflanzen und Tiere zu schaffen.

Naturnahe Flächen im urbanen Raum

Mit einer naturnahen Gestaltung von Flächen und Gebäuden werden die Strukturen und Lebensräume aus der freien Landschaft »nachgeahmt«. Ziel ist, dass möglichst viele Flächen (teil-)entsiegelt sind, so dass Wasser versickern und Pflanzen und Tiere diese Flächen als Lebensraum nutzen können.

Eine Tiergruppe, an der sich der positive Effekt einer naturnahen Gestaltung leicht nachvollziehen lässt, sind die Wildbienen. Wie bereits erwähnt, sind fast die Hälfte der 492 Wildbienenarten Baden-Württembergs bedroht.

Die Wildbienen sind nicht mit der vom Imker gehaltenen Honigbiene zu verwechseln. Diese ist im Gegensatz zu ihren »wilden Schwestern« nicht gefährdet und ihre Haltung dient der Honigproduktion. In einem Honigbienenvolk leben im Sommer mehrere Zehntausend Tiere, die den Konkurrenzdruck um Nahrung für Wildbienen auf den ohnehin meist zu kleinen Blühflächen enorm verstärken. Um die Biodiversität bewusst zu fördern, sollten naturnah angelegte Flächen daher Wildbienen und anderen heimischen Wildtieren als Refugium vorbehalten bleiben.

Wählt man für eine klimaangepasste Grünflächengestaltung nicht-heimische Pflanzenarten aus wärmeren Klimazonen wie Sonnenhut, Blauraute und Goldaster, kommen diese in den heißer werdenden Städten gut zurecht. Jedoch sind sie als Nahrungsquelle für viele heimische Insekten ungeeignet, denn diese sind oft sehr spezialisiert und zumeist abhängig von unseren heimischen Wildpflanzen, zum Beispiel die Reseden-Maskenbiene von der Resede (*Reseda lutea*). Heimische Wildpflanzen sind die ursprünglichen Wildformen, die im jeweiligen Gebiet natürlich vorkommen. Pflanzt man statt Sonnenhut und Co. heimische Kräuter der trockenwarmen Lebensräume wie Graslilie, Kartäuser-Nelke und Wiesen-Flockenblume, erzielt man einen beidseitig positiven Effekt – eine klimaresiliente Bepflanzung und gleichzeitig fördert man den Erhalt der Artenvielfalt.

Heimische Wildpflanzen halten ein umfassendes Pollen- und Nektarangebot bereit und liefern energiereiche Sämereien für Vögel. Neben den Blüten und Samen werden auch die anderen Pflanzenteile von vielen Tieren genutzt. So fressen verschiedene Käfer und ihre Larven sowie Schmetterlingsraupen Blätter. In Stängel und Blattachseln werden Eier gelegt, zudem überwintern hier viele Insektenarten. Von den Insekten profitieren wiederum viele Säugetiere. So jagen zum Beispiel Fledermäuse über den Beeten und Rabatten nach Nachtfaltern.

Werden die heimischen Wildpflanzen standortgerecht ausgewählt, kommen sie auch mit den teils extremen Wuchsbedingungen wie langanhaltender Trockenheit zurecht. Nach der anfänglichen Entwicklungszeit der Pflanzen müssen naturnah gestaltete Flächen seltener gepflegt oder gewässert werden als konventionelle Rasenflächen. »Lebensraumelemente« zum Beispiel aus Totholz und Lesesteinen sowie naturnah angelegten Wasserflächen ergänzen die heimische Vegetation.

Es gibt noch einige weitere Punkte, die bei einer naturnahen Gestaltung zu beachten sind:

- Vielfalt schafft Vielfalt. Je mehr Pflanzenarten vorhanden sind, desto mehr Tierarten profitieren davon. Ist Artenvielfalt gegeben, reguliert

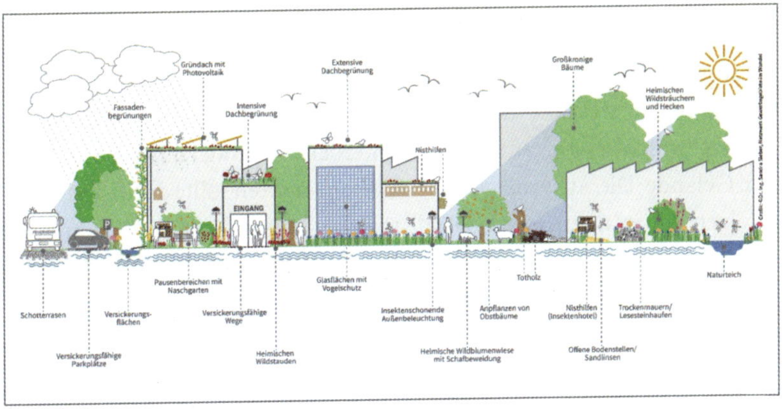

Abbildung 3: Naturnahe Gestaltung fördert die Biodiversität und die Anpassung an den Klimawandel. Grafik: Dr. Ing. Sandra Sieber, Netzwerk Gewerbegebiete im Wandel

sich die Natur selbst. Pestizide sind nicht notwendig und wären sogar kontraproduktiv.

- Mut zu ein bisschen mehr Wildheit. Naturnahe Flächen verändern sich. Die Zusammensetzung der Pflanzen- und Tierarten unterliegt einer gewissen Dynamik. Das ist ein natürlicher Prozess in Ökosystemen und fördert deren Resilienz.
- Auf torfhaltige Erde verzichten. Torf wird hauptsächlich in moorigen Gebieten gewonnen – und das ist problematisch, denn genau diese Moore sind extrem wichtige Kohlenstoffspeicher und Lebensräume.
- Nährstoffarme Standorte erhöhen die Artenvielfalt. Daher keinen Dünger verwenden und das Mahdgut abtragen.
- Pflegeregime anpassen. So fördert beispielsweise die seltenere Mahd von Wiesen deren Blütenreichtum, die Umstellung auf Balkenmäher schont die Insekten in der Wiese und das regelmäßige Entfernen von invasiven Arten unterstützt die heimische Artenvielfalt.

Abbildung 3 fasst zusammen, wie eine naturnahe Gestaltung in der Stadt die Biodiversität und die Anpassung an den Klimawandel fördert.

Pflanzenwahl im Klimawandel

Naturnahe Pflanzungen mit Gräsern, Stauden, Sträuchern oder Bäumen eröffnen einen kreativen Gestaltungsspielraum, der im urbanen Umfeld genauso gewünscht sein kann wie auf Gewerbeflächen oder auf privat genutztem Gelände. Die Auswahl geeigneter Pflanzenarten sollte durch Fachleute erfolgen, die in naturnaher Gestaltung geschult sind. Sie können anhand der Standortbedingungen wie Bodenbeschaffenheit oder Sonneneinstrahlung einschätzen, welche Pflanzen geeignet sind. Aufgrund der im Zuge der Klimaerwärmung zunehmenden Hitze- und Trockenphasen empfiehlt es sich, unter den heimischen Wildpflanzen Arten zu bevorzugen, die mit den sich wandelnden Umweltbedingungen gut klarkommen. Das führt zu weniger Ausfällen, außerdem müssen sie – außer in der Anwachsphase – gar nicht oder zumindest seltener gegossen werden. So zeigt das Foto von Marco Kraft in Abbildung 4 eine Fläche nach einem trockenen Sommer, die unterschiedlich begrünt und gepflegt wurde. Der Rasen am Wegesrand, der kurz gemäht »ordentlich« aussehen soll, ist vertrocknet. Die heimische Wildblumenwiese, die erst im Frühjahr angesät wurde und nur selten gemäht wird, ist auch nach längerer Trockenheit noch intakt.

Doch es gibt in Städten auch Extremstandorte, die Hitzeinseln sind und es heimischen Wildpflanzen schwer machen. An diesen Extremstandorten kann man sich an dieser Priorisierung orientieren:

1. **Wildpflanzen gebietseigener Herkunft:** Das sind Pflanzen oder Samen, die aus der gleichen biogeografischen Region stammen, in der sie verwendet werden. Ziel ist die Erhaltung regional angepasster Arten und genetischer Vielfalt. Gebietseigenes Saatgut ist besser an Standortbedingungen angepasst und stärkt die ökologische Funktion naturnaher Flächen.
2. **Standortheimische Wildpflanzen nicht gesicherter regionaler Herkunft:** Das sind Pflanzenarten, die natürlicherweise im Gebiet vorkom-

Abbildung 4: Die heimische Wildblumenwiese ist resilienter gegen Trockenheit als der Rasen. Foto: NABU/Marco Kraft

men, also heimisch sind, deren Saat- oder Pflanzgut aber nicht aus der gleichen Region stammt und somit keine gebietseigene Herkunft hat. Die Art passt also zum Standort wie zum Beispiel die Wiesen-Margerite in Süddeutschland, aber die Herkunft des Saatguts ist unklar oder aus einer anderen Region. Diese Pflanzen können die genetische Vielfalt und Anpassungsfähigkeit lokaler Bestände beeinträchtigen – daher ist ihre Verwendung auf naturschutzfachlich sensiblen Flächen problematisch oder sogar unzulässig (§ 40 BNatSchG).

3. **Sorten heimischer Wildpflanzen mit nachgewiesener Standorteignung:** Dabei ist darauf zu achten, dass sie nur geringe züchterische Veränderungen aufweisen, etwa keine gefüllten Blüten oder keine sterilen Formen. Sie sollten Pollen, Nektar und Samen bieten. Zudem ist darauf zu achten, dass es Sorten sind, die sich nicht unkontrolliert ausbreiten, andere Arten verdrängen oder Hybride mit Wildformen bilden können. Auch Sorten sollten möglichst aus derselben biogeografischen Region stammen, um genetische Verarmung durch Fremdherkünfte zu vermeiden.
4. **Pflanzenarten aus angrenzenden Florengebieten Mitteleuropas**: Diese Arten sind nicht standortheimisch im Zielgebiet, kommen aber natürlicherweise in benachbarten Regionen Mitteleuropas vor, zum Beispiel eine Art aus dem südlichen Bayern, die in Baden-Württemberg gepflanzt wird. Sie können ökologisch ähnlich funktionieren wie heimische Arten, bergen aber Risiken für genetische Verdrängung oder Störung etablierter Lebensgemeinschaften. Ihr Einsatz sollte sorgfältig geprüft erfolgen.
5. **Europäische Pflanzenarten, die sich erwartbar auf natürlichem Wege in Zukunft etablieren werden:** Pflanzenarten, die derzeit noch nicht in Baden-Württemberg heimisch sind, aber aufgrund von Klimawandel, Ausbreitungsdynamik oder natürlicher Migration voraussichtlich in absehbarer Zeit ohne menschliche Hilfe sich hier ansiedeln könnten, beispielsweise aus dem mediterranen Raum oder Osteuropa. Auch hier ist Vorsicht geboten, da ihre ökologische Rolle und Auswirkungen auf bestehende Arten teils noch unklar sind.
6. **Außereuropäische, nachgewiesenermaßen nicht invasive Pflanzenarten beziehungsweise Sorten mit nachgewiesener Standorteignung:**

Sie haben einen wesentlich geringeren ökologischen Wert als die zuvor genannten Pflanzen, können aber an Extremstandorten die letzte Option sein.

Grundsatz: Ausgeschlossen sind nachgewiesen invasive Pflanzenarten und solche, die unter den erwartbaren klimatischen Veränderungen invasiv reagieren könnten. Diese schädigen durch ihr Ausbreitungspotenzial die heimische Flora massiv.

Nun noch einige ergänzende Hinweise zu den einzelnen Gestaltungsformen:

Stauden

Stauden sind mehrjährige, krautige Blütenpflanzen, die im Gegensatz zu Sträuchern und Bäumen nicht verholzen. Üblicherweise treiben sie im Frühjahr jedes Jahr neu aus und sterben im Winter oberirdisch ab. In und an den vertrockneten Stängeln überwintern viele Insekten als Ei, Larve oder Raupe. Heimische Wildstauden, die für sonnige und trockene Standorte geeignet sind, sind beispielsweise Färber-Hundskamille (*Anthemis tinctoria*), Pfirsichblättrige Glockenblume (*Campanula persicifolia*), Tauben-Skabiose (*Scabiosa columbaria*), Wilde Möhre (*Daucus carota*), Wilder Dost (*Origanum vulgare*) oder Wiesen-Salbei (*Salvia pratensis*). Unter den zweijährigen Arten sind heimische Arten wie der Gewöhnliche Natternkopf (*Echium vulgare*) und die Großblütige Königskerze (*Verbascum densiflorum*) eine Bereicherung für jedes Staudenbeet. Stauden können gepflanzt oder als Saum ausgesät werden (Abbildung 5). Da solche blühenden Pflanzen ein ansprechendes Erscheinungsbild liefern, werden sie gerne in repräsentativen Außenflächen eingesetzt, etwa in Eingangsbereichen von öffentlichen Gebäuden oder von Gewerbeflächen. Werden trockenheitstolerante Stauden angepflanzt, ist das Gießen nach der Anwachsphase, in der sich die Wurzeln bilden, nur noch in Ausnahmefällen erforderlich.

Auf sogenannte Präriepflanzungen, die im Zuge der Anpassung an den Klimawandel und das städtische Umfeld oft propagiert werden, sollte hingegen verzichtet werden. Sonnenhut (*Echinacea*), Prärielilie (*Lilium speciosum*) und Prachtkerze (*Gaura lindheimeri*) neigen zur Verwilderung und

Abbildung 5: Ein bunter Staudensaum mit Natternkopf, Nickender Distel und Wilder Malve auf einer Gewerbefläche. Foto: NABU/Anke Heidemüller

könnten invasiv werden. Hier sollte die Kanadische Goldrute (*Solidago canadensis*) als warnendes Beispiel dienen. Sie wurde in gutem Willen eingeführt, doch mittlerweile hat sie sich invasiv ausgebreitet und verdrängt unsere heimischen Pflanzen.

Wildblumenwiesen

Im Gegensatz zum Zierrasen ist die Wildblumenwiese durch ihre leichte Pflege und ihre Anpassung an magere und trockene Standorte optimal für große Flächen geeignet und ein wesentliches Schlüsselelement zur Förderung der städtischen Biodiversität (Abbildung 6). Insekten profitieren von den pollen- und nektarspendenden Blüten und auch die heimischen Gräser sind wichtige Futterpflanzen zum Beispiel für die Raupen des Rostfarbigen Dickkopffalters und etlicher Augenfalter, wie dem Schachbrett, dem Kleinen Wiesenvögelein und dem Großen Ochsenauge. Vögel wie zum Beispiel der Stieglitz erfreuen sich am Samenangebot.

Abbildung 6: Im Gegensatz zu einem Saum hat eine Wildblumenwiese auch Gräser. Foto: NABU/Anke Heidemüller

Typisch für Wildblumenwiesen sind neben zwei- und mehrjährigen heimischen Wildkräutern eine größere Anzahl an Gräsern. Wie hoch dieser Anteil genau und wie artenreich eine Wiese ist, hängt von den Standortbedingungen und der Pflege ab. Grundsätzlich gilt: Je nährstoffarmer der Boden ist, desto artenreicher die Wiese, denn so können sich konkurrenzschwache Arten besser durchsetzen. Vom Nährstoffgehalt hängt es auch ab, wie häufig eine Wiese gemäht wird. Je nährstoffärmer sie ist, desto seltener sollte sie gemäht werden. Gemäht werden sollte mit einem Balkenmäher, der die Tierwelt schont.

Eine heimische Wildblumenwiese kann in vielen Fällen durch Extensivierung der Pflege aus dem bestehenden Pflanzenbestand heraus entwickelt werden. Voraussetzung dafür ist, dass die Fläche nicht stark überdüngt oder intensiv genutzt wurde und bereits erste standorttypische Wildarten vorhanden sind, auch wenn sie nur vereinzelt auftreten. Wird die Pflege extensiviert, werden krautige, blütenreiche Arten gegenüber konkurrenzstarken Gräsern begünstigt. Falls die natürliche Artenausstattung sehr gering ist, ist eine Nachsaat mit gebietseigenen Arten über Streifen- oder Inselansaat möglich. Diese Entwicklung der Wiese dauert oft mehrere Jahre.

Soll eine Wildblumenwiese neu angelegt werden, müssen Bodenverhältnisse, Wasserhaushalt und das Mikroklima sorgfältig untersucht werden. Dabei ist nicht nur der Ist-Zustand entscheidend, sondern auch die erwartbare Entwicklung durch den Klimawandel – etwa häufiger auftretende Trockenphasen, Hitzeperioden oder Starkregenereignisse. In manchen Lagen kann es sinnvoll sein, eher auf trockenheitsangepasste Pflanzengesellschaften wie Mager- oder Trockenrasen zu setzen. Im städtischen Bereich zwar nicht zwingend notwendig, aber im Sinne der Biodiversitätsförderung dringend empfohlen ist die Verwendung von gebietseigenem Wildpflanzensaatgut nach § 40 BNatSchG.

Pflegemaßnahmen wie Mahdzeitpunkte sollten flexibel gehandhabt werden – zum Beispiel kann eine spätere Mahd bei starker Trockenheit sinnvoll sein. Mäht man die Wiese auf einer Höhe von circa zehn Zentimeter, reduziert sich die Wasserverdunstung aus dem Boden. So wird die Wiese klimaresilienter und erfordert in der Regel keine zusätzliche Bewässerung. Das spart nicht nur Kosten, sondern auch wertvolles Wasser. Zudem verhindert das dichte Wurzelgeflecht Bodenerosion und fördert die Versickerung von Niederschlägen, was wiederum zur Neubildung von Grundwasser beiträgt.

Hecken und Sträucher

Zierhecken aus Lorbeer-Kirsche (umgangssprachlich auch Kirschlorbeer) oder Thuja prägen schon seit langem das urbane Umfeld – als Sichtschutz, Schattenspender oder zur Begrenzung. Allerdings sind sie ökologisch in unseren Breiten fast wertlos, zudem hat die Lorbeer-Kirsche wegen ihres Ausbreitungspotenzials invasive Tendenzen und ist daher beispielsweise in der Schweiz und in Österreich bereits verboten.

Wildstrauchhecken hingegen bestehen aus verschiedenen heimischen Wildstraucharten wie Schlehe (*Prunus spinosa*), Hasel (*Corylus avellana*), Schneeball (*Viburnum opulus*), Weißdornarten (*Crataegus*) und Hainbuche (*Carpinus betulus*). Eine Wildsträucherhecke bietet Tieren Schutz und Nistmöglichkeiten sowie Nahrung, vor allem wenn sie aus verschiedenen

Abbildung 7: Heckenstrukturen bieten Tieren Nahrung und Schutz, spenden aber auch Schatten und kühlen ihre Umgebung. Foto: NABU/ Anke Heidemüller

Straucharten zusammengesetzt ist (Abbildung 7). So hält sie für Vögel Sämereien, Insekten und Larven bereit, während die Blüten für Wildbienen und Schmetterlinge Pollen und Nektar liefern und die Blätter vielen Raupen und anderen Insektenlarven als Nahrung dienen. Nicht zuletzt sind Hecken als Wanderkorridore ein entscheidender Faktor für die Vernetzung von Biotopen, entlang der sich Tiere wie Igel oder Fledermäuse auch im städtischen Umfeld in neue Lebensräume ausbreiten können.

In stark versiegelten Bereichen in Innenstädten steht für große Bäume oft nicht ausreichend Platz zur Verfügung. Wildsträucher, die im Laufe der Jahre so groß wie ein kleiner Baum werden können, bieten hier eine mögliche Alternative. Schließlich dienen die Hecken auch hier als Wind- und Sichtschutz sowie als »Staubfänger«. Werden sie quer zum Hang gepflanzt, dann können sie auch wirkungsvoll der Bodenerosion vorbeugen.

Als Alternative zu Thuja oder Lorbeer-Kirsche bieten sich immergrüne Hecken aus heimischen Arten an, zum Beispiel Europäische Eibe (*Taxus baccata*) oder Ilex (*Ilex aquifolium*). Die Publikation »Gebietsheimische Gehölze Baden-Württemberg – Das richtige Grün am richtigen Ort« gibt Auskunft darüber, welche Arten regionaltypisch sind (Breunig et al., 2002).

Stadtbäume

Bäume – besonders die heimischen Arten – haben einen hohen ökologischen Wert. Sie sind Lebensraum und Rückzugsort, bieten Schutz und Nahrung für die verschiedensten Organismengruppen. Sie sind aber auch zunehmend wichtig für das Stadtklima: Sie spenden Schatten und kühlen durch die Verdunstung von Wasser ihre Umgebung (Abbildung 8).

Die Wuchsbedingungen für Bäume im stark versiegelten urbanen Raum sind dabei oft suboptimal. Baumscheiben und -gruben sind häufig zu klein,

Abbildung 8: Bäume geben Schatten und produzieren Verdunstungskühle. Damit sie das tun können, benötigen sie gute Wuchsbedingungen. Foto: Mercedes-Benz AG, Werk Sindelfingen

stark verdichtet und von technischer Infrastruktur eingeengt. Streusalzeintrag verschärft die kritische Situation. Für einzeln stehende Bäume ist der Hitzestress größer als für Baumgruppen. Im Zuge des Klimawandels werden Regenereignisse seltener und dafür heftiger. Die Wassermassen fließen großteils oberirdisch ab. Durch weitere Nachverdichtungen im Siedlungsraum wird die Menge an pflanzenverfügbarem Wasser in der Vegetationsperiode in Zukunft weiter sinken.

Elemente der blau-grünen Schwammstadtplanung können unsere Stadtbäume unterstützen:

1. Baumrigolen sind unterirdische Speicherstrukturen aus Kies oder speziellem Substrat, die das Regenwasser länger speichern und es den Baumwurzeln verzögert zur Verfügung stellen. Dies verhindert Bodenverdichtung und verbessert den Wurzelraum.
2. Versickerungsmulden sind oberflächliche Vertiefungen, die Niederschlagswasser temporär aufnehmen. Das Regenwasser sickert langsam in den Boden und ist für die Bäume verfügbar.
3. Versickerungsfähige Beläge sind wasserdurchlässige Pflasterflächen rund um Baumscheiben, die den Oberflächenabfluss verhindern und die Belüftung und Wasserversorgung der Wurzeln verbessern.
4. Erweiterte Baumscheiben vergrößern die Grünflächen um den Stamm herum, mit offenem Boden und Substraten, die Wasser speichern. Die größere Kapazität für Versickerung verbessert langfristig die Gesundheit und das Wachstum der Bäume.
5. Gründächer und Dachbegrünungen halten Regenwasser zurück, geben es verzögert ab und sorgen für ein ausgeglicheneres Mikroklima. Dies reduziert lokale Hitzeinseln, unter denen auch die Bäume leiden.
6. Regenwasser kann temporär in Teichen oder unterirdischen Behältern gespeichert werden und steht längerfristig für die Bewässerung von Stadtgrün bereit.
7. Bauliche Anpassungen wie Neigung von Straßen, Gehwegen oder Hochborden mit Öffnungen in Richtung der Vegetation können helfen, Regenwasser direkt in Richtung der Bäume zu leiten.
8. Neu gepflanzte oder geschwächte Bäume können zudem durch Gießringe, sommerliche Bewässerungssäcke oder den Einsatz von Sensortechnik unterstützt werden.

Diese Elemente müssen gut gepflegt werden, sonst drohen Verstopfungen, Staunässe oder Effizienzverlust. Nur durch sorgfältige Planung, regelmäßige Pflege und abgestimmte Standortwahl profitieren Stadtbäume dauerhaft davon.

Bei Neupflanzungen sollte auf Mischpflanzungen gesetzt werden. Dies erhöht nicht nur die Artenvielfalt, sondern verringert auch die Ausfallrate bei eventuell auftretendem Krankheitsbefall. Außerdem empfiehlt es sich, die Dauer von Pflegeverträgen zu verlängern, bis ein Anwuchserfolg gewährleistet ist, zum Beispiel das Überdauern von zwei Sommern und Wintern.

Bei der Baumauswahl müssen verschiedene Aspekte abgewogen werden: Welche Baumarten wirken sich positiv auf die Biodiversität aus und sind resilient gegenüber dem Klimawandel im urbanen Raum? Dafür ist zunächst eine individuelle Standortanalyse notwendig: Liegt das Baumquartier innerhalb von versiegelten Flächen oder Verkehrsflächen oder in unberührtem Boden? Welche Möglichkeiten gibt es, die Wuchsbedingungen mit den Elementen der blau-grünen Schwammstadtplanung zu optimieren?

Bei grundsätzlicher Standorteignung sollten heimische Baumarten bevorzugt werden, wie vorangehend beschrieben, da sich die heimischen Bäume seit Urzeiten koevolutionär mit den bodenlebenden Mikroorganismen, der lokalen Tierwelt und den Begleitpflanzen entwickelt haben. Dabei sind die rechtsverbindlichen Vorgaben der EU-Wiederherstellungsverordnung zu beachten, die bis auf wenige, klimawandelbedingte Ausnahmen Vorrang für heimische Baumarten vorsieht. Insbesondere an sensiblen Standorten – zum Beispiel in der Nähe von Schutzgebieten, extensiven Grünanlagen, Gewässer- oder Auenbereichen und dem Übergang zur freien Landschaft – ist der Einsatz gebietsfremder Arten in der Regel auszuschließen.

Neben der Baumauswahl ist aber auch der verbindende Grünstreifen zwischen Alleebäumen von Bedeutung (Böll, 2023). Eine Unterpflanzung schützt nicht nur den Boden vor Austrocknung. Werden dabei heimische Wildpflanzen verwendet, fördern sie mit ihrem Nahrungsangebot ebenfalls maßgeblich die Biodiversität. So wurden im Blätterdach der überwiegend windbestäubten Testbaumarten 57 Wildbienenarten festgestellt – die Wildkrautvielfalt bietet ihnen ausreichend Nahrung und der Baum Schatten zur Abkühlung.

Gebäude begrünen und als Lebensraum nutzbar machen

Begrünte Dächer und Wände isolieren nicht nur das Gebäude, sie verbessern auch das Mikroklima um das Gebäude. Im Sinne der Nachhaltigkeit sind bodengebundene Fassadenbegrünungen den fassadengebundenen Begrünungsvarianten mit Bewässerungssystemen vorzuziehen. Heimische Kletterpflanzen sind beispielsweise Gewöhnliche Waldrebe (*Clematis vitalba*), Waldgeißblatt (*Lonicera periclymenum*) oder Efeu (*Hedera helix*). Da sie als Waldbewohner eher schattige Standorte bevorzugen, kann hier an Südstandorten auch auf Kletterpflanzen aus dem südeuropäischen Raum zurückgegriffen werden, zum Beispiel Italienische Waldrebe (*Clematis viticella*). Zur Verschattung von Gebäuden können Spalierobst, Hecken oder Bäume vor die Fassade gepflanzt werden.

In der Dachbegrünung liegt ein großes Potenzial für das Stadtklima. Auch Photovoltaik und Dachbegrünung können sich gut ergänzen – gerade für die Solarmodule ist eine unterliegende Begrünung von Vorteil, da diese aufgrund der Verdunstungskühle der Pflanzen an heißen Tagen die Leistung der Photovoltaikanlage steigern kann.

Es wird zwischen extensiver und intensiver Dachbegrünung unterschieden. Eine extensive Dachbegrünung gleicht optisch einer Brache mit niedrigem Bewuchs (Abbildung 9). Da der Bepflanzung nur ein fünf bis zwölf Zentimeter starker Substrataufbau zugrunde liegt, dominieren neben einzelnen, trockentoleranten Kräutern und Gräsern vorrangig Mauerpfeffergewächse das Erscheinungsbild. Der dünne Aufbau macht diese Form der Dachbegrünung relativ leicht und gleichzeitig sehr pflegearm. Im Vergleich zu einer extensiven Dachbegrünung bietet eine intensive Dachbegrünung durch den höheren Substrataufbau und dem damit zur Verfügung stehenden Wurzelraum deutlich mehr Gestaltungsmöglichkeiten. Bereits ab zwölf bis 15 Zentimetern können Magerrasen und Wildblumenwiesen angelegt werden. Darüber hinaus sind bei ausreichender Traglast und ab 25 Zentimeter Substrataufbau komplexe Dachgartengestaltungen möglich. Dann können auch Sträucher oder Bäume in die Gestaltung integriert werden.

Damit eine Dachbegrünung einen ökologischen Mehrwert bietet, sollte auch hier auf heimische Wildpflanzen gesetzt werden. Sedumsprossen-Gemische aus heimischen Arten wie *Sedum acre*, *S. album*, *S. telephium*, *S. reflexum* und *S. sexangulare* lassen sich mit Ansaaten zur Dachbegrünung und Flachballenstauden kombinieren. Ist das Dach ausreichend tragfähig, können bei geeigneter Windexposition auch Totholzelemente, Steine, Insektennisthilfen oder Sandlinsen ergänzt werden.

Aber auch die gebaute Struktur selbst bietet Chancen und Risiken für unsere Tierwelt. Für Vögel und Fledermäuse gibt es beispielsweise Nistkasten-Module und Einbausteine für Fassadendämmung. Auch für Wildbienen gibt es Nisthilfen, die in die Fassade integriert werden können. Hingegen bergen Glasfassaden oder Glasscheiben insbesondere für Vögel Gefahren: Spiegelung von Bäumen oder Himmel oder durchsichtige Glasdurchgänge sowie Verglasungen über Eck führen zu Vogelschlag. Allein in Deutschland werden jährlich etwa 100 Millionen tödliche Vogelkollisionen

Abbildung 9: Extensive Dachbegrünung mit Mauerpfeffer-Arten. Foto: NABU/Sabrina Essel

an Glas gezählt (Rössler et al., 2022) Greifvogelsilhouetten und UV-Markierungen haben sich als nicht ausreichend wirksam erwiesen. Wirkung hat dagegen gezeigt, wenn das Glas durch Milchglas, Siebdruck oder Vogelschutzfolien mit engmaschigen Markierungen sichtbar gemacht wurde.

Projekt »UnternehmensNatur«

Der Fokus des von März 2021 bis Oktober 2025 vom Land Baden-Württemberg geförderten Projekts des NABU Baden-Württembergs lag auf der Förderung der Biodiversität auf Firmengeländen, der Verbesserung des Mikroklimas sowie dem Ziel, Mensch und Natur zusammenzubringen. Unter dem Motto »Gemeinsam für mehr Biodiversität und Klimaanpassung auf Firmengeländen« erhielten über 150 Unternehmensstandorte eine kostenfreie und unverbindliche Erstberatung, wie sie ihre Grundstücke und Gebäude naturnah gestalten können (Abbildung 10). Neben kommunalen und privaten Flächen sind Unternehmensflächen vor allem auch deshalb interessant, weil sie allein wegen ihrer Größe viel Potenzial für eine klimaangepasste und die Biodiversität fördernde Ausgestaltung haben. Interessierte können sich über naturnahe Gestaltung auf Unternehmensflächen auf der Website www.UnternehmensNatur-BW.de auch nach dem Projektabschluss informieren.

Mit Maßnahmen zur Klimaanpassung und Förderung der Biodiversität lassen sich für das Unternehmen Mehrwerte erzielen, die sich auch auf den urbanen Raum verallgemeinern lassen:

- Ein durchdachtes Regenwassermanagement und ein hoher (Teil-)Entsiegelungsgrad verringern das Überschwemmungsrisiko und wirken sich positiv auf den Grundwasserspiegel aus. Zusätzlich lässt sich so der Bewässerungsbedarf reduzieren.
- Pflanzen – vor allem große – spenden Schatten und verbessern als natürliche »Klimaanlagen« das Mikroklima. Sie speichern Kohlendioxid und helfen dabei, die Schadstoffbelastung in der Luft am Standort zu verringern.
- Die Förderung der Biodiversität wie auch Maßnahmen zur Anpassung an den Klimawandel können bei Zertifizierungen wie dem Umwelt-

Abbildung 10: Ein Saum aus heimischen Wildpflanzen werten die Außenflächen des Werkes nicht nur optisch, sondern auch ökologisch auf. Foto: Schoenenberger Pflanzsaftwerk/Andrea Frank-Bühler

managementsystem EMAS oder hinsichtlich EU-Taxonomie und den Richtlinien der Umweltberichterstattung (CSRD) relevant sein.

- Für uns Menschen hat das Naturerlebnis positive Effekte auf den physischen und psychischen Gesundheitszustand sowie auf die Leistungsfähigkeit.
- Betriebskosten lassen sich reduzieren, beispielsweise durch Beschattung und Kühlung von Gebäuden durch Pflanzen, die Reduzierung von Abwassergebühren oder Minimierung des Gießwassers.
- Bei Neubauprojekten kommt gegebenenfalls eine teilweise Ausgleichmöglichkeit für Eingriffe in die Natur direkt am Standort in Frage.
- Als Vorbild kann das Unternehmen als Arbeitgeber und gegenüber Kunden und Wettbewerbern demonstrieren, dass es Umweltschutz und die Anpassung an den Klimawandel in der Praxis lebt.

Anke Heidemüller und Sabrina Essel

KlimaOasen: Naturbasierte Lösungen im öffentlichen Raum

Die Hitzesommer der vergangenen Jahre haben überdeutlich aufgezeigt, wie sich das urbane Leben in den kommenden Jahren im Zuge des Klimawandels verändern wird. In der öffentlichen Debatte wird dabei neben dem Klimaschutz und den Maßnahmen zur Anpassung an den Klimawandel auch das gesundheitliche Wohlbefinden zunehmend diskutiert. Dies zusammengenommen verstärkt den Druck, besser früher als später im Sinne einer nachhaltigen Landschaftsplanung in den Städten zu handeln. Ein wichtiger Baustein dabei ist, mit naturbasierten Lösungen mehr Grün in die Städte zu bringen, um damit sozusagen »Klimaoasen« im städtischen Umfeld zu schaffen. Das mildert die Folgen von Hitzestress, bietet Retentionsflächen bei Starkregen, erhöht die biologische Vielfalt und steigert die Lebensqualität der Menschen unter anderem durch den direkten Kontakt zu Naturelementen. Wie sich solche grünen Inseln am Beispiel eines Hochschulcampus in der Praxis errichten lassen, war Ziel des Projekts »KlimaOasen«, das mit Studierenden und Mitarbeitenden an der Universität Stuttgart federführend vom Institut für Landschaftsplanung und Ökologie (ILPÖ) und dem Green Office der Universität durchgeführt wurde. Das Projekt wurde vom Klima-Innovationsfond der Stadt Stuttgart gefördert.

Naturbasierte Lösungen

Maßnahmen zur Klimaanpassung sind häufig dann besonders effektiv und langfristig auch kostengünstig, wenn sie so natürlich wie möglich beziehungsweise von der Natur inspiriert sind. Daher sind sogenannte naturbasierte Lösungen (englisch: Nature-based Solutions, NBS) gut geeignet, die Resilienz gegenüber dem Klimawandel im urbanen Umfeld – und dazu gehören auch Campus-Gelände – multifunktional zu verbessern.

Die Europäische Kommission definiert naturbasierte Lösungen folgendermaßen: »Lösungen, die von der Natur inspiriert und unterstützt werden, die kosteneffizient sind, gleichzeitig ökologische, soziale und wirtschaftliche Vorteile bieten und zum Aufbau von Resilienz beitragen. Solche Lösungen bringen mehr und vielfältigere Natur und Naturmerkmale und -prozesse in Städte, Landschaften und Meereslandschaften durch lokal angepasste, ressourceneffiziente und systemische Interventionen. Naturbasierte Lösungen müssen daher der biologischen Vielfalt zugute kommen und die Erbringung einer Reihe von Ökosystemdienstleistungen unterstützen.« (European Commission, o.J.).

Solche Lösungen können durch den Schutz bestehender gesunder Ökosysteme entstehen und gewährleistet werden (Typ 1 NBS), durch die Wiederherstellung oder das nachhaltige Management von Ökosystemen allgemein (Typ 2 NBS) sowie durch die Gestaltung und das Management neuer Ökosysteme wie zum Beispiel die Entwicklung grüner und blauer Infrastruktur (Typ 3 NBS) (Eggermont, H. et al., 2015). Damit spielen sie auch in den Strategien zur Klimaanpassung in Städten eine wichtige Rolle.

Das Projekt

Ziel des Projekts war es, Klimaoasen als Teil der Anpassung der Universität an den Klimawandel innerhalb der komplexen Strukturen einer öffentlichen Einrichtung, zu der auch ein Hochschulcampus gehört, zu diskutieren. Hierbei waren zunächst entsprechende naturbasierte Lösungsansätze zu entwickeln und mögliche Hürden für ihre Umsetzung zu identifizieren. Danach galt es, die passenden Empfehlungen für die Anbahnung, Umsetzung und letztlich auch Pflege dieser Maßnahmen zu geben. Um dieses Ziel zu erreichen, war es unerlässlich, den Austausch unter allen Beteiligten auf den Weg zu bringen und möglichst auch langfristig zu sichern.

Das Projekt »KlimaOasen« sollte also zum einen unterschiedliche Maßnahmen zur Klimaanpassung am Campus eruieren und zum anderen vielfältige organisatorische und ökologische Herausforderungen und Potenziale abdecken. Dazu wurden die KlimaOasen konzeptionell in einem Konsortium vorbereitet, das aus Vertreterinnen und Vertretern der ökologischen Wissenschaften sowie Experten und Expertinnen zu naturbasierten Lösungen, Hochschulangehörigen aus Lehre und Verwaltung und dem Green Office (dem Nachhaltigkeitsbüro) der Universität bestand. Anschließend wurden die Vorschläge in einer dreiteiligen Workshopreihe mit Beteiligten der Hochschule und anderen Fachleuten diskutiert und evaluiert. Die Ergebnisse wurden danach dem Universitätsgremium »Runder Tisch Nachhaltigkeit« vorgestellt. Diese naturbasierten Lösungsansätze haben das Potenzial, als konkrete Bausteine in die »Roadmap Klimaneutralität der Universität Stuttgart« zur Klimaanpassung der Hochschule einzufließen. Als übergeordnetes Ziel wollte das Projekt mithin auch erfassen, wie naturbasierte Lösungen von einer ersten Konzeption zu einem langjährigen und breitflächigen Einsatz gelangen können. Damit setzte das Projekt an einem inhaltlich-organisatorischen Punkt an, der aktuell den Einsatz solcher naturbasierten Lösungen auf einem Campus oder im Zusammenhang mit einer ähnlichen öffentlichen Einrichtung deutlich erschweren, aber auch beflügeln kann.

Die Workshops

Ein wesentlicher Bestandteil des Projekts »KlimaOasen« war eine dreiteilige Workshop-Reihe. Ein Hauptziel war, das vorhandene Wissen zu naturbasierten Lösungen durch die Hochschulangehörigen zusammenzubringen. Hierzu galt es, für das Projekt geeignete Akteurinnen und Akteure zu identifizieren und sie zum Austausch von Ideen, Perspektiven, Erwartungen und Erfahrungen anzuregen. Zudem sollten weitere Personen gefunden werden, die in das Projekt mit einbezogen werden sollten oder wollten. Auch sollten hier durchaus kritische Einwände und Aspekte bei der Entwicklung naturbasierter Lösungen zur Sprache kommen. Und schließlich galt es, konkrete Standorte für potenzielle Klimaoasen an den Standorten der Universität Stuttgart zu diskutieren. Dabei ging es vor allem um kleinteilige und konkrete Möglichkeiten der naturnahen Gestaltung beziehungsweise Umgestaltung von Freiflächen.

Die Workshops brachten viele interessierte Menschen zusammen, die sich als interne oder externe Mitarbeitende sowie als Studierende in irgendeiner Form mit der Klimaanpassung auf dem Hochschulcampus befassen oder die sich mit der Anlage und Pflege von Grünflächen beschäftigen. Darunter waren Angehörige verschiedener Institute, Initiativen und Arbeitskreise, zum Beispiel von der Gemeinschaftsgarteninitiative »MitMachGarten« oder dem Forschungsprojekt »Beelife«. Auch Mitarbeitende der Wilhelma-Parkpflege nahmen an den Workshops teil, die sich um die Pflege der Grünflächen auf dem Campus kümmern. Hier wurden unter anderem schon Blühwiesen etabliert.

Abbildung 1: Die sogenannte Wilde Klimawand in Stuttgart-Vaihingen erhöht die Biodiversität im urbanen Umfeld, indem sie heimischen Pflanzen und Tieren einen neuen Lebensraum in der Vertikalen zur Verfügung stellt. Die Wilde Klimawand ist ein fachübergreifendes Projekt des Instituts für Landschaftsplanung und Ökologie, des Instituts für Akustik und Bauphysik sowie Helix Planzensysteme GmbH. Foto: ILPÖ

Beim ersten Workshop wurde diskutiert, welche Herausforderungen das Projekt mit sich bringt und wie sich die Klimaoasen unterstützen und in die bestehenden Konzepte zum Klimaschutz und zur Klimaanpassung einbetten lassen. Auch wurde über den Istzustand und mögliche naturbasierte Lösungen auf dem Campus nachgedacht. Beim zweiten Workshop stellten zwei Gruppen von Studierenden der Fakultät für Architektur und Stadtplanung beispielhafte Klimaoasen vor, die sie entwickelt hatten: Je ein Entwurf für die Begrünung von Freiflächen in Stadtmitte und Vaihingen, also für zwei Standorte des Universitätsgeländes mit unterschiedlichen räumlichen Bedingungen. Berücksichtigt werden sollte dabei vor allem der Einsatz nachhaltiger Materialien und eine klimaangepasste Bepflanzung sowie funktionale Elemente wie Sitzmöglichkeiten und Outdoor-Arbeitsplätze. Eine Exkursion zu der sogenannten »Wilden Klimawand«, einem weiteren Forschungsprojekt zu naturbasierten Lösungen der Universität Stuttgart (Abbildung 1), schloss den zweiten Workshop ab.

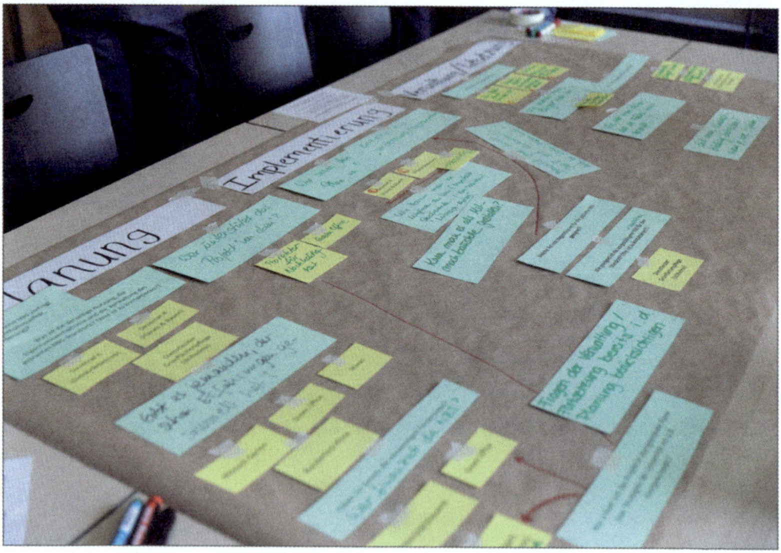

Abbildung 2: Bei einem Workshop wurden relevante Bereiche und Kontaktstellen für die Entwicklung naturbasierter Lösungen zusammengetragen und diskutiert. Quelle: ILPÖ / Green Office.

Beim dritten Workshop galt es, die Planung, Implementierung und Verwaltung inklusive Pflege und Monitoring von potenziellen Klimaoasen auf dem Campus zu diskutieren und Wege der Umsetzung zu finden (Abbildung 2). Entscheidend für den weiteren Erfolg dürfte sein, Personen zu finden, die zum einen aktiv den Prozess voranbringen können und zum anderen Ansprechpartner etwa in der Verwaltung sind oder eng mit diesen zusammenarbeiten. Bei der Umsetzung von naturbasierten Lösungen können sie auch den Personen bei der Umsetzung von Maßnahmen (zum Beispiel Gärtnerinnen und Gärtnern sowie Pflegepersonal der Grünflächen) wertvolle Hilfestellung leisten. Der dritte Workshop endete mit einem Ausblick. Hierbei wurde der Wunsch nach einem »Runden Tisch« deutlich, bei dem die Implementierung von naturbasierten Lösungen weiter vorangetrieben werden soll und der den Austausch zwischen den Beteiligten solcher Maßnahmen aufrechterhält.

Wohlfühloasen

Um die inhaltliche Diskussion mit naturbasierten Lösungen auf dem Campus zu bereichern, haben sich zwei studentische Projekte über ein Semester beispielhaft mit entsprechenden Begrünungsmöglichkeiten beschäftigt. Beim Projekt für den Campus Stadtmitte ging es darum, durch gezielten Einsatz von Naturelementen Straßenlärm abzumildern, Beschattung und Rückzugsmöglichkeiten für Menschen zu schaffen (Abbildung 3). Gleichzeitig sollten Flächen für Veranstaltungen und Ausstellungen im Außenraum weiterhin auf dieser zentralen Fläche gewährleistet bleiben. Bei einer entsprechenden Pflanzenauswahl kann eine solche Naturoase auch im Winter einen grünen Bereich im urbanen Raum darstellen und durch den Einsatz insbesondere von gebietseinheimischen Pflanzen einen Beitrag zur lokalen Artenvielfalt leisten.

Auf dem Campus in Vaihingen wurde eine Vision für die naturnahe Gestaltung der Fläche vor der Bibliothek entwickelt. Dabei ging es vor allem darum, mit verschiedenen Landschafts- und Strukturelementen zu einer größeren Vielfalt an Tieren und Pflanzen beizutragen. Dazu zählen auch die Einbringung von Totholz und Steinhaufen oder Sandlinsen als Nisthilfen für Vögel, Insekten und andere Tiere. Bäume und Sträucher sorgen für Beschattung, zudem wird das Regenwasser gesammelt, um insbesondere bei Starkregenereignissen den Oberflächenabfluss zu verringern. Die im Entwurf vorgeschlagenen Lösungen sollten auch einen Aufenthaltsort für Studierende beziehungsweise Bibliotheksgäste schaffen, zum Beispiel durch Verschattungselemente.

Wichtig ist, bei der Schaffung von Naturelementen im urbanen Umfeld geeignete Pflanzenarten zu wählen. Das gilt für naturbasierte Lösungen für einen Hochschulcampus wie hier im Projekt »KlimaOasen« genauso wie auf anderen gemeinschaftlich genutzten Flächen, aber auch im privaten Bereich etwa im Garten oder auf Balkon und Terrasse. Bei Hecken sind unterschiedliche Sträucher und einheimische Pflanzen wie Hartriegel, Holunder und gewöhnlicher Schneeball aus Sicht der Biodiversität empfehlenswert. Die üblichen Blühpflanzen, die auch auf Balkonen häufig zu sehen sind, kommen

Abbildung 3: Ein Modell für eine Klimaoase auf dem Campus Stadtmitte mit viel Grün und schattigen Plätzen zum Arbeiten und Entspannen, erarbeitet von Eva Dingeldein, Olli Järveläinen, Lucie van Zyl. Bild: Frank Dölling

mit den im Zuge des Klimawandels zunehmenden Hitzesommern oft nicht mehr gut zurecht. Viel eher geeignet sind Pflanzen, die Trockenheit vertragen und zudem frostfest sind. Stauden wie die Flockenblume oder die Nachtkerze sind hier gut geeignet, weil sie wenig gegossen werden müssen und unkompliziert in der Pflege sind – und dabei auch noch attraktiv blühen. Generell ist es immer wichtig, die lokalen Standortbedingungen zu beachten, um das Anwachsen und später eine lange Lebensdauer zu gewährleisten.

Empfehlungen für naturbasierte Lösungen

Die folgenden Empfehlungen für die Entwicklung und Umsetzung von naturbasierten Lösungen an der Universität Stuttgart wurden im Rahmen der drei KlimaOasen-Workshops erarbeitet. Diese Empfehlungen sollten im gesamten Entwicklungsprozess solcher Lösungen berücksichtigt werden, der die Planung, die Implementierung sowie die Verwaltung und gegebenenfalls die Fortsetzung umfasst (vergleiche Collier et al., 2023).

Integration in Gesamtkonzepte

Neben dem Klimaschutz, also der Verringerung der gesamten Treibhausgasemissionen, kommt im Zuge der rasanten Klimaerwärmung der Anpassung an die aktuellen und künftigen Auswirkungen des Klimawandels eine immer größere Bedeutung zu. Naturbasierte Lösungen können hierzu beitragen und darüber hinaus weitere Vorteile beispielsweise für die biologische Vielfalt bieten. Daher ist ihre Einbettung in übergeordnete Gesamtkonzepte zur Klimaanpassung nicht nur sinnvoll, sondern geradezu zwingend für eine ganzheitliche Planung resilienter Städte.

Breites Spektrum an Personen

In die Entwicklung naturbasierter Lösungen sollte ein breites Spektrum an Fachleuten und engagierten Personen einbezogen werden. Im Falle eines Hochschulcampus gehören dazu unter anderem Akteurinnen und Akteure mit unterschiedlichen Zuständigkeiten an der Universität und in der öffentlichen Verwaltung von naturbasierten Lösungen, auch aus nicht-universitären Bereichen. Durch die Integration der damit verbundenen Anforderungen ist gewährleistet, dass ganz unterschiedliche Aspekte, Ansichten sowie ein breites Fachwissen in die Projekte einfließen.

Multifunktionalität beachten

Die Entwicklung von naturbasierten Lösungen auf dem Campus sollte immer mehrere Funktionen sowie Vorteile vereinen. Zu diesen Vorteilen gehört beispielsweise bei Blühflächen die Wasseraufnahme und -speicherung, die Verdunstungskühlung, die Beschattung durch bodengebundene Pflanzen, die Bereitstellung von Nektar und Pollen für Insekten wie Honig- und Wildbienen und damit die Förderung der biologischen Vielfalt sowie die Verbesserung der Aufenthaltsqualität für ein breites Spektrum von potenziellen Nutzenden. Im Hinblick auf die biologische Vielfalt sollten bei der Einrichtung von Klimaoasen einheimische Arten zum Einsatz kommen, wobei allerdings auf ihre Anpassungsfähigkeit an künftige Klimaveränderungen wie höhere Temperaturen und mehr Trockenheit zu achten ist.

Nutzende in Planung einbeziehen

Es sollten die Bedürfnisse der Nutzenden im Hinblick auf Vorlieben und die Qualität des Aufenthalts berücksichtigt werden. Einblicke hierin kann man durch Beobachtungen vor Ort sowie Umfragen, Interviews und offene Diskussionen erhalten. Mögliche Nutzungs- und Interessenkonflikte sollten partizipativ angegangen und gemeinsam Lösungen gefunden werden.

Unterhalt und Pflege von Beginn an mitdenken

Wie bei vielen anderen strukturellen Maßnahmen steht dem potenziellen Mehrfachnutzen von naturbasierten Lösungen ein gewisser Aufwand bei der Umsetzung und der späteren Pflege gegenüber. Hier sollte bedacht werden, dass für die Pflege in der Regel Wasser und Energie sowie ökonomische und personelle Ressourcen erforderlich sind. Dies gilt es bereits bei der Planung zu berücksichtigen und vor der Implementierung solcher Maßnahmen abzuklären.

Kommunikation und Austausch etablieren

Wichtig ist der Austausch mit anderen Organisationen oder Initiativen, die sich mit der Entwicklung und Implementierung von naturbasierten Lösungen befassen – und das sowohl intern wie hier in der Universität als auch extern mit außeruniversitären Einrichtungen. Im Falle der Universität ist ein solcher Austausch über nationale und internationale Netzwerke möglich, beispielsweise über das Netzwerk der Hochschulinitiativen für Biodiversität (HIB, o.J.) oder das International Sustainable Campus Network (ISCN, o.J.).

Monitoringpläne erstellen

Bereits in der Planungsphase sollte daran gedacht werden, wie sich die naturbasierten Lösungen nach ihrer Implementierung entwickeln und die Verfahren und Zuständigkeiten für das spätere Monitoring der naturbasierten Lösungen festgelegt und entwickelt werden. Dieses Monitoring wird allzu oft (noch) nicht bedacht, ist aber von Bedeutung, um Effekte der Maßnahmen und ökologische Veränderungen zu bewerten. Auch ist es wichtig zu wissen, wie diese Bereiche von den Menschen im Umfeld wahrgenommen, akzeptiert und genutzt werden. Monitoring kann also die Vegetation selbst, aber auch deren Wirkung auf die Nutzenden beinhalten.

Synergieeffekte nutzen

Neben der Multifunktionalität – Klimaanpassung, biologische Vielfalt, Aufenthaltsmöglichkeiten – ergeben sich bei der Implementierung naturbasierter Lösungen noch weitere Synergien. Im Falle der Universität ist dies zum Beispiel der Einbezug von Nachhaltigkeitsthemen in der Lehre. Das KlimaOasen-Projekt hat gezeigt, dass sich unter anderem innovative Ansätze in einer sicheren Lernumgebung erforschen lassen. Für Studierende bietet es die Möglichkeit, an praktischen Projekten zu arbeiten, die sowohl einen realen Einfluss auf ihr (akademisches) Umfeld haben als auch einen wertvollen Einblick in die »reale Welt« ermöglichen.

Blick über den Hochschulcampus hinaus

Beim Projekt »KlimaOasen« sollte als übergeordnetes Ziel herausgearbeitet werden, wie naturbasierte Lösungen im Rahmen der komplexen Strukturen einer öffentlichen Einrichtung – in diesem Fall der Universität Stuttgart – umgesetzt werden können. Dabei ist ein umfangreicher

Katalog an Herausforderungen zu bewältigen: von der Konzeption über die Planung bis zur Implementierung und dem langjährigen Einsatz. Zu berücksichtigen sind dabei mehrere positive Aspekte, insbesondere Klimaschutz und Klimaanpassung sowie eine Erhöhung der Lebensqualität wie auch der biologischen Vielfalt. Dem stehen der Aufwand bei der Planung, der Implementierung und dem Monitoring sowie der finanzielle Einsatz bei den Baumaßnahmen und der anschließenden langfristigen Pflege entgegen.

Die Erfahrungen aus dem angewandten Forschungsprojekt haben gezeigt, dass es vorteilhaft wäre, ein Netzwerk für naturbasierte Lösungen und mehr Biodiversität an den Hochschulen stärker zu etablieren. Schließlich bringen Netzwerke die vielfältigsten Erfahrungen zusammen. Im Falle von Hochschulen kommt als weiterer positiver Aspekt hinzu, dass sich Studierende einbinden lassen, die durch ihre Mitarbeit nicht nur viel Engagement in den Prozess mit einbringen, sondern auch für ihr zukünftiges privates wie berufliches Leben lernen. Wünschenswert wäre, wenn Mitmachbaustellen für neue Maßnahmen initiiert werden könnten, die Studierenden wie Hochschulmitarbeitenden und auch weiteren interessierten Menschen die Gelegenheit bieten, für den Klimaschutz, die Biodiversität und die Lebensqualität auf ihrem Campus mit Hand anzulegen.

Auch wenn das Projekt auf den Hochschulstandort der Universität Stuttgart fokussiert war, so lassen sich doch die dabei gewonnenen Erkenntnisse auf andere Bereiche des öffentlichen wie gewerblichen oder privaten Lebens übertragen. Ohne Probleme dürfte dies für andere Campusgelände gelten, sowohl bei öffentlichen als auch privaten Hochschulen. Aber auch in Kommunen sind naturbasierte Lösungen ein wichtiger Baustein bei der Anpassung an den Klimawandel. Hier könnte die Vorgehensweise über Workshops ein guter Weg sein, zum einen mögliche Hindernisse und Bedürfnisse von relevanten Akteurinnen und Akteuren zu identifizieren, zum anderen aber auch wichtige Verwaltungsbereiche und interessierte Mitarbeitende zu motivieren und von Anfang an in den Prozess zu integrieren. Für Kommunen bietet es sich auch an, kleinteilige Projekte von Bürgerinnen und Bürgern zu fördern und Strukturen bereitzustellen, damit solche Projekte skaliert werden und sich die Beteiligten aus der Kommune vernetzen können. Und schließlich wäre es auch für die Gelände großer

Firmenkomplexe sehr wünschenswert, naturbasierte Lösungen stärker zu etablieren. Hier könnten ebenfalls Netzwerke aus Mitarbeitenden entstehen, die sich gerne bei der nachhaltigen und klimaangepassten Gestaltung des eigenen Firmengeländes engagieren.

Leonie Fischer, Kristen Jakstis, Brigitte-Maria Lorenz und André Mascarenhas

Fassadenbegrünung: Wirkungen, Begrünungsarten und Beachtenswertes

Positive Wirkungen von Fassadenbegrünungen

Fassadenbegrünungen wirken sich in vielfältiger Weise positiv auf das Klima und das Leben in der Stadt aus (Abbildung 1). Daher werden sie von Bund, Ländern und Kommunen verstärkt gefördert und gefordert. Die Fachinformation des Bundesverbandes GebäudeGrün (BuGG) »Positive Wirkungen von Gebäudebegrünungen« fasst die wesentlichen deutschsprachigen Ergebnisse zur Wirkung von Dachbegrünung zusammen (BuGG, 2024).

Hitzevorsorge und Verbesserung des Stadtklimas

Durch den Verschattungseffekt der Fassadenbegrünung kann einerseits deren Oberfläche und andererseits ihre direkte Umgebung gekühlt werden. Je großflächiger Fassadenbegrünungen umgesetzt werden, desto größer ist auch der Kühlungseffekt innerhalb stark beheizter Bereiche. Das kann Hitzeinseln vorbeugen und die Aufenthaltsqualität deutlich steigern. Kletterpflanzen sind in der Lage, bis zu 15 Liter pro Quadratmeter am Tag zu verdunsten. Somit sorgen sie zusammen mit der Verschattung für eine Kühlung des Außen- und Innenraums (Senatsverwaltung für Stadtentwicklung, 2010).

Überflutungsvorsorge und nachhaltige Bewirtschaftung von Regenwasser

Im Verhältnis zur Dachbegrünung ist die Wirkung einer Fassadenbegrünung zur Überflutungsvorsorge eher gering. Wird jedoch überschüssiges Niederschlagswasser aus der Umgebung in einer Zisterne gesammelt, kann dieses zur Bewässerung der boden- oder wandgebundenen Fassadenbegrü-

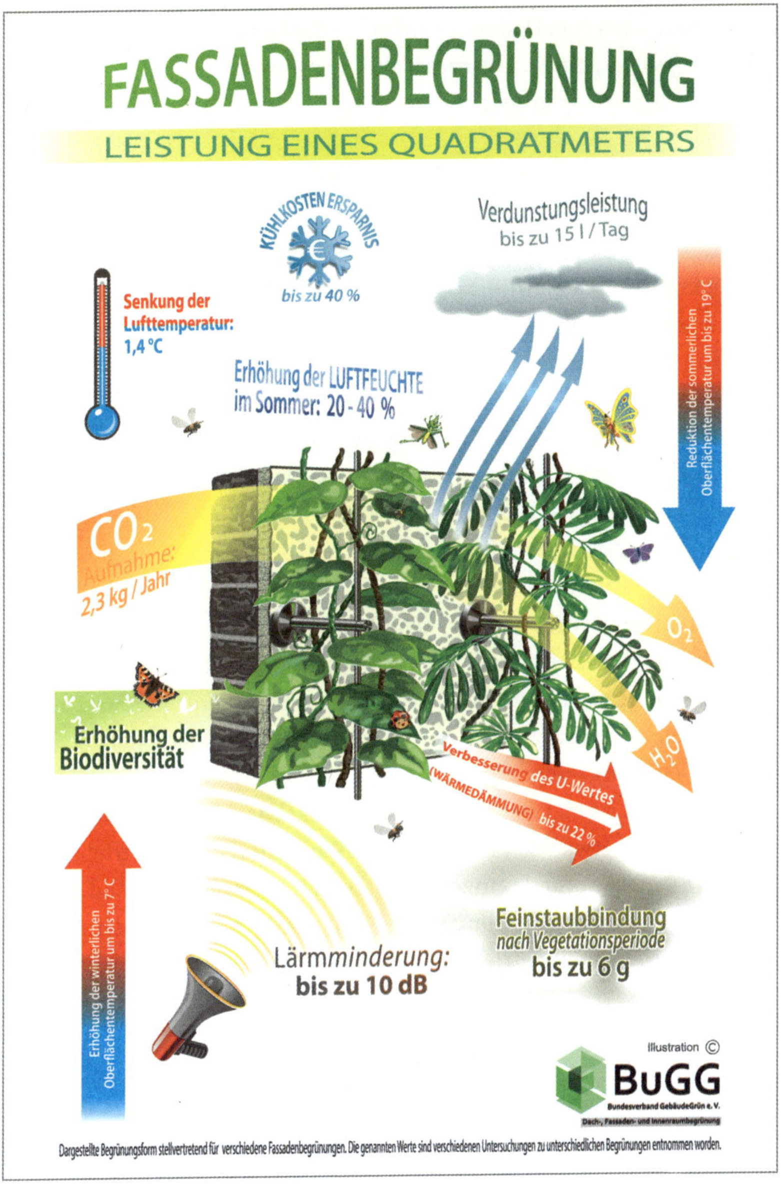

Abbildung 1: Die positiven Wirkungen einer Fassadenbegrünung auf den Punkt gebracht. Illustration: BuGG

nung genutzt werden. Dadurch wird eine nachhaltige Regenwasserbewirtschaftung sichergestellt. Die Fassadenbegrünungen an sich können kaum Niederschlagswasser aufnehmen.

Erhalt und Förderung der Artenvielfalt

Aus faunistischer Sicht dienen Fassadenbegrünungen, egal ob boden- oder wandgebunden, sowohl Insekten und Spinnen als auch Kleintieren als Rückzugsort oder Nistplatz. Es handelt sich meist um Arten, die sich als thermophil (wärmeliebend), synanthrop (mit den Menschen zusammenlebend) und auch als arboricol (holzbewohnend) klassifizieren (Köhler et al., 1993). Zur Förderung der floristischen Artenvielfalt eröffnen insbesondere wandgebundene Begrünungen viele Möglichkeiten. Mit dem richtigen System und einer fachgerechten Pflege lassen sich verschiedene Pflanzenarten auf dichtem Raum realisieren.

Energieeinsparung

Je nach Jahreszeit wirkt die Fassadenbegrünung als Wärmedämmung oder Hitzeschild. Werden immergrüne Pflanzen ausgewählt, hat die Begrünung im Winter eine gewisse dämmende Funktion. Sommergrüne Fassadenbegrünungen sorgen aufgrund ihrer Verschattung dafür, dass weniger Wärme ins Gebäude gelangen kann, wodurch der Energiebedarf zur Kühlung der Räume mit Klimatisierungsgeräten gesenkt wird. Es können Kosten für die Geräte von etwa 600 bis 2.000 € pro Raum und deren Betriebskosten von etwa 0,20 € je Stunde eingespart werden (Dettmar, 2014). Zudem können Ressourcen zur Herstellung der Klimageräte gespart und der Ausstoß von CO_2 durch deren Betrieb gemindert werden.

Lärmminderung und Schadstoffbindung

Vor allem die Masse und Dichte der Blätter tragen bei einer Fassadenbegrünung dazu bei, dass Schall gemindert wird. Nachweislich können mit einer Fassadenbegrünung – abhängig vom Aufbau und Pflegezustand – etwa fünf Dezibel von außen nach innen verringert werden (Pfoser, 2016). Des Weiteren binden und filtern Fassadenbegrünungen Staub und Luftschadstoffe und wandeln etwa 2,3 Kilogramm CO_2 pro Quadratmeter im Jahr in Sauerstoff um (Schröder, 2009).

Schutz der Gebäudehülle

Die Pflanzen schützen bei gesamtflächiger Begrünung die Fassadenoberfläche vor äußeren Witterungsbedingungen und UV-Strahlung sowie vor Dreck, Schmierereien und Graffiti. Dadurch wird die Lebensdauer der Oberfläche verlängert und eine notwendige Sanierung hinausgezögert.

Verbesserung des Wohnumfelds und zusätzlicher Wohnraum

Fassadenbegrünungen verschönern bei fachgerechter Planung und Instandhaltung das Stadtbild und nehmen gleichzeitig einen positiven Einfluss auf das Stadtklima. Die gestalterischen Möglichkeiten von Fassadenbegrünungen sind groß. Insbesondere bei wandgebundenen Fassadenbegrünungen lassen sich attraktive vertikale Pflanzenbilder erstellen, die sich an viele Fassadenformen anpassen. Auch bei bodengebundener Fassadenbegrünung gibt es verschiedene Systeme auf dem Markt, die optisch ansprechenden Begrünungen ermöglichen.

Formen der Fassadenbegrünung

Entsprechend der Richtlinien für die Fassadenbegrünung, welche die Forschungsgesellschaft Landschaftsentwicklung Landschaftsbau (FLL) herausgebracht hat (FLL-Fassadenbegrünungsrichtlinien, 2018), können zwei Formen der Fassadenbegrünung unterschieden werden: Bodengebundene Fassadenbegrünungen mit Kletterpflanzen, die am weitesten verbreitet sind, sowie wandgebundene Fassadenbegrünungen, die in den letzten Jahren hinzugekommen sind.

Bodengebundene Fassadenbegrünung

Die älteste und wohl bekannteste Form der Fassadenbegrünung sind bodengebundene Fassadenbegrünungen mit und ohne Kletterhilfen für Kletterpflanzen. Sie benötigen den gewachsenen, ebenerdigen Boden, der als Wurzelraum sowie zur Aufnahme von Wasser und Nährstoffen dient. Die Kletterpflanzen werden unterteilt in »Selbstklimmende Pflanzen« und »Gerüstkletterpflanzen«. Bodengebundene Fassadenbegrünungen benötigen nur in wenigen Fällen eine zusätzliche Bewässerung, etwa wenn sie sich im Regenschatten eines Gebäudes befindet. Ansonsten ist ein natürlicher Eintrag des Regenwassers ausreichend. Bei Planungsbeginn sollte einkalkuliert werden, dass das Begrünungsziel abhängig von der gewählten Pflanzenart erst nach einigen Jahren erreicht werden kann (FLL-Fassadenbegrünungsrichtlinien, 2018).

Bodengebundene Fassadenbegrünung mit Selbstklimmern

Mit Hilfe von Haftwurzeln oder Haftscheiben sind bestimmte Pflanzarten (zum Beispiel Efeu und Wilder Wein) in der Lage, eigenständig ohne zusätzliche Kletterhilfe an der Fassade beziehungsweise Wand empor zu klimmen. Eine Begrünung mit Selbstklimmern hat den Vorteil, dass sie kostengünstig umzusetzen ist und ein grüner Flächenschluss schnell erreicht werden kann. Durch den Pflanzenwuchs kann es jedoch bei nicht fachgerechter Planung dazu kommen, dass diese Wurzel- oder Haftschei-

Abbildung 2: Bodengebundene Fassadenbegrünung mit Seilen als Kletterhilfe in Freiburg-Vauban. Foto: BuGG

benausbildungen die Gebäudehülle stark beanspruchen – was zu Vorurteilen gegenüber Fassadenbegrünungen im Allgemeinen geführt hat. Darum sollten diese Pflanzenarten nur an Fassadenoberflächen zum Einsatz kommen, die komplett intakt sind, keine offenen Fugen oder Löcher aufweisen und zudem die erhöhte Last der Pflanzen tragen können. Wärmedämmverbundsysteme sind nicht für selbstklimmende Pflanzen geeignet.

Bodengebundene Fassadenbegrünung mit Kletterhilfe

Bei der bodengebundenen Fassadenbegrünung mit Kletterhilfe (Abbildung 2) kommen sogenannte Gerüstkletterpflanzen zum Einsatz, die nicht oder nur eingeschränkt ohne ein zusätzlich montiertes Pflanzgerüst an der Fassade entlang wachsen. Unterschieden wird zwischen schlingenden, rankenden und spreizklimmenden Pflanzenarten. Während sich Schlinger schraubenförmig an der Kletterhilfe nach oben bewegen, halten sich Ranker mit Blattstielen oder Sprossausbildungen am Gerüst fest. Dagegen versuchen die Spreizklimmer, sich mit langen Trieben und weiteren Seitentrieben am Pflanzgerüst aufzulegen. Je nach verwendeter Pflanzenart muss die Kletterhilfe auf deren Ansprüche angepasst werden. Hierbei spielen vor allem das Gewicht, die Wuchskraft und die Wuchsart eine wichtige Rolle. Schlingende Pflanzen bevorzugen vertikale Systeme. Bei Rankern eignen sich meist gitter- und netzartige Pflanzgerüste. Spreizklimmer wiederum benötigen waagerechte Strukturen. Die Kletterhilfen werden sehr häufig in der tragenden Wand befestigt. Daher ist besonders bei der Planung gedämmter Fassaden (zum Beispiel bei einem Wärmedämmverbundsystem, WDVS) frühzeitig auf eine Implementierung der Fassadenbegrünung hinzuweisen.

Wandgebundene Fassadenbegrünung

Für wandgebundene Fassadenbegrünungen (Abbildung 3) ist kein Anschluss zum gewachsenen Boden notwendig. Dies begünstigt flexible Einsatzmöglichkeiten wie zum Beispiel in innerstädtischen Straßenzügen, in denen oftmals kein Platz für bodengebundene Begrünungsarten besteht. Es handelt sich hierbei um vorgehängte hinterlüftete Fassaden. Die Systeme bilden meist den Abschluss einer Fassade, wodurch andere Materialien wie Metalle, Glas oder Faserzement eingespart werden.

Wandgebundene Fassadenbegrünungen werden in grundsätzlich zwei Formen unterschieden: Aus Modulen bestehende Systeme und (flächige) Vliessysteme. Zusätzlich gibt es besondere Lösungen mit Gefäßen, die etagenweise je nach Pflanzenart mit und ohne Kletterhilfe an der Fassade befestigt werden (Abbildung 4). Es findet im Gegensatz zu bodengebundenen Fassadenbegrünungen eine sofortige, flächige Begrünung statt, sodass mit der Installation einhergehend direkte positive Wirkungen auf die Umgebung erzielt werden. Zudem zeichnen sich diese Begrünungen durch eine hohe Pflanzenauswahl und große Gestaltungsspielräume aus. Es bleibt jedoch ein Extremstandort für die Pflanzen.

Über eine automatisierte Bewässerungsanlage werden die notwendige Wasserzufuhr und die Düngung sichergestellt. Das Pflanzsystem und dessen Gestaltungsart bestimmen darüber hinaus die notwendigen Pflege-

Abbildung 3: Ein wandgebundenes flächiges Begrünungssystem. Foto: BuGG

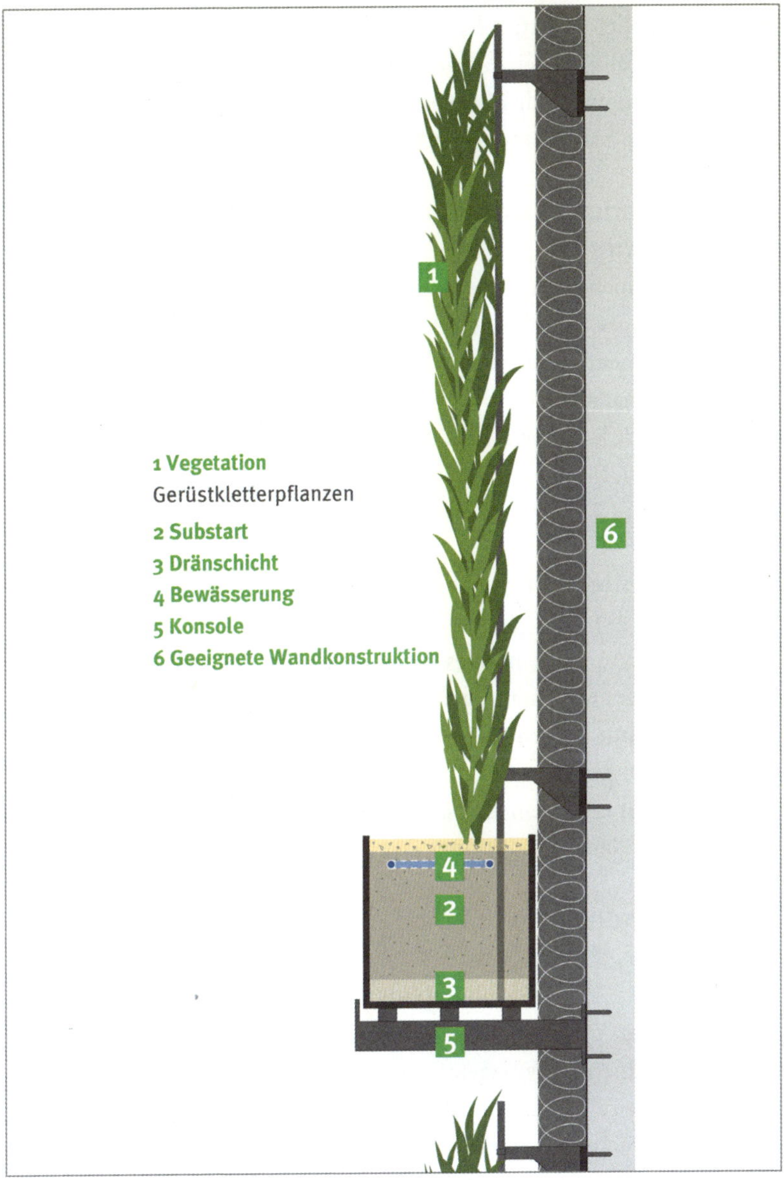

Abbildung 4: Gerüstkletterpflanzen mit etagenweise angebrachten Versorgungseinrichtungen. Illustration: BuGG

maßnahmen. Die Investitions- und Pflegekosten sind im Regelfall höher als bei bodengebundenen Fassadenbegrünungssystemen. Zusätzlich werden die Kosten durch das Begrünungsziel, die baulichen Gegebenheiten und die Bewässerungsart definiert.

Wandgebundene Fassadenbegrünung als vertikales System (modular)

Mit Hilfe von mehreren, nebeneinander platzierten Modulen wird bei diesen Systemen die Begrünung der Fassade ermöglicht. Dafür werden die Module mit einer dahinterliegenden Unterkonstruktion befestigt. Dies hat den Vorteil einer schnellen Montage und Demontage der Fassadenbegrünung. Die Module können vorkultiviert geliefert oder erst nach Einbau bepflanzt werden. Mit diesen Systemen kann, wenn gewünscht, die gesamte Fassade begrünt werden.

Wandgebundene Fassadenbegrünung als vertikales System (Vlies)

Flächige, meist aus einem Vlies bestehende Fassadenbegrünungssysteme ermöglichen einen vollständigen Flächenschluss der zu begrünenden Fassade. Somit kann fast jede mögliche Wandgröße und -form begrünt werden. Die Montage dieser Begrünungssysteme ist in der Regel schwieriger als bei modularen Systemen. Dementsprechend kann auch die Reparatur bei einem Schadensfall oder einer Demontage aufwändiger sein.

Wandgebundene Fassadenbegrünung als horizontales System (Regalbauweise)

Diese Art der Fassadenbegrünung (Abbildung 5) wird als Kombination aus bodengebundener und wandgebundener Fassadenbegrünung gesehen. Die linear angeordneten Pflanzgefäße werden meist als wandgebundene Systeme etagenweise übereinander platziert, sodass den Pflanzen genügend Raum zum Wachsen gegeben wird. Werden Kletterpflanzen eingesetzt, müssen allerdings zusätzliche Kletterhilfen montiert werden. Wichtig ist, dass für die einzelnen Pflanzgefäße Be- und Entwässerungseinrichtungen vorgesehen werden.

Abbildung 5: Wandgebundene Regalbauweise mit Pflanzgefäßen und Kletterhilfen in Stuttgart. Foto: BuGG

Fassadenkonstruktionen

Bei Neuplanungen sollte von Beginn an die Planung der Fassadenbegrünung mit einbezogen werden. So können objektspezifisch die am besten geeigneten Systeme Anwendung finden (FLL-Fassadenbegrünungsrichtlinien, 2018).

Um die Eignung der vorhandenen Fassade für eine Begrünung festzustellen, sind vor allem die Tragfähigkeit und die Beschaffenheit der Oberflächen zu berücksichtigen. Damit die Fassade von der Begrünung nicht beschädigt wird, sollten möglichst keine Risse, Fugen oder Löcher vorhanden sein.

Massive Wandaufbauten

Massive Wandaufbauten werden gedämmt oder ungedämmt ausgeführt. Sie bestehen aus Mauerwerk, Natur- oder Kunststein, Beton oder Stahlbeton. Während gedämmte Wandaufbauten meist für beheizte Innenräumen angewendet werden, sind ungedämmte Massivwände besonders für Trenn-, Stütz- oder Gartenmauern sowie unbeheizte Gebäude (beispielsweise Garagen, Lagerhäuser) geeignet.

Die Begrünung massiver Wandaufbauten ist meist unkompliziert, da die notwendige Statik und Oberflächenbeschaffenheit gegeben sind. Bei der Beschichtung, zum Beispiel durch Farben oder Harze, muss darauf geachtet werden, dass sie keine Biozide enthält.

Ständer- und Fachwerkbauweise

Auch diese Form der Fassadenkonstruktion kann ungedämmt, beispielsweise in einer Holzskelett- oder Metallskelettbauweise, und gedämmt, etwa mit Sandwich-Paneelen oder als Fachwerkwände, ausgeführt werden. Da die Elemente industriell mit systemspeziellen Maßen vorgefertigt werden, stehen alle statischen und bauphysikalischen Eigenschaften bei der Fertigstellung fest. Von einer direkten Begrünung mit selbstklimmenden Pflanzen ist abzusehen. Zwischen der Fassade und der Begrünung muss eine Distanz bestehen. Die anderen geeigneten Fassadenbegrünungssysteme müssen an den statisch sinnvollen Stellen der Fassade montiert werden, zum Beispiel an Pfosten oder Riegeln.

Mehrschalige hinterlüftete Wandaufbauten

Mehrschalige hinterlüftete Wandaufbauten oder auch vorgehängte hinterlüftete Fassaden setzen sich aus einer tragenden Innenschale, einer Außenschale und einer dazwischen liegenden Dämmung mit einer Luftschicht zusammen. Eine direkte Begrünung lässt das hohe Gewicht der selbstklimmenden Pflanzen auch hier nicht zu. Besser geeignet sind bodengebundene Systeme mit Kletterhilfen oder auch wandgebundene Fassadenbegrünungen. Dabei sollten Rissbildungen durch Druckspannungen des Begrünungssystems möglichst vermieden werden.

Mehrschalige nicht hinterlüftete Wandaufbauten

Bei dieser Fassadenkonstruktion wird zwischen Bauweisen mit Kerndämmung und Wärmedämmverbundsystemen (WDVS) unterschieden. Erstere bestehen aus einer tragenden Innenschale und einer Außenschale mit einer dazwischenliegenden Dämmung ohne eine Luftschicht. Dagegen werden die WDVS außen an der tragenden Wand montiert. Handelt es sich um die Bauweise mit Kerndämmung, kann gegebenenfalls eine Begrünung mit Selbstklimmern erfolgen. Bei einem WDVS ist dies nicht möglich. Hier können einige Hersteller von wandgebundenen und bodengebundenen Systemen mit Kletterhilfen passende Lösungen anbieten.

Beachtenswertes bei Planung und Ausführung

Die wichtigsten beachtenswerten Punkte bei Planung und Ausführung von Fassadenbegrünungen werden nachfolgend dargestellt, auch mit dem Hinweis, die FLL-Richtlinien zur Fassadenbegrünung einzubeziehen.

Statik

Die Statik spielt eine wesentliche Rolle bei der Begrünung einer Fassade. Während bei Neubauten die Last der Fassadenbegrünung von Planungsbeginn an berücksichtigt werden kann, muss bei Bestandsgebäuden geklärt werden, ob die Last der geplanten Begrünung von der vorhandenen Fassade getragen werden kann. Hersteller verschiedener Fassadenbegrünungssysteme führen hierzu Berechnungen zur Eignung des jeweiligen Systems durch. Einfluss auf die Last haben je nach System:

- das Eigengewicht des Begrünungssystems oder der Kletterhilfe,
- das Eigengewicht des Bewuchses (Holz, Laub und Früchte),
- Zusatzlasten durch Nässe, Schnee oder Eis,
- Winddruck und Windsog,
- Material unter Einfluss von Temperatur und/oder Feuchte sowie
- Materialspannungen infolge eines deformierenden Dickenwachstums der Pflanzen.

Entwässerung

Bodengebundene Fassadenbegrünungen benötigen keine weiteren Entwässerungseinrichtungen. Manche Bauvorhaben sehen jedoch vor, das Überschusswasser des Daches zur Bewässerung der Fassadenbegrünung zu nutzen. Somit sind zusätzliche Entwässerungselemente einzuplanen, die eine Zwischenspeicherung des Wassers beispielsweise in Zisternen ermöglichen. Für wandgebundene Systeme und Sonderlösungen mit Pflanzgefäßen müssen aufgrund der automatischen Bewässerung systemspezifische Entwässerungseinrichtungen eingebaut werden, die das Überschusswasser zielgerichtet ableiten.

Bewässerung

Bei bodengebundener Fassadenbegrünung sollte vorab geprüft werden, ob eine zusätzliche Bewässerung erforderlich ist. Befinden sich die Pflanzen im Regenschatten des Gebäudes, ist eine Bewässerungsanlage gerade bei Jungpflanzen mit noch geringer Wurzelausbildung zu empfehlen. Gelangt genug Niederschlagswasser an die Pflanzen, kann auf die Bewässerung verzichtet werden. Bei langen Hitzeperioden ist eine kurzfristige zusätzliche Bewässerung sinnvoll.

Dagegen gehören bei wandgebundenen Fassadenbegrünungen automatische Bewässerungsanlagen zum Gesamtsystem grundsätzlich dazu. Für die Bewässerungsanlage sind meist frostfreie Räume notwendig. Die Systemanbieter empfehlen zudem eine auf EDV und Internet basierte Fernüberwachung. Auch Begrünungen aus Pflanzgefäßen sind nur mit einer fachgerechten Bewässerung zum Beispiel mit Tropfschläuchen langfristig überlebensfähig.

Sicherheit vor Verwehen und Windsog

Wind, der parallel zur Wand verläuft, belastet vor allem den Seitenrandbereich der Fassadenbegrünungen. Dagegen wirkt Wind, der senkrecht auf die Fassade trifft, vollflächig gleichmäßig. Selbstklimmende Pflanzen breiten sich im Zuge ihres Wachstums sehr großflächig aus. Die Windlast ist hier eher gering einzuschätzen. Gerüstkletterpflanzen können sich dagegen nur so ausbreiten, wie es die Kletterhilfe vorgibt. Die Dimensionierung der Befestigung der Kletterhilfe gibt damit ausreichende Sicherheit gegen Abriss durch Wind. Seilkonstruktionen gehören zu den eher lastsensiblen Kletterhilfen, da diese oft große Abstände zwischen den Befestigungspunkten haben. Sie benötigen daher eine besondere Planung, Ausführung und Wartung. Für wandgebundene Systeme gibt es herstellerabhängige Beratungen zur Verwehsicherheit und zum Windsog, um zu klären, ob eine

Begrünung des jeweiligen Systems möglich ist und/oder eine Höhenbegrenzung notwendig wird.

Brandschutz

Fassadenbegrünungen inklusive aller Bauteile können brandschutztechnisch in den Gebäudeklassen 1 bis 3 (über 7 Meter Gebäudehöhe) unbedenklich eingesetzt werden. Bei den Gebäudeklassen 4 und 5 müssen die Bauteile bereits als »schwerentflammbar« gelten. Einheitliche bauordnungsrechtliche Regelungen, wie mit Fassadenbegrünungen brandschutztechnisch umgegangen werden soll, existieren in Deutschland zum aktuellen Zeitpunkt noch nicht. Daher ist der Brandschutz meist objektbezogen zu klären.

Zugang und Absturzsicherung

Während des Einbaus und der Pflegegänge der Fassadenbegrünung muss die Absturzsicherung sichergestellt sein. Für den Einbau ist dafür ein Gerüst ausreichend. Mit zunehmender Höhe der Begrünung können für die Maßnahmen auch Hubsteiger oder Abseilsysteme vom Dach aus notwendig werden. Bei Arbeitsplätzen an Fassaden sind ab 1,00 m Absturzhöhe Absturzsicherungen erforderlich. Die technischen Regeln für die Betriebssicherheit »TRBS 2121 – Gefährdungen von Personen durch Absturz« sind zum Schutz vor Absturz heranzuziehen.

Wurzelraum

Für den durchwurzelbaren Raum wird pro Pflanze etwa ein Kubikmeter und eine Tiefe von mindestens 0,5 Meter empfohlen. Dieselbe Empfehlung gilt für Pflanzungen in Pflanzgefäßen. Um diese Größen zu erreichen, muss gegebenenfalls der Straßen- oder Gehwegbereich zurückgebaut werden. Bei geplanten bodengebundenen Pflanzungen im öffentlichen Raum ist hierzu eine Genehmigung bei der zuständigen Behörde einzuholen.

Pflanzenauswahl

Die Pflanzenauswahl sollte den örtlichen Gegebenheiten entsprechen. Zu diesen gehören die Himmelsausrichtung, die vorhandene Fassadenkonstruktion, die geplante Kletterhilfe und auch die wirtschaftlichen Aspekte hinsichtlich der späteren Instandhaltung. Die Auswahl der passenden Pflanzen sollte mit allen am Bau beteiligten Parteien und Gewerken (Landschaftsarchitekt, Garten- und Landschaftsbaubetrieb, Pflanzenlieferant, Systemanbieter) abgestimmt werden. Zu den gängigen Pflanzenarten der bodengebundenen Fassadenbegrünung gehören unter anderem Blauregen, Efeu, Geißblatt, Kletterhortensie, Kletterrose, Kletter-Spindelstrauch, Klettertrompete, Pfeifenwinde, Waldrebe und Wilder Wein. Für wandgebundene Begrünungen als vertikales System haben sich insbesondere Bergenien, Geranien, Hainsimse, Immergrün, Johanniskraut, Spindelstrauch, Steinbrech, Streifen- und Schildfarne, Waldsteinien und Zwergmispel als geeignet erwiesen.

Pflege und Wartung

Die Pflegemaßnahmen müssen für bodengebundene Fassadenbegrünungen etwa ein- bis zweimal jährlich durchgeführt werden. Dagegen ist die Instandhaltung von wandgebundenen Fassadenbegrünungen deutlich aufwändiger und die Häufigkeit der Pflegegänge abhängig vom gewünschten Erscheinungsbild. Die Instandhaltung ist zwingend mit einzuplanen und ausführlich durch Pflege- und Wartungsmaßnahmen auszuschreiben. Es wird unterschieden zwischen der Fertigstellungspflege (gehört zur Bauabwicklung und führt zum abnahmefähigen Zustand mit gewünschtem Deckungsgrad) und die darauffolgende Instandhaltung zur Entwicklung und Unterhaltung (abgedeckt durch Pflege- und Wartungsverträge).

Pflegemaßnahmen für bodengebundene Fassadenbegrünungen

- Lockern und Säubern der Pflanzfläche
- Entfernen von unerwünschtem Fremdaufwuchs
- Wässern
- Düngen
- Kontrolle und gegebenenfalls erforderliche Ergänzung der Anbindung
- Schädlingsbekämpfung
- Freihalten der technischen Einrichtungen von Bewuchs

- Jährliche Kontrolle der konstruktiven Bauteile, insbesondere der Verankerung
- Gegebenenfalls Nachpflanzungen bei ausgefallenen Pflanzen
- Gegebenenfalls Inspektion und Wartung der Bewässerungsanlage, einschließlich Winterfestigkeit

Pflegemaßnahmen für wandgebundene Fassadenbegrünungen

- Jährliche Kontrolle der konstruktiven Bauteile, insbesondere der Verankerung
- Inspektion und Wartung der Pflanzgefäße
- Inspektion und Wartung der Bewässerungsanlage und Nährstoffversorgung, einschließlich Winterfestigkeit
- Inspektion und Wartung der Entwässerungseinrichtung
- Freischneiden von technischen Einrichtungen
- Wartung der Ver- und Entsorgungssysteme
- Entfernen von unerwünschtem Fremdaufwuchs
- Gegebenenfalls Nachpflanzungen bei ausgefallenen Pflanzen
- Gegebenenfalls Schädlingsbekämpfung
- Gegebenenfalls Kontrolle der Fernwartung

Fassadenbegrünungsmarkt in Deutschland

Der BuGG hat für das Jahr 2023 diejenigen Mitglieder, die Produkt- und Systemlösungen zur Fassadenbegrünung anbieten, nach begrünten Flächen im Jahr 2023 befragt (BuGG, 2024). Dabei wurden die Flächensummen sowohl boden- als auch wandgebundener Fassadenbegrünungen abgefragt, bei den bodengebundenen Fassadenbegrünungen allerdings nur die Flächen mit Kletterhilfen (Abbildung 6).

Dabei ergaben sich folgende Ergebnisse:

- In Deutschland wurden demnach im Jahr 2023 insgesamt etwa 130.400 Quadratmeter Fassadenfläche mit wandgebundener und bodengebundener Fassadenbegrünung (mit Kletterhilfen) neu begrünt.

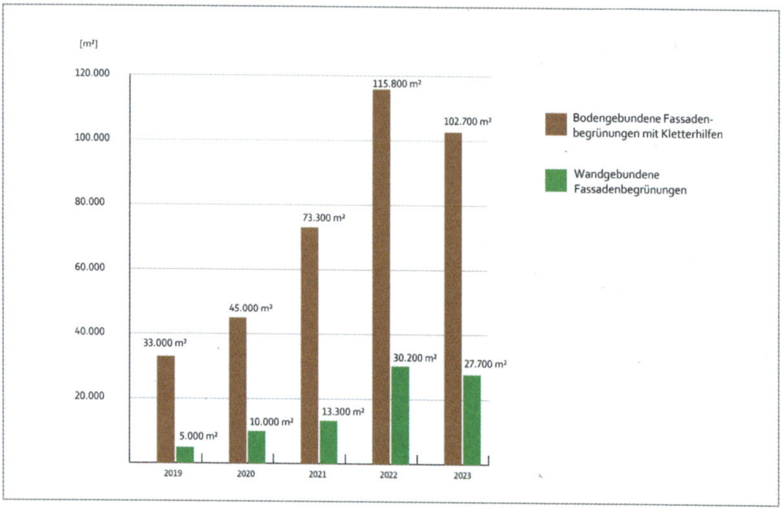

Abbildung 6: BuGG-Marktreport Gebäudegrün 2024. Grafik: BuGG

- Die wandgebundenen Fassadenbegrünungen nehmen dabei eine Flächengröße von etwa 27.700 Quadratmeter ein.
- Die bodengebundenen Fassadenbegrünungen mit Kletterhilfen erreichen eine Flächen von etwa 102.700 Quadratmeter.

Handlungsmöglichkeiten von Kommunen

Die Dach- und Fassadenbegrünung gewinnen im Rahmen einer klimaangepassten und wassersensiblen Stadtentwicklung bundesweit an Bedeutung, denn sie bilden einen Mehrfachnutzen für die Stadt. Auf kommunaler Ebene kann die Umsetzung von Dach- und Fassadenbegrünung durch verschiedene Instrumente gefördert werden, die sich in ihrem Wirkungsbereich, ihrer Verbindlichkeit und ihrem finanziellen Aufwand für die Stadt unterscheiden. Folgende direkt und indirekt fördernde Instrumente werden in diesem Kapitel behandelt:

- Festsetzung in Bebauungsplänen;
- Gestaltungssatzungen;
- Kommunale Förderprogramme (direkte Zuschüsse);
- Berücksichtigung in der Eingriffsregelung;
- Gebührenreduktion bei der Gesplitteten Abwassergebühr.

Durch die BuGG-Städteumfragen und zusätzlichen eigenen Recherchen hat der BuGG aktuelle Zahlen zu den kommunalen Förderinstrumenten zusammengetragen, die hier nur auszugsweise vorgestellt werden (BUGG, 2024).

Festsetzung in Bebauungsplänen

Die Recherchen des BuGG für 2024 zeigen, dass circa 90 Prozent der Städte mit mehr als 50.000 Einwohner Dachbegrünung und 63 Prozent der Städte Fassadenbegrünung bereits in Bebauungsplänen festgesetzt haben. Im Vergleich zu 2023 (Dach: 90 Prozent, Fassade: 63 Prozent) bleiben die Werte gleich. Im Verhältnis zu den anderen kommunalen Förderinstrumenten ist die Festsetzung von Gebäudebegrünungsmaßnahmen in Bebauungsplänen in deutschen Städten am weitesten verbreitet.

Zuschüsse für Dach- und Fassadenbegrünung

Im Jahr 2024 konnten insgesamt 166 Städte mit Förderprogrammen für Gründächer, 138 Städte mit Förderprogrammen für Fassadengrün und 91 Städte mit Förderprogrammen für Entsiegelungen und Hofbegrünungen ermittelt werden.

Gebührenreduktion bei der Gesplitteten Abwassergebühr

Als Ergebnis der BuGG-Recherche 2024 der Abwasser(gebühren)satzungen aller deutschen Städte mit mehr als 50.000 Einwohnern (197 Städte) lässt sich festhalten, dass 168 Städte (85 Prozent) diese haben.

Zusammenfassung und Ausblick

Klimawandel, Versiegelung und zunehmende Verstädterung führen zu überhitzten Großstädten. Die Folge sind unter anderem Hitzeinseln. Fassadenbegrünungen spielen als Anpassung an den Klimawandel eine große Rolle und lassen sich bei vorausschauender Planung oftmals umsetzen.

Es gibt viele verschiedene Varianten der Fassadenbegrünung, die in der Regel nur mit Fachpersonal zu errichten und instand zu halten sind. Hierbei ist vor allem der Gartenbau gefordert mit einem immer größer werdenden Bedarf und weiterem Tätigkeitsfeld. Der Bundesverband GebäudeGrün e.V. (BuGG) bietet hierzu Fort- und Weiterbildungen an. So kann man unter anderem einen vertieften Einblick in das Thema bekommen sowie fachlich geschult werden mit Abschluss Fassadenbegrüner/in mit BuGG-Zertifizierung.

Gunter Mann
Informationen: www.gebaeudegruen.info

Infrastuktur & Digitalisierung

Regenrisikomanagement der Stadt Heidelberg

Starkregenereignisse sind kein neues Naturphänomen, aber eines, das sich im Zuge des Klimawandels qualitativ und quantitativ verändert. Die Anzahl der Tage, an denen große Regenmengen in kürzester Zeit meist in einem lokal begrenzten Bereich niedergehen, hat laut einer Untersuchung des Deutschen Wetterdienstes (DWD) im gesamten Verlauf des letzten Jahrhunderts kontinuierlich zugenommen und sich dabei verstärkt (Malitz et al., 2011). Eine allgemeingültige Definition für Starkregen gibt es nicht. Der DWD warnt vor Starkregen, wenn in einer Stunde 15 bis 25 Liter oder in sechs Stunden 20 bis 35 Liter Niederschlag pro Quadratmeter fallen. Die Intensität solcher Regenfälle übersteigt deutlich die Leistungsfähigkeit der Entwässerungssysteme. Die dadurch ausgelösten Überflutungen verursachen nicht selten massive Schäden in Siedlungsgebieten.

Schweres Unwetter überflutet Heidelberg

So geschehen in Heidelberg. Von Mai bis Juni 2016 sorgte rund 14 Tage lang die weitgehend stationäre Großwetterlage »Tief Mitteleuropa« mit den Bodentiefs Elvira, Friedericke und Gisela bundesweit wiederholt für Unwetter mit enorm hohen Regenmengen. Stellenweise fiel binnen einer Stunde so viel Niederschlag wie sonst innerhalb eines ganzen Monats (LAWA, 2018, 16). Dieselbe Wetterlage, die in Braunsbach am 29. Mai 2016 eine schwere Sturzflut mit Geröll- und Hangabgängen verursacht hatte, führte in Heidelberg am gleichen Tag durch Überschwemmungen, Unterspülungen und Hangrutschungen zu Sachschäden in Höhe von über einer Million Euro (Abbildung 1). Bis heute zählen die Tiefs Elvira und Friedericke mit etwa 800 Millionen Euro versichertem Schaden bundesweit zu den bislang teuersten Starkregenereignissen. In Heidelberg hatte diese Art von Naturgefahr ein bis dahin nicht gekanntes Ausmaß erreicht. Die Stadtverwaltung

Abbildung 1: Starkregen im Mai 2016 – Überflutung einer Straße im Stadtteil Ziegelhausen. Foto: Feuerwehr Heidelberg

stand im Umgang mit derartigen Ereignissen in der nachhaltigen Stadtentwicklung und Daseinsvorsorge vor neuen Herausforderungen.

Kein Gebiet ist vor Starkregen sicher

Was geschehen war zeigte, dass starkregenbedingte Überflutungen gerade in Städten und urbanen Räumen große Schäden anrichten, weil sich dort neben Menschen, Gütern und Sachwerten auch vulnerable Einrichtungen wie Kliniken, Kindergärten, Schulen, Senioren- und Pflegeheime sowie eine Vielzahl an Bau- und Infrastruktur konzentrieren. Darüber hinaus hat sich in den zurückliegenden Jahren gezeigt, dass plötzlich auftretende Sturzfluten auch in kleinen und mittleren Kommunen zu verheerenden Schäden und sogar Todesopfern führen können. Beispiele dafür sind in Baden-Württemberg das Killertal 2008, das Glemsgebiet 2010, Bretten und Bondorf 2015 oder Biberach und Braunsbach 2016. Jüngere Ereignisse fanden 2023 in Reutlingen oder 2024 in Rudersberg statt. Starkregenereignisse sind aber nicht zuletzt auch deshalb ein kommunal schwer kalkulierbares Risiko, weil sie – anders als Flusshochwasser, die von Gewässernetzen abhängen – überall auftreten können und räumlich nicht gebunden sind. Selbst über einen längeren Zeitraum hinweg betrachtet, können laut Umweltbundesamt keine Schwerpunktregionen definiert werden (Umweltbundesamt, 2019, 14). Überflutungsgefährdete Bereiche lassen sich deshalb nicht ohne weiteres identifizieren, eine räumliche Eingrenzung wie bei Flusshochwasser ist kaum möglich. Zudem ist die lokale Vorhersage von Starkregenereignissen mit großen Unsicherheiten verbunden. Ob, wann und wie intensiv eine Kommune betroffen sein wird, lässt sich trotz moderner Klima- und Wetterdatenerhebung nicht zweifelsfrei vorhersagen. Wegen ihrer meist kleinräumigen Ausdehnung werden die Ereignisse von den teils weit auseinanderliegenden Messstationen nicht immer erfasst und fallen so durch das Raster (Umweltbundesamt, 2019, 14). Entsprechend gibt es kaum eine nennenswerte Vorwarnzeit, teilweise bleiben Warnungen aus oder sind fehlerhaft (Umweltbundesamt, 2019, 18). Dem Rettungsdienst wie auch dem Katastrophenschutz bleibt damit oft extrem wenig Zeit, um auf eine Situation zu reagieren. Auch die Bevölkerung wird oft unvorbereitet getroffen.

Unkalkulierbares Gefahren- und Schadenspotenzial

Starkniederschläge können ganze Stadtteile, Ortschaften oder lediglich einzelne Straßenzüge treffen. Bedingt durch die hohe Intensität können die Kanalisation und das Erdreich die Wassermassen nicht schnell genug oder nicht mehr aufnehmen, wodurch der überwiegende Teil des Wassers oberirdisch über Straßen, Wege oder Grundstücke abfließt. Überflutete Keller, Tiefgaragen und Straßenunterführungen sind die Folge. Je nach Gefälleneigung können die Oberflächenabflüsse – bedingt durch die Reliefenergie – eine so enorme Erosionskraft entfalten, dass selbst im urbanen Raum Sturzfluten möglich sind, die Treibgut und erodiertes Material wie Boden, Geröll, Baumstämme und Fahrzeuge mit sich reißen. In der knapp 2600 Einwohner zählenden Gemeinde Braunsbach zerstörte eine solche

Sturzflut 145 Häuser und verursachte einen Gesamtschaden in Höhe von 100 Millionen Euro. Im Vergleich dazu hatte die Bevölkerung im rund 85 Kilometer entfernten Heidelberg Glück im Unglück. Durch die Geschehnisse und die zuvor beschriebenen Sachverhalte war in der Stadtverwaltung, dem Gemeinderat und der kommunalen Öffentlichkeit ein enormes Bewusstsein für das Thema Starkregen entstanden.

Klimawandel begünstigt Starkregen

Klimaprojektionen legen für das rund 108 Quadratkilometer große Stadtgebiet Heidelberg einen zukunftsgerichteten Umgang mit solchen Wetterextremen nahe. Denn mit dem Wandel des Klimas nehmen Häufigkeit und Intensität dieser Ereignisse auch im 160.000 Einwohner zählenden Heidelberg zu, speichert doch warme Luft mehr Wasserdampf als kalte. Die höheren Temperaturen verstärken die Verdunstung und erhöhen die Wasserdampfkapazität der Atmosphäre. Dadurch steigt im Mittel der absolute Wasserdampfgehalt der Luft an und zwar mit jedem Grad um sieben Prozent (Otte, 2019, 2). Pro Niederschlagsereignis steht so mehr Wasserdampf zur Verfügung, weshalb sich Extremereignisse mit höheren Niederschlagsmengen häufen können (Landesanstalt für Umwelt Baden-Württemberg, 2016, 13). Gleichzeitig können sich bei der Entstehung von Schauern und Gewittern aufgrund der meteorologischen Verhältnisse die wolken- und niederschlagsbildenden Prozesse intensivieren (Deutscher Wetterdienst, 2016). Diese physikalische Gesetzmäßigkeit lässt angesichts des Klimawandels auch für Heidelberg häufigere und heftigere Niederschläge erwarten. Eine Entwicklung, die sich auch für ganz Süddeutschland nachvollziehen lässt.

Globaler Trend setzt sich in Süddeutschland und Heidelberg fort

Demnach soll es im Sommer weniger, aber dafür intensiver regnen (Hoy et. al., 2019, 7). Tendenziell ergibt sich daraus für Heidelberg ebenfalls eine

Steigerung. Gleichzeitig lassen Analysen erwarten, dass im Stadtgebiet mit einer »Mediterranisierung« des Klimas zu rechnen ist. Demnach wird die Durchschnittstemperatur weiter ansteigen. Sommerliche Hitzeperioden mit entsprechenden relevanten Klimakenngrößen wie Tropennächte, in denen die niedrigste Lufttemperatur zwischen 18:00 und 06:00 Uhr nicht unter 20 Grad Celsius fällt, werden zunehmen (GEO-NET, 2017, 22 f., 32, 89). Genau wie die Zahl der sogenannten »heißen Tage«, an denen das Maximum der Lufttemperatur mindestens 30 Grad Celsius beträgt, oder der Sommertage, an denen die Tageshöchsttemperatur 25 Grad Celsius erreicht oder überschreitet (vgl. ebd.: 3, 32, 89). Unabhängig von den örtlichen Prognosen verdeutlichen Untersuchungen des Deutschen Wetterdienstes, dass die Niederschlagsmenge im Mittel von 1991 bis 2020 deutschlandweit um circa 21,9 Prozent gestiegen ist. Der Sommer hat in der Summe zwar weniger Niederschlag – kurze und sehr intensive Regenereignisse scheinen sich jedoch zu häufen. Das lässt sich auch in Heidelberg beobachten.

Weg vom reinen Schutzversprechen der öffentlichen Hand wollen Stadtverwaltung und Gemeinderat daher ganz bewusst aktiv mit entsprechenden Gefahren- und Schadenspotenzialen umgehen.

Starkregen ist eine kommunale Gesamtaufgabe

Da vor Starkniederschlägen langfristig kein Gebiet und niemand in der Bevölkerung sicher ist, sind Schutz- und Vorsorgemaßnahmen eine kommunale Gesamtaufgabe. Im Nachgang solcher Wetterextreme mit schadensreichen Überschwemmungen wird oft gefordert, die Kanalisation auf größere Niederschlagshöhen auszulegen. Die Entsorgung der anfallenden extremen Regenmengen kann sich jedoch nicht auf die kommunalen Entwässerungssysteme stützen. Dies macht weder technisch noch ökonomisch Sinn (Verband Kommunaler Unternehmen, 2015, 3). Die Bemessung dieser Systeme erfolgt daher für viel kleinere Niederschlagsjährlichkeiten (vgl. ebd.). Bei einer wachsenden Niederschlagsintensität wird die maximale Bemessungsgrenze der Entwässerungseinrichtungen immer schneller erreicht (vgl. ebd.). Das Risiko starkregenbedingter Schäden nimmt in der Folge zu. Der Ertüchtigung und dem Ausbau der vorhandenen Systeme sind daher ökonomisch und technisch enge Grenzen gesetzt (vgl. ebd.). Ein nachhaltiger Umgang mit Starkregen ist nur mit Handlungskonzepten erreichbar, die darüber hinaus zusätzliche Faktoren integrieren. Maßnahmen zum Schutz einzelner Bauwerke und Infrastrukturen sind wichtig, aber genauso unverzichtbar sind Strategien, um etwa Bürgerschaft und Unternehmen für Eigenvorsorge und richtiges Verhalten im Ereignisfall zu sensibilisieren.

Hier setzt die Stadtverwaltung in Heidelberg an. Neben der Kommunalverwaltung sind in Heidelberg auch Bevölkerung und Wirtschaft gefordert. Weil das Thema von der lokalpolitischen Entscheidungsebene früh als potenzielle Gefahr erkannt und progressiv angegangen worden ist, ist es gelungen, unter der Federführung des Amtes für Umwelt, Gewerbeaufsicht und Energie relevante Akteure wie Feuerwehr, Stadtwerke, Abwasserzweckverband oder Tiefbauamt integrativ und effektiv zusammenzubringen. Während die Umsetzung von Schutz- und Vorsorgemaßnahmen heute von sämtlichen Fachstellen mitgedacht wird, obliegt die zentrale Koordination seit Beginn der Starkregenanpassung dem Amt für Umwelt, Gewerbeaufsicht und Energie. Nur so konnte das Starkregenrisikomanagement wirksam in zielgerichtete Projekte überführt und als interdisziplinäre Aufgabe dauerhaft in der kommunalen Daseinsvorsorge etabliert werden.

Eigenvorsorge gegen Starkregen

Die Eigenvorsorge der Bevölkerung spielt in Heidelberg eine wichtige Rolle. Da Starkregen sehr kleinräumig auftritt, ist das Stadtgebiet oft nicht in gleichem Maß betroffen. Jedoch können diese Niederschlagsereignisse überall auftreten, weshalb die potentiell betroffene Fläche groß ist. Für die Realisierung von größeren baulichen Maßnahmen bestehen oft Nutzungskonflikte oder limitierende Faktoren wie beispielsweise die Platzverhältnisse in den Heidelberger Hanglagen. Hier können keine ausreichend große Rückhaltemaßnahmen umgesetzt werden. Der Eigenvorsorge kommt in Heidelberg daher ein hoher Stellenwert zu. Unabhängig davon ist die Prävention nicht allein Aufgabe der Kommune. Vielmehr ist der Bürger nach geltender Gesetzeslage bei Hochwasser und Starkregen in zumutbarem Maß selbst in der Verantwortung:

»Jede Person, die durch Hochwasser betroffen sein kann, ist im Rahmen des ihr Möglichen und Zumutbaren verpflichtet, geeignete Vorsorgemaßnahmen zum Schutz vor nachteiligen Hochwasserfolgen und zur Schadensminderung zu treffen, insbesondere die Nutzung von Grundstücken den möglichen nachteiligen Folgen für Mensch, Umwelt oder Sachwerte durch Hochwasser anzupassen.« (Auszug aus dem Wasserhaushaltsgesetz (WHG), § 5 Allgemeine Sorgfaltspflichten, Absatz 2)

Allerdings kann nur derjenige seiner Eigenverantwortung zur Vorsorge nachkommen, der Schwachstellen und Risiken kennt. Die Kommunalverwaltungen haben gegenüber der Bürgerschaft eine Vorsorgepflicht. Zur Gefahrenabwehr gehört daher auch, die Bevölkerung und die ortsansässige Wirtschaft über die von Starkniederschlag ausgehenden Gefahren zu informieren. Darüber hinaus müssen Eigentümer und Betreiber von privat oder gewerblich genutzten Objekten selbst bewerten, welches Risiko besteht

Abbildung 2: Infoveranstaltung 2024 im Stadtteil Ziegelhausen. Foto: Stadt Heidelberg

und eingegangen wird. Starkregengefahrenkarten liefern die notwendigen Informationen, um ein potenzielles Überflutungsrisiko einschätzen und organisatorische, technische und nicht-technische Maßnahmen ableiten zu können (Landesanstalt für Umwelt, 2016, 34). Der Pflicht zur Informationsvorsorge von Bürgern, Bauherren und Gebäudenutzern ist die Stadt Heidelberg mit der Erstellung und Veröffentlichung von Gefahrenkarten nachgekommen. Auf ihrer Grundlage ist ein Handlungskonzept für das Starkregenrisikomanagement entwickelt worden. Es umfasst eine Serie proaktiver Strategien und Schritte. Bei der Entwicklung des Handlungskonzepts hat die Verwaltung auf den Leitfaden »Kommunales Starkregenrisikomanagement in Baden-Württemberg« zurückgegriffen.

Neben der reinen Veröffentlichung der Starkregengefahrenkarten nutzt die Stadt Heidelberg Informationsveranstaltungen, Ausstellungen und Sitzungen der in den Stadtteilen gut vernetzten Bezirksbeiräte, um auf das Thema Starkregen und Hochwasser aufmerksam zu machen (Abbildung 2). Hinzu kommt, dass mit einer regelmäßigen Pressearbeit aktuelle Themen aufgegriffen werden.

Von der Starkregengefahrenkarte zum integrierten Handlungskonzept

Das von der Landesanstalt für Umwelt Baden-Württemberg herausgegebene Papier enthält Informationen und Anleitungen zur Durchführung einer Gefährdungs- und Risikoanalyse in Bezug auf Starkregen. Anhand der darin empfohlenen Methode wurden mit Hilfe einer Computerberechnung, einer sogenannten hydraulischen Modellierung, Starkregengefahrenkarten für Heidelberg erstellt. Neben Einstautiefen und Fließgeschwindigkeiten wurden auf ihnen mögliche Risikoobjekte bei unterschiedlichen Intensitäten des Niederschlagsereignisses dargestellt. Darauf aufbauend wurden in einer Risikoanalyse ämterübergreifend für öffentliche Bereiche, Objekte und Infrastrukturen das Gefahren- und Schadenspotenzial bewertet und mögliche Schwerpunkte und Maßnahmen für künftige Handlungen erarbeitet. In mehreren Workshops entwickelte ein breiter Querschnitt der Verwaltung sektorübergreifend Ziele und Strategien in den Handlungsfeldern

Krisenmanagement, Flächenvorsorge, Bau- und Unterhaltungsmaßnahmen sowie Maßnahmen an Risikoschwerpunkten und -objekten.

Die Einbindung vielfältiger Akteure war ein zentraler Baustein im Entwicklungs- und Umsetzungsprozess des Konzepts. Schließlich kann ein erfolgreicher Umgang mit dem Klimawandel und seinen Folgen nur gelingen, wenn die Anpassung zu einem zentralen Bestandteil aller Entscheidungen und Prozesse in Verwaltung, Politik, Wirtschaft und Gesellschaft wird. Dazu ist es notwendig, ein Bewusstsein für Klimaveränderungen und ihre Konsequenzen in bestimmten Sektoren wie Bauen, Wirtschaftsförderung, Abwasserwirtschaft oder Sozialwesen zu schaffen. Des Weiteren muss ein Verständnis für die Wechselwirkungen zwischen verschiedenen Handlungsfeldern entwickelt werden, damit Anpassung in Alltagsaufgaben mitgedacht und realisiert werden kann (Ministerium für Umwelt, Klima und Energiewirtschaft Baden-Württemberg, 2023, 13).

Aus der ämterübergreifenden Zusammenarbeit ist 2020 ein interdisziplinäres und ganzheitliches Handlungskonzept entstanden, das diesem Grundgedanken Rechnung trägt (Abbildung 3). Ein Beispiel dafür bietet

Abbildung 3: Handlungskonzept der Stadt Heidelberg

der Bausektor. Um die Transformation zur starkregenangepassten Kommune auch im Siedlungsbestand zu forcieren, werden Multiplikatoren wie Architekten einbezogen und zum Beispiel im Rahmen einer Bauanfrage sensibilisiert, die Resilienz gegenüber Starkregen bereits in die Planung zu integrieren.

Anpassung ist ein fortlaufender Prozess

Das Handlungskonzept zum Starkrisikomanagement der Stadt Heidelberg ist als lebendes Dokument zu verstehen. Mit der kontinuierlichen Umset-

Abbildung 4: Kleine Maßnahmen können große Schäden durch Starkregen verhindern: Anwohner Egon Müller (rechts) aus Ziegelhausen-Peterstal zeigte Oberbürgermeister Eckart Würzner (2. von links), Klimabürgermeister Raoul Schmidt-Lamontain und Umweltamtsleiterin Sabine Lachenicht die neue Schutzwand an seinem Haus, die durch die Stadt Heidelberg gefördert wurde. Wenn sich am Hang durch Starkregen Sturzbäche bilden, kann die Schutzwand ein Eindringen des Wassers ins Haus vermeiden. Foto: Philipp Rothe

zung des Konzepts sowie der Priorisierung von Maßnahmen und Erfahrungen aus konkreten Starkregenereignissen muss das Papier auch künftig an Veränderungen und Herausforderungen angepasst werden. So bietet ein Online-Portal Menschen in Heidelberg die Gelegenheit, sich aktiv ins kommunale Starkregenrisikomanagement einzubringen, indem etwa Maßnahmenvorschläge, Fotos von extremen Niederschlagsereignissen oder Informationen bereits umgesetzter Maßnahmen eingetragen werden.

Städtisches Förderprogramm unterstützt private Anpassungsmaßnahmen

Um die im Handlungskonzept formulierten Ziele für die kommunale Resilienz nachhaltig in der Praxis zu verankern und Grundstückseigentümer bei der Anpassung an Starkregenereignisse zu unterstützen, ist vom Umweltamt der Stadt Heidelberg im Jahr 2022 das Förderprogramm Starkregen- und Hochwasserschutz ins Leben gerufen worden (Abbildung 4). Es handelt sich um ein zweistufiges Förderprogramm, das aus einer Einzelfallberatung durch Fachleute und einer sich anschließenden Bezuschussung geeigneter Maßnahmen besteht. Das Angebot richtet sich an Personen, deren Grundstück – ausgehend von den Starkregen- und Hochwassergefahrenkarten – von Überschwemmungen durch Starkregen oder Hochwasser betroffen ist. Die Beratung setzt sich aus einem Vor-Ort-Termin und der Dokumentation in einem einheitlichen Berichtsprotokoll, dem sogenannten »Überflutungs-Pass HD«, zusammen. Die Kosten werden bis zu einem Betrag von 500 Euro über das Förderprogramm ausgeglichen (Stadt Heidelberg, o.J., 2). Im Berichtsprotokoll werden konkrete Schutzmaßnahmen vorgeschlagen, die in der zweiten Stufe des Programms pro Fördertatbestand mit bis zu einem Höchstbetrag von 500 Euro auf Material-, Liefer- und Arbeitskosten bezuschusst wird (vgl. ebd., 2 f). Dazu gehören beispielsweise mobile oder festinstallierte Starkregen- und Hochwasserschutzsysteme, Aufkantungen oder die Sicherung vor Rückstau aus der Kanalisation. Voraussetzung ist hierbei, dass die Maßnahme eine positive Auswirkung im Starkregenfall hat und sich die Situation auf Nachbargrundstücken nicht verschlechtert. Bis zum Sommer 2024 hatten sich rund 90 Grundstückseigentümer bei der

Stadtverwaltung gemeldet, hiervon waren rund 40 Anträge auf Förderung eingegangen.

Heidelberg erhebt Niederschlags- und Pegeldaten für bessere Prognose

Wie am Anfang dieses Beitrags erwähnt, ist die räumliche und zeitliche Vorhersage von Starkniederschlägen aufgrund ihres lokal begrenzten Auftretens mit großen Unsicherheiten verbunden, weswegen die Vorwarnzeiten in der Regel sehr kurz oder fehlerhaft sind (Umweltbundesamt, 2019, 14). Die genauen Gründe für die Messfehler sind nicht bekannt (Umweltbundesamt, 2019, 77). Letztlich hat dieser Sachverhalt zur Folge, dass Nie-

Abbildung 5: Kamera-, Pegel- und Niederschlagsüberwachung am Schlierbach in Heidelberg. Foto: Stadt Heidelberg

derschläge bei Starkregenereignissen nicht oder ungenau erfasst werden und die prognostizierten Niederschläge nicht mit den gemessenen Niederschlägen vergleichbar sind (vgl. ebd.). Mit dem Aufbau eines zuverlässigen Vorwarnsystems strebt die Heidelberger Stadtverwaltung an, diese Lücke in der Datenerhebung zu schließen. Deshalb hat die Stadt Heidelberg in den letzten Jahren kleine kompakte Pegelmessgeräte an einigen Bächen im Stadtgebiet installieren lassen. Die Daten bereits vorhandener Niederschlagsmessgeräte wurden mit Unterstützung der Digitalagentur Heidelberg, einer städtischen Tochter, auf eine zentrale Plattform gebracht und weitere Niederschlagsmesser ergänzt. Diese Daten gehen auch in das Flut-Informations- und Warnsystem (FLIWAS) des Landes ein. Mit Hilfe einer größeren Messnetzdichte lassen sich hochauflösende Regionaldaten generieren, um die Auswirkungen sintflutartiger Unwetter besser beurteilen zu können.

Warnung der Bevölkerung

Kombiniert mit Wetterwarnungen des Deutschen Wetterdienstes und den kalibrierten Radardaten über FLIWAS könnten insbesondere Niederschlagsmesser helfen, Faktoren, Richtgrößen und Schwellenwerte zu definieren, mit denen sich beispielsweise Warnungen oder Evakuierungen mit ausreichender Vorlaufzeit auslösen lassen. Vor allem in der Heidelberger Altstadt ist die Gefahr von Überschwemmungen durch den Neckar groß. Den Gefahren dieses klassischen Flusshochwassers begegnet die Stadt Heidelberg mit einem Hochwasserschutzplan, der das Vorgehen anhand des aktuellen Pegelstands des Neckars regelt. Ein langfristiges Ziel ist die Aufstellung eines ganzheitliche Hochwasseralarm- und Einsatzplans, der die Starkregenthematik unter Einbezug von Echtzeitdaten integriert. So kann sich die Stadt im Ereignisfall ein besseres Lagebild für die Koordinierung und zielgerichtete Umsetzung von Maßnahmen im Bevölkerungs- und Katastrophenschutz machen.

Nach dem Landeskatastrophenschutzgesetz sind die Kommunen im Rahmen der Gefahrenabwehr gefordert, für einen angemessen Bevölkerungsschutz Sorge zu tragen. So wird im Heidelberger Stadtgebiet neben den Niederschlagsmesseinrichtungen der Betrieb von Beobachtungspunkten und Pegeln an kleinen Nebengewässern des Neckars getestet. Dies ist in Verbindung mit den Warnungen des DWD sowie den kalibrierten Radardaten über FLIWAS ein Schritt hin zu einem kommunalen Vorwarnsystem. Des Weiteren testet die Stadt Heidelberg weitere radarbasierte Vorwarnsysteme, um stadtteilbezogen agieren und reagieren zu können. Um die Bevölkerung zu warnen, wurde jüngst ein kommunales Sirenennetz aufgebaut. Gleichzeitig rät die Stadtverwaltung, die kostenfreie Notfall-Informations- und Nachrichten-App des Bundes, kurz NINA, auf dem Smartphone zu installieren. Über diese App können sowohl Warnungen des Deutschen Wetterdienstes als auch der Hochwasservorhersagezentrale Baden-Württemberg empfangen werden. Liegen entsprechende kommunale Daten vor, besteht damit die Möglichkeit, Nachrichten oder Warnmeldungen über bevorstehende oder bereits existente Starkregen- oder Hochwasserereignisse über die App in Heidelberg zu verbreiten.

Überflutungsschutz durch Flächenvorsorge

Aus der Vorsorgepflicht der Kommunen gegenüber dem Bürger ergibt sich, dass Flächennutzungs- und Bebauungspläne so ausgerichtet werden, dass die möglichen Auswirkungen von Starkregenereignissen angemessen berücksichtigt sind (Landesanstalt für Umwelt Baden-Württemberg, 2016, 9). Die Stadtverwaltung Heidelberg hat die Starkregenvorsorge unter anderem in dem Modell Räumliche Ordnung verankert. Dabei handelt es sich um ein integriertes Stadtentwicklungskonzept, das die gesamtstädtische räumliche Entwicklung Heidelbergs planerisch vorbereitet. Darin sind beispielsweise folgende Aspekte berücksichtigt:

»[...] Die Freihaltung von sogenannten »Notwasserwegen«, insbesondere in den Hangbereichen, ist ein konkretes Beispiel für eine mögliche Flächenvorsorge. So könnte bei extremen Niederschlagsereignissen die bewusste Sammlung und Lenkung des oberflächlichen Abflusses in und durch den Straßenraum hin zu Grünbereichen und Freiflächen angestrebt werden. Dazu ist die multifunktionale Nutzung von Plätzen, Sportanlagen oder sonstigen Flächen als Not-Retentionsräume denkbar. Solche Notwasserwege

könnten durch die Starkregengefahrenkarten identifiziert, ausgewiesen und mit entsprechenden baulichen Maßnahmen versehen werden. Überschneidungen ergeben sich hier mit der Regenwasserbewirtschaftung.

Gerade auch bei der Aufstellung von Bebauungsplänen wird die Ausweisung von multifunktional nutzbaren Rückhalteflächen und Not-Wasserwegen an Bedeutung gewinnen. Das gilt vor allem für die in den Starkregengefahrenkarten identifizierten Risikobereiche und Hanglagen im Stadtgebiet.

Auch das Baugesetzbuch bietet diverse Ansatzpunkte, die Starkregenvorsorge zu berücksichtigten. So zum Beispiel in Paragraf 9, Absatz 1, Nummer 15 bis 16, der die Einplanung von Rückhalteräumen in überflutungsgefährdeten Bereichen vorsieht. Arbeitshilfen zu verschiedenen relevanten Themen im Zusammenhang mit Bauleitplanung, Starkregenvorsorge und Überflutungsschutz bietet insbesondere auch kleinen und mittleren Kommunen die »Handlungshilfe Bauleitplanung« der Glemsregion (Glemsregion, 2020).

Empfehlungen für Kommunen kleiner und mittlerer Größe

Die Gefahrenabwehr durch ein vollumfängliches Starkregenrisikomanagement wird in Zukunft weiter an Bedeutung gewinnen. Die zentrale Herausforderung dabei ist speziell für kleine und mittlere Kommunen der Umgang mit knappen Ressourcen, insbesondere mit Personal, Zeit und Geld. Trotzdem lassen sich Projekte erfolgreich realisieren.

Das Land Baden-Württemberg fördert die Erstellung von Starkregengefahrenkarten, der Risikoanalyse und eines Handlungskonzeptes mit 70 Prozent. Auch kleine und mittlere Kommunen können hiervon profitieren und bei ihrer zuständigen unteren Wasserbehörde weitere Informationen einholen.

Für die erfolgreiche Umsetzung des Starkregenrisikomanagements ist es wichtig, möglichst viele Fachbereiche und die Bevölkerung beispielsweise über Vereine mit ins Boot zu holen. Darüber hinaus können sich kleine Kommunen mit Gemeinden in der Umgebung und dem Landkreis zusammenschließen und Synergien nutzen (etwa bei der Erstellung von Starkregengefahrenkarten oder beim Aufbau eines kommunalen Messnetzes).

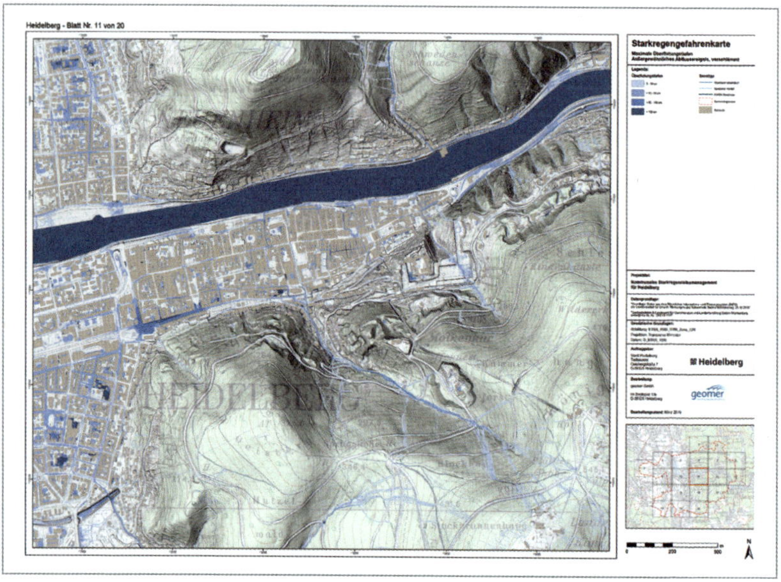

Abbildung 6: Starkregengefahrenkarte der Stadt Heidelberg. Illustration: Stadt Heidelberg

Einen Querschnitt relevanter Akteure einzubinden und für das Thema zu sensibilisieren, ist unerlässlich und bietet die Möglichkeit einer engen Kooperation aller Betroffenen.

Fazit und Ausblick

Klimaprojektionen zeigen, dass Starkregenereignisse künftig häufiger und heftiger auftreten werden. Die Gefahrenabwehr durch ein vollumfängliches Risikomanagement gewinnt daher weiter an Bedeutung. Sie ist als kommunale Gemeinschaftsaufgabe zu verstehen, die einer zentralen Koordination bedarf, die personelle, finanzielle und zeitliche Ressourcen bindet. Relevante Akteure wie Fachämter, Bürgerschaft, Wirtschaft und Vereine frühzeitig einzubinden, fördert Transparenz und Akzeptanz. Durch ihre gesamträumliche Relevanz und schwere Kalkulierbarkeit kommt der Informations- und Eigenvorsorge ein hoher Stellenwert zu. Die Entwicklung und Veröffentlichung von Starkregengefahrenkarten ist daher ein zentraler Baustein in der kommunalen Anpassung. Große bauliche Maßnahmen wie etwa der Bau von Rückhalteräumen sind in Heidelberg aufgrund limitierender Faktoren wie Nutzungskonflikte, Topographie oder des Kosten-Nutzen-Verhältnisses schwer zu realisieren. Bei der Umsetzung spielen daher künftig multifunktionale Lösungen eine starke Rolle. Derzeit wird in Heidelberg der Aufbau eines Prognose- und Warnsystems forciert, das künftig eine wichtige Komponente in der Gefahrenabwehr darstellen wird.

Das Wichtigste in Kürze

Meilensteine auf dem Weg zur Starkregenanpassung

- **Politischer Auftrag und Wille:** Lokale Auswirkungen des Klimawandels praxisbezogen darstellen und über Gegenmaßnahmen informieren, welche die Folgen abmildern und eine lebenswerte Umwelt erhalten.
- **Integration in die Verwaltung:** Eine zentrale Stelle innerhalb der Verwaltung übernimmt die Gesamtkoordination auf dem Weg zum integrierten Handlungskonzept. Sie bringt relevante Akteure integrativ und effektiv zusammen, um ein multifunktionales Risikomanagement zu entwickeln, das in den Fachstellen mit Leben gefüllt wird. Sie evaluiert die Umsetzung und sorgt für die Fortschreibung des Handlungskonzepts.
- **Gefährdungsanalyse:** Durch die Erstellung kommunaler Starkregengefahrenkarten wird der Umfang der Gefährdung sichtbar. Risikogebiete und -objekte können identifiziert werden.
- **Leitstrategie:** Auf Basis der vorangegangenen Analyse lassen sich ämterübergreifend standortangepasste Schutz- und Vorsorgemaßnahmen entwickeln, die in einer Gesamtstrategie priorisiert und gebündelt werden.
- **Integration in Planungsinstrumente:** Es werden Pläne, Konzepte und Methoden entwickelt, um Maßnahmen des Starkregenrisikomanagements sukzessive etwa im Rahmen von Flächennutzungsplan oder Bauleitplanung multifunktional zu realisieren.
- **Öffentlichkeitsarbeit/Bürgerbeteiligung:** Herausforderungen und Maßnahmen der Eigenvorsorge kommunizieren. Expertise und Engagement in

der Bürgerschaft und in Vereinen aktivieren. Transparenz herstellen und Akzeptanz schaffen.

- **Maßnahmenumsetzung:** Querschnitt der Verwaltung einbinden, damit Aktivitäten langfristig und nachhaltig wirken können. Konkrete Unterstützung für Bürger. Erfolg der Umsetzung prüfen, gegebenenfalls interdisziplinär nachjustieren.

Kai Schaupp

Weiterführende Informationen:

- https://www.lubw.baden-wuerttemberg.de/wasser/starkregenrisiko-management
- https://www.hochwasser.baden-wuerttemberg.de/starkregen

Ortsmitten klimagerecht gestalten

Der Klimawandel schreitet rasch voran – und die damit verbundenen Probleme nehmen zu: Starkregenereignisse sorgen für Überschwemmungen und vor allem in eng bebauten Städten bilden sich im Sommer Hitzeinseln mit entsprechendem Hitzestress für die Menschen. Eine durchgrünte Schwammstadt, die viel Regen aufnehmen und viel Wasser verdunsten kann sowie kühlende und schattige grüne Inseln hat, wäre die ideale Antwort. Doch eine solche locker bebaute und mit viel Grün durchsetzte Stadt nach Leitbildern der 60 und 70iger Jahre ist auch ein Flächenfresser. Dies führt zu einer weiteren Zersiedelung der Landschaft, ist wenig energieeffizient und erhöht zudem wegen der weiteren Wege das Verkehrsaufkommen.

Damit rückt die dicht bebaute Stadt in den Fokus der Betrachtung, die mit ihren kurzen Wegen und den wegen der hohen Bevölkerungsdichte gut ausgelasteten öffentlichen Verkehrsmitteln verhältnismäßig umweltfreundlich und energieeffizient ist. Damit bietet sie prinzipiell auch für den Klimaschutz gute Voraussetzungen – wenn man sie klimaangepasster gestaltet als bisher.

Allerdings dauert es vor allem in der bestehenden Stadt recht lange, die notwendigen Veränderungen und Anpassungen vorzunehmen. Daher müssen die entsprechenden Maßnahmen so früh wie möglich auf den Weg gebracht werden, damit sie in den kommenden Jahren und Jahrzehnten die gewünschten Wirkungen entfalten. Im Vordergrund stehen damit Strategien wie Begrünen, Verdunsten und Kühlen, Speichern und Versickern nach dem Prinzip der Schwammstadt, Verschatten, Wohlfühlen und schließlich die Doppelnutzung von Flächen und das Zusammenwirken der verschiedenen Faktoren und Verantwortlichen, das wir als Strategie der Multicodierung bezeichnen (Becker, 2012).

Die Klimaanlagen der Stadt

Mehr Grün in der Stadt bedeutet, dass mehr Wasser verdunstet wird – was die Umgebung kühlt. So werden hohe Temperaturspitzen abgemildert. Besonders vorteilhaft sind hier natürlich Grünflächen und große Bäume, die zudem auch noch Schatten liefern. Doch in einer eng bebauten Stadt sind sie eher selten und Platz für neue Bäume ist rar. Daher müssen zunehmend auch andere Flächenpotenziale aktiviert werden: Dächer, Fassaden, Höfe, Straßen sowie Bäume als zweite Ebene über der genutzten Stadtoberfläche. Solche Potenziale sind noch lange nicht ausgeschöpft. Allerdings ist es eine ziemlich herausfordernde Aufgabe, diese Möglichkeiten für mehr Grün in größerem Umfang in bestehende Siedlungsstrukturen zu integrieren.

Das Wort Schwammstadt – also ein städtisches Umfeld, in dem Niederschläge anstelle der Ableitung in die Kanalisation als Ressource für die Hitze- und Dürrevorsorge eingesetzt werden – ist inzwischen in der Kommunalpolitik kein Fremdwort mehr. Der Begriff wurde nahezu gleichzeitig 2013 in China und in Deutschland als Konzept einer nachhaltigen Stadtentwicklung eingeführt. Im Rahmen des Ideenwettbewerbs Metropole Ruhr (bgmr, Uberbau, Initial Design, 2013) wurde der Begriff als Strategie der Klimaanpassung verwendet. Das Konzept bedeutet, Niederschlagswasser als wert-

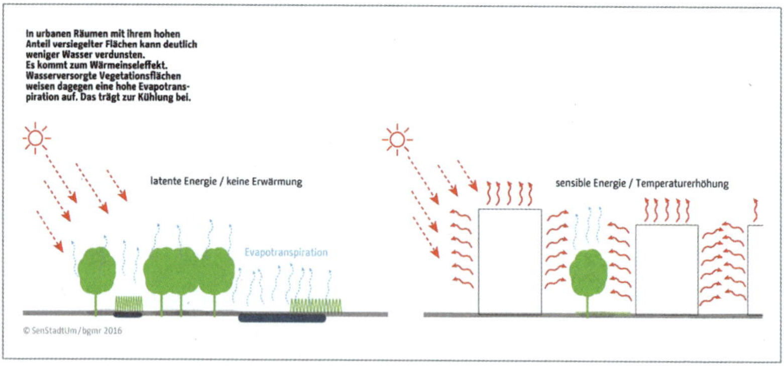

Abbildung 1: Das Prinzip der Schwammstadt: Kühlung durch Verdunstung. Illustration: bgmr Landschaftsarchitekten

volle Ressource so einzusetzen, dass es einen bedeutenden Beitrag vor Ort leisten kann: zur Bewässerung der Stadtvegetation, als Verdunstungskälte (siehe Abbildung 1) zur Kühlung und allgemein zur Stabilisierung des Wasserhaushaltes (Becker, 2023). Damit dies funktioniert, müssen die Böden allerdings wie ein Schwamm Wasser aufnehmen können. Das Regenwasser darf daher nicht abgeleitet, sondern muss vor Ort zurückgehalten und im Boden gespeichert werden. Grünflächen und Feuchtgebiete sind hierzu besonders gut geeignet. Selbst in dicht bebauten Gebieten können durch Strategien der Multicodierung Flächen geschaffen werden, die diese Schwammfunktion erfüllen. Der Untergrund wird zum Speicher und bietet Wasser zur Steigerung der Verdunstung über den Boden und über die Blätter.

Wenn in feuchten Böden und Flächen, so genannten städtischen Feuchtgebieten (urban wetlands) oder Schwammparks (sponge parks), Wasser gespeichert wird, kann es in der Stadt genutzt werden, um letztlich Verdunstungskälte zu produzieren. Dabei haben Feuchtgebiete die höchste Verdunstungsrate, weil die Verdunstung als Evapotranspiration über den Boden und die Pflanzen erfolgt. Offene Wasserflächen verdunsten zwar ebenfalls Wasser, heizen sich vor allem bei flachen Gewässern in Hitzeperioden aber tagsüber so stark auf, dass sie nachts als Wärmespeicher wirken und Wärme an die Umgebung abgeben. Aus Hitzevorsorgegründen sind feuchte Vegetationsflächen mit großer Blattoberfläche immer offenen Wasserflächen vorzuziehen.

Von grauen zu blaugrünen Flächen

Doch solche Feuchtgebiete passen nicht in hoch verdichtet Stadtquartiere, es bedarf einer urbanen Übersetzung. Eine gute Möglichkeit ist, Verkehrswege, also graue, versiegelte Flächen, so umzugestalten, dass sie das Klima in der Stadt verbessern und nicht mehr wie bisher nur belasten. So müssen Straßenbahnschienen nicht in einem reinen Schotterbett liegen, sie können auch in ein grünes Umfeld eingebettet sein. Und Straßen können begrünt werden, das Regenwasser der befestigten Flächen kann der Vegetation direkt zugeleitet werden und so für die Bewässerung genutzt werden. Mehr Grün im Straßenraum benötigt Fläche und steht daher in Konkurrenz zum Auto und zum Ausbau des Umweltverbundes von Bus, Rad, Fuß. Angesichts dieser Nutzungskonflikte von Grün, Umweltverbund und Auto bedarf es einer Priorisierung: Graue Flächen für das Auto müssen schrittweise in grüne Flächen und zur Nutzung für den Umweltverbund umgewandelt werden.

Ein Ansatz, der zunehmend an Bedeutung gewinnt, ist die blaugrüne Neuordnung und Gestaltung von Straßenräumen. Wie das gehen kann, zeigt das vom Bundesforschungsministerium (BMBF) geförderte Projekt »BlueGreenStreets« (2022/2025). Im Rahmen dieses fünfjährigen Forschungsvorhabens wurde ein Werkzeugkasten als anwendungsorientierte Planungshilfe entwickelt. Er gibt Planerinnen und Planern aus verschiedenen Disziplinen (Stadtplanung, Verkehrsplanung, Regenwasserbewirtschaftung, Grünplanung) wertvolle Hinweise für den Entwurf blaugrüner Straßenräume. Damit richtet sich diese Toolbox an alle diejenigen, die sich mit der Konzeption, der Planung und dem Umbau von Straßenräumen be-

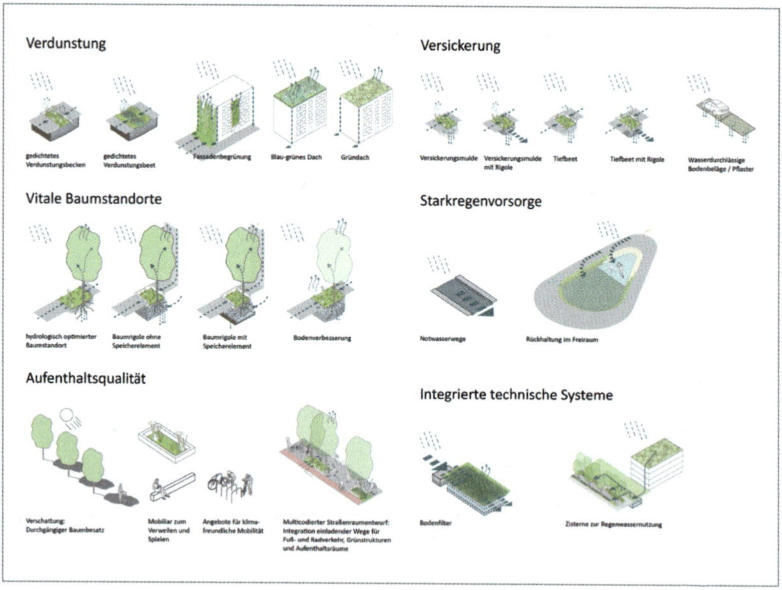

Abbildung 2: Elementgruppen für mehr blaugrüne Flächen. Illustration: BlueGreenStreets Toolbox – Teil A 2022, bgmr Landschaftsarchitekten

fassen. Wichtig dabei ist auch hier der multicodierte Ansatz: Es geht nicht mehr um ein Nebeneinander der verschiedenen Interessen und Zuständigkeiten, sondern um ein Miteinander, um die doch erheblichen Herausforderungen bewältigen zu können.

Im Wesentlichen enthält dieser Werkzeugkasten die folgenden Elementgruppen (BlueGreenStreets, Toolbox Teil A + B, 2022, Abbildung 2):

1. Elemente zur Steigerung der Verdunstung wie Verdunstungsbeete und -mulden sowie Wetlands.
2. Elemente der Versickerung wie begrünte Mulden und Beete sowie bei ungünstigen Bodenverhältnissen zusätzliche Rigolen.
3. Vitale Baumstandorte durch eine hydraulische Optimierung der Pflanzgruben sowie unterschiedliche Baumrigolen.
4. Elemente der Starkregenvorsorge wie Retentionsmulden und Notwasserwege.
5. Integrierte Technische Systeme, die naturbasiert belastetes Wasser reinigen (Bodenfilter) und überlängere Zeiten speichern (Zisternen).
6. Steigerung der Aufenthaltsqualität im Straßenraum mit Schatten und Verweilorten.

Während eine ganze Reihe dieser Elemente altbekannt sind, rücken andere erst allmählich ins Blickfeld der Verantwortlichen. Dazu zählen die Verdunstungsbeete und die optimierten Baumstandorte. Eine besondere Rolle für die klimaoptimierte Gestaltung des Straßenraums ist die Nutzung des Regenwassers von den befestigten Flächen für die Bewässerung der Vegetation. Die Sicherung vitaler Vegetation wird eine Zukunftsaufgabe sein, die im hoch versiegelten und hitzebelasteten Straßenraum eine immer größere Rolle spielen wird. Bisher ist der Zusammenhang Regenwasserbewirtschaftung, Hitze- und Dürrevorsorge nicht ausreichend als eine gemeinsame Aufgabe verstanden worden.

Das Entsiegelungskonzept Mannheim

Im Jahr 2024 hat der Fachbereich Geoinformation und Stadtplanung der Stadt Mannheim das »Entsiegelungskonzept Mannheim« herausgegeben.

Grund war, dass die Stadtklimaanalyse Mannheim 2020 aufgezeigt hatte, dass »der Grad der Versiegelung die maßgebliche Ursache der innerstädtischen Hitzeinsel darstellt« (Stadt Mannheim, 2024). Vor allem in den dicht bebauten Ortsmitten mit einer hohen Bevölkerungsdichte und einem hohen Anteil an vulnerablen Gruppen entsteht dieser Wärmeinseleffekt. Mit der Entsiegelung sollen die Böden mit ihren vielfältigen Funktionen wiederhergestellt und damit auch wieder aktiviert werden. Als wesentlicher Bestandteil des Naturhaushaltes sorgen seine Wasserkreisläufe für wichtige Effekte wie Verdunstung und damit Kühlung, aber auch für die Aufnahme und Speicherung von Wasser – was bei den immer häufigeren Starkregenereignissen zunehmend wichtiger wird. Weitere Funktionen kommen hinzu. So speichert der Boden als Beitrag zum Klimaschutz CO_2, zudem filtert er unerwünschte Stoffe heraus. Durch biologische Prozesse werden hier zum Teil Schadstoffe zurückgehalten, der Boden wirkt also sozusagen als Klärwerk für das Grundwasser. Zusammengefasst sollen diese vielfältigen Funktionen des Bodens vor dem Hintergrund des Klimawandels als Vorsorge gegen Hitze, Dürre und Starkregen so weit wie möglich wiederhergestellt werden – was dann auch der biologischen Vielfalt und letztlich der Lebensqualität der Menschen in der Stadt zugutekommt.

Selbstverständlich bieten vollständig entsiegelte Flächen die größten Vorteile. Aber teilversiegelte Flächen leisten – wenn auch eingeschränkt – wichtige Bodenfunktionen wie die Versickerung. Andere Bodenfunktionen können auch auf versiegelten, aber wenigstens begrünten Flächen wie etwa bei einer Dachbegrünung oder unter versiegelten, aber durchwurzelbaren Flächen wie großen Baumgruben erreicht werden. Und selbst von versiegelten Flächen kann das Regenwasser noch genutzt werden, wenn man es entsprechend sammelt und damit zum Beispiel das Stadtgrün bewässert.

Es muss immer das Ziel sein, so viel wie möglich an versiegelter Fläche zu entsiegeln. Im Mannheimer Entsiegelungskonzept wurde aber zusätzlich auch die funktionale Entsiegelung als Strategie entwickelt.

Vollständige und teilweise Entsiegelung

Die effektivste aller Entsiegelungsmaßnahmen ist zweifellos die Vollentsiegelung. Dabei werden alle Bodenbeläge einschließlich Fundamente und Leitungen – also alle undurchlässigen Schichten – vollständig entfernt, so dass die Bodenfunktionen umfassend revitalisiert werden kann. Dann kann Regenwasser wieder versickern, Schadstoffe werden herausgefiltert und die natürlichen Bodenfunktionen wieder hergestellt.

Bei der Teilentsiegelung geht es darum, versiegelte Flächen teilweise durch wasserdurchlässige Beläge zu ersetzen. Möglichkeiten sind Rasenfugenpflaster, Rasenliner, Rasenwaben, Sickersteine sowie Poren- oder Holzpflaster, aber auch versickerungsfähiger Asphalt, Ortbeton oder Werkstein, bevorzugt mit Fugen. Der Vorteil ist, dass dabei die Oberflächennutzung nicht wesentlich verändert wird, die Flächen also nach wie vor befahrbar sind. Auch mit einer Teilentsiegelung lassen sich wichtige Ziele erreichen: Bei Regen fließt weniger Wasser als von einer vollversiegelten Fläche in die Kanalisation, ferner wird Hitze reduziert und das Mikroklima verbessert. Zudem werden – je nachdem wieviel Grün der alternative Belag enthält – die Optik und damit das Erscheinungsbild verbessert und auch zumindest bei wenig befahrenen Flächen die biologische Vielfalt gefördert.

Abriss von Altbauten und ungenutzten Anlagen

Mit dem Abriss großer Gebäude oder ganzer Areale besteht die Chance, diese Fläche bei der Neubebauung im Sinne der Schwammstadt umzugestalten. Doch auch ein paar Nummern kleiner lassen sich erfolgreich Flächen entsiegeln, beispielsweise mit dem Abriss von Schuppen und Garagen. Speziell in Mannheim gibt es einen hohen Anteil mit flachen Bauten in den Gewerbe- und Industriegebieten der »Mittleren Stadt«. Hier lassen sich die beiden Strategien Verdichtung und Entsiegelung gut miteinander verbinden.

Stellplätze und Zufahrten

Nach wie vor sind viele öffentliche wie auch private Stellplätze und Zufahren vollständig versiegelt. Das lässt sich ändern. Durch Optimierung der Erschließung können Flächen vollständig entsiegelt werden. Anstelle einer flächigen Versiegelung können Fahrspuren mit dazwischen liegendem Grün angelegt werden. Häufig liegen Zufahrten nebeneinander. Grundstücksübergreifende Erschließungen können dazu beitragen, Versiegelungen zu reduzieren. Weiterhin kann durch die Anlage wasserdurchlässiger

Beläge ein weiterer Effekt erreicht werden. Ziel im Sinne der Schwammstadt sollte sein, das Stellplätze und Zufahrten von der Kanalisation abgekoppelt werden.

Schottergärten

Die Analyse von Luftbildern hat gezeigt, dass es in Mannheim rund 2000 Schottergärten gibt, also vollständig oder teilweise mit Kies und Steinen bedeckte Vorgärten. Ihre Existenz verdanken die vermeintlich pflegeleichten Flächen den ästhetischen Vorlieben der Besitzer sowie fehlender Lust, Zeit oder Kraft für die Gartenarbeit. Ökologisch und klimatisch haben sie aber gravierende Nachteile: Sie bieten keinen Lebensraum für Tiere und Pflanzen, können kein Wasser im Sinne der Schwammstadt speichern und heizen sich im Sommer stark auf. Schottergärten sind in Baden-Württemberg laut Landesnaturschutzgesetz seit 1. August 2020 ausdrücklich verboten. Als pflegeleichte Alternative kommen naturnah gestaltete Stein- und Kiesgärten mit trockenresistenten Pflanzen in Frage.

Verkehrsflächen

Zu breite Straßen mit zu vielen Fahrspuren, überdimensionierte Kreuzungen, nicht benötigte versiegelte Flächen am Straßenrand: Verkehrsflächen bieten eine Reihe von Möglichkeiten der Entsiegelung. Voraussetzung ist eine gründliche Analyse der aktuellen Verkehrsbedingungen und Nutzungen sowie Überlegungen zu künftigen Nutzungsanforderungen. Dabei sollte in Zukunft nicht nur die Fortschreibung von Verkehrsmengen, sondern auch freiräumliche, städtebauliche, ökologische, klimatische und siedlungswasserwirtschaftliche Aspekte als Ziel für die Umbauplanung formuliert werden. In einem multicodierten Straßenraum müssen zukünftig verstärkt die unterschiedlichen Belange zusammengeführt werden. Durch Geschwindigkeitsreduzierung, Rückbau von Fahrspuren sowie Umbau von Stellplätzen kann viel Fläche gewonnen werden. Es hängt davon ab, welche Prioritäten gesetzt werden.

Weiterhin muss zukünftig verstärkt der Untergrund als Aufgabe für die Klimaanpassung angegangen werden. Abstände nach Normen und Regelwerken zwischen Leitungen und Bäumen von 2,50 Meter erfordern 5 Meter breite Leitungskorridore. In Bestandsstraßen sind diese Korridore selten zu finden. Um mehr Straßenbäume in die Straßen zu bekommen, müssen diese alten Regelwerke bei Neupflanzungen auf dem Prüfstand gestellt werden.

Funktionale Entsiegelung

Es gibt auch Möglichkeiten, positive ökologische Effekte zu erreichen, ohne gleich eine Voll- oder Teilentsiegelung durchzuführen. Zu diesem Konzept der funktionalen Entsiegelung gehören die Begrünung von Dächern und Fassaden, die Bewässerung von Stadtgrün, die Anreicherung von Grundwasser, die Optimierung des durchwurzelten Raumes auch unter den versiegelten Flächen sowie die Steigerung der Verdunstungsleistung etwa durch die Anlage von Verdunstungsbeeten. Solche Maßnahmen sind vor allem dort sinnvoll, wo bei starker Nutzung von Flächen oder dichter Bebauung nur sehr begrenzt oder gar nicht entsiegelt werden kann.

Gerade für Bäume ist der beengte Wurzelraum in der stark versiegelten Stadt ein Problem. Hier hilft es, den Anteil an Substraten im Wurzelraum zu erhöhen, die leichter durchwurzelbar sind und zudem Wasser speichern können. Wie dies gehen kann, zeigt zum Beispiel das sogenannte Stockholmer Modell. Dabei wird der Unterbau einer Baumgrube zunächst als eine Art Skelett mit groben Steinen aufgefüllt und mit feinem Material eingeschlämmt. So ist die Fläche einerseits ausreichend belastbar, andererseits können sich die Wurzeln gut ausbreiten. Als weitere Lösung kommt die Anlage von Wurzelkanälen in Frage, in denen die Wurzeln sich gezielt ausbreiten können, ohne Gehwege oder Fahrbahnen zu beschädigen.

Altstadtquartier – die Oberstadt in Marburg

Die Stadt Marburg hat 2019 den Klimanotstand ausgerufen. Zusätzlich besteht besonders großer Handlungsbedarf für Maßnahmen, die das Stadtklima verbessern, Hitzeinseln entgegenwirken und die Folgen von Starkregenereignissen abmildern können. Die Innenstadt von Marburg und insbesondere die eng bebaute Oberstadt mit ihrem geringen Anteil an Vegetation (Abbildung 3) stehen dabei wegen der klimatischen Belastungen im Fokus (vergleiche Stadt Marburg, 2023). So heizt sich die Oberstadt am Tag bis auf Temperaturen von mehr als 40 Grad auf. In der Nacht kühlt sie kaum ab, weil die nächtlichen Kaltlüfte durch die enge Bebauungsstruktur kaum die Oberstadt erreichen und es so nur zu einem minimalen Luftaustausch kommt. Daraus leitet sich bereits heute ein erhöhter Handlungsbedarf ab.

Zudem ist aufgrund der topographischen Lage die Vorsorge vor Überflutungen eine weitere Herausforderung. So kommt es über eine Strecke von etwa 350 Meter zu einem Höhenunterschied von 43 Meter. Wenn bei Starkregen die Kapazität der Kanalisation an ihre Grenzen kommt, fließt das Wasser oberirdisch ab – mit den entsprechenden Schäden an der Infrastruktur und Überflutungen im Tal. Dies führt zu der Erkenntnis, dass Regenwasser vor Ort in der Oberstadt – also an der Quelle der Entstehung – zurückgehalten werden muss, um das Überflutungsrisiko im Tal zu senken.

An diesen Gegebenheiten orientieren sich dann sowohl die Zielsetzung – wassersensibel, hitzeangepasst, ressourcenschonend – als auch die beiden Strategien für die Umsetzung: Die blaue Strategie für den Umgang und die Nutzung von Regenwasser, das nicht mehr in die Kanalisation abgeführt

Abbildung 3: Enge Gassen in der Marburger Oberstadt. Foto: bgmr Landschaftsarchitekten

wird, sondern im Sinne der Schwammstadt vor Ort zurückgehalten wird, sowie die grüne Strategie, die durch (Teil-)Entsiegelung einen höheren Anteil an Vegetation umfasst. Hierzu steht ein ganzer Werkzeugkasten an Möglichkeiten zur Verfügung. Auf Grund enger Platzverhältnisse in einer historischen Oberstadt wie in Marburg ist eine vollständige Abkopplung von der Kanalisation allerdings kaum machbar. Die Strategie ist auf Grund des fehlenden Platzes, nicht zentral an einem Ort das Regenwasser zu bewirtschaften, sondern dezentral und das überall, wo es möglich ist.

»Marburger Kiste«

Bisher wird in Marburg – wie auch an den meisten anderen Orten – von Gebäuden ablaufendes Regenwasser in die Kanalisation geleitet. Hier soll das Element »Marburger Kiste« Abhilfe schaffen (Abbildung 4): Es funktioniert wie ein (verdichtetes) Verdunstungsbeet, das direkt an das Gebäude gesetzt wird. Das Wasser von der Dachfläche wird in den Retentionskörper der Kiste eingeleitet, zurückgehalten und gespeichert. Dennoch bedarf es eines Überlaufs, da das Retentionsvolumen begrenzt ist. Somit steht das ablaufende Regenwasser der Vegetation zur Verfügung, die vorrangig als Fassadenbegrünung ausgestaltet ist und positiv auf die Umwelt und das Mikroklima wirkt. Die »Marburger Kiste« kann in verschiedenen Größen ausgeführt werden, auch kann sie mit einem Bodenanschluss für die weitere Versickerung des Wassers hergestellt werden. Somit ist sie sehr flexibel einsetzbar. Wird sie mit einer weiteren Versickerung versehen, muss sichergestellt sein, dass sie zu den Bestandsbauten hin abgedichtet ist.

Begrünung von Dächern, Fassaden und Mauern

Für die intensive oder extensive Begrünung von Dächern gibt es in der denkmalgeschützten Marburger Oberstadt nur ein geringes Potenzial. Allerdings könnten rückwärtige und innenliegende Dachflächen von Anbauten und Schuppen begrünt werden, was in der Menge auch positive Wirkung entfalten kann. Flachdächer, die sich vergleichsweise einfach intensiv oder extensiv begrünen lassen, gibt es nur wenige. Für die üblichen Schrägdächer bieten sich zwei Varianten an. Zum einen als extensive Begrünung mit einem entsprechenden Unterbau, der eine Schubsicherung gewährleistet; und zum anderen auf das Dach gesetzte Elemente in Stufen-

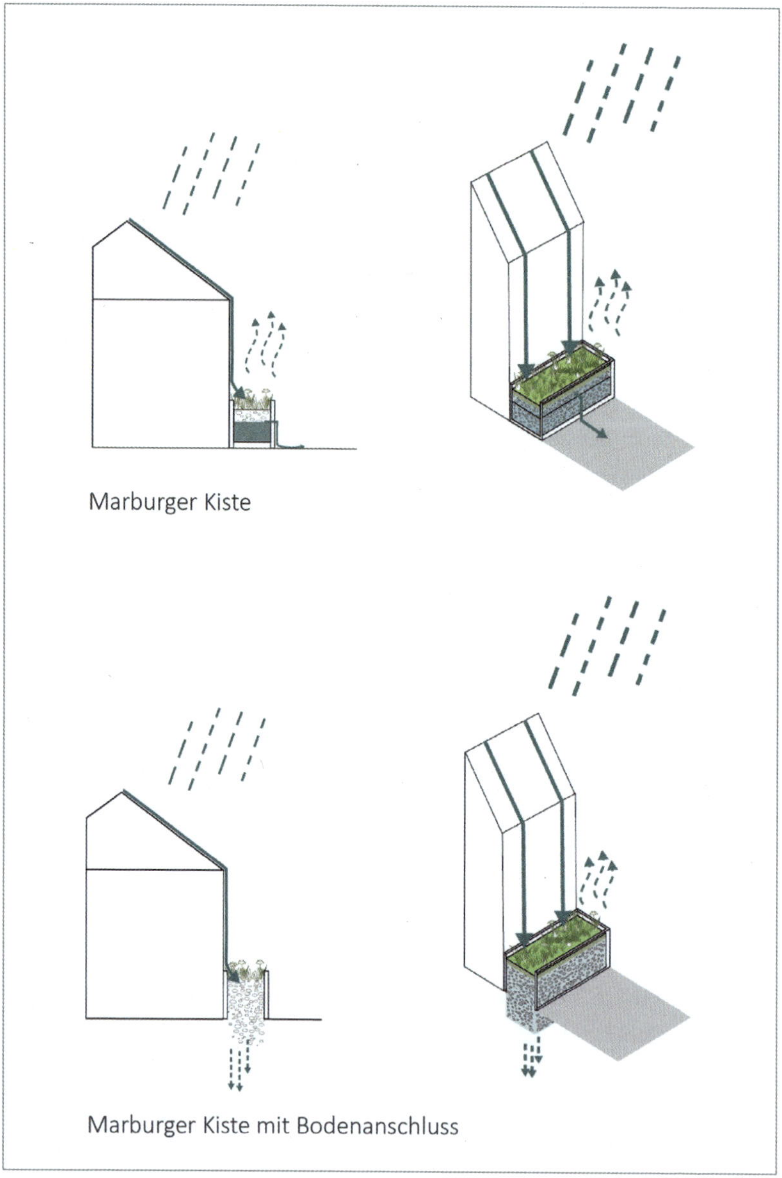

Abbildung 4: Marburger Kiste. Illustration: bgmr Landschaftsarchitekten

form, die mit Pflanzkästen vergleichbar sind. Damit werden waagerechte Pflanzflächen geschaffen, was allerdings einen erhöhten baulichen Aufwand mit sich bringt. Eine weitere Hürde der Dachbegrünung stellt die Statik der Fachwerkhäuser in Marburg dar: Eine Dachbegrünung bringt zusätzliches Gewicht mit, für das die Gebäude in der Regel nicht ausgerichtet sind.

Die Begrünung von Mauern und Gebäudefassaden stellt ein wichtiges vertikales Potenzial zur Verdunstung von Wasser und damit zur Kühlung dar. Für die Begrünung kommen sowohl Direktklimmer als auch Fremdklimmer in Betracht, wobei letztere Kletterhilfen benötigen. Wasser und Nährstoffe holen sich die Pflanzen direkt aus dem Boden oder aus Pflanztrögen. Hier bietet sich die Kombination mit der »Marburger Kiste« an. Oder es werden Pflanztröge in verschiedenen Höhen an der Mauer oder Fassade angebracht, die allerdings für Trockenperioden eine Bewässerung benötigen.

Zisternen

Unterirdisch oder oberirdisch installierte Zisternen bieten eine gute Möglichkeit, im Falle von Regenereignissen die Niederschläge insbesondere von Dächern zurückzuhalten – und bei Trockenheit Wasserreserven für die Bewässerung von Stadtgrün oder Fassadenbegrünung zur Verfügung zu stellen. Um diese Funktionen erfüllen zu können, sollten sie allerdings »intelligent« gesteuert werden. Werden kräftige Niederschläge ab einer bestimmten Stärke vorhergesagt, müsste die Zisterne geleert werden, damit bei Starkregen genügend Speicherraum zur Verfügung steht.

Entsiegelung und Begrünung

Bisher sind in Marburg die Oberflächen von Plätzen, Straßen, Gassen und Wegen fast vollständig versiegelt, so dass kein Wasser versickern kann. Hier bietet sich eine vollständige oder zumindest teilweise Entsiegelung an. Wie am Beispiel von Mannheim geschildert, gibt es eine Reihe versickerungsfähiger Materialien, darunter Rasengittersteine, Rasenfugen, Sickerpflaster und andere Lösungen. Wichtig ist, dass wasserdurchlässige Beläge mit sehr rauer Oberfläche wie beispielsweise Schotterbeläge oder Gittersteine mit Rasen nicht barrierefrei sind. Sie sollten daher nur außerhalb der hauptsächlich genutzten Verkehrsflächen zum Einsatz kommen. Alternativ kann man auch sogenannte Komfortstreifen dort anlegen, wo der Hauptverkehr abgewickelt wird.

Auch wenn die Möglichkeiten einer Entsiegelung in der eng bebauten Marburger Altstadt vergleichsweise beschränkt sind, so gibt es doch immer wieder kleine Nischen, schmale Randstreifen sowie nicht oder wenig genutzte größere Restflächen, die sich begrünen lassen. Hier können sogenannte Nischen entsiegelt werden, also die kleinteilige Entsiegelung und Begrünung einzelner Flächen oder eine längliche Streifenentsiegelung. Auch können größere Restflächen oder Stellplätze als Baumstandorte aktiviert werden. Dabei sollte darauf geachtet werden, dass diesen entsiegelten Flächen das Regenwasser aus der versiegelten Umgebung zugeleitet wird. Zusätzliche Rigolen oder gut versickerungsfähige Substrate leisten hierzu einen guten Beitrag. Begrünen lassen sich solche Streifen und Nischenflächen mit Gräsern, Stauden oder kleineren Gehölzen. Sinnvollerweise sollte durch entsprechende Gestaltung verhindert werden, dass im Winter Streusalz in diese Flächen gelangt.

Baumstandorte optimieren

Werden Bäume neu gepflanzt oder sollen bestehende Bäume besser vor den Nachteilen einer städtischen Umgebung geschützt werden, dann bieten sich optimierte Baumstandorte beziehungsweise Baumrigolen an (Abbildung 5). Bei diesen Anlagen wird dem Baum gezielt Regenwasser aus der Umgebung zugeführt – die versiegelten Flächen werden also für die Bewässerung genutzt. Hierzu muss ein möglichst großer Wurzelraum geschaffen werden, der auch unter befestigte Flächen ausgeweitet werden kann.

Optimierte Baumstandorte sind als überbaute wie auch nicht überbaute Systeme wie beispielsweise Baumroste möglich, wobei die Zuleitung des Regenwassers ober- oder unterirdisch erfolgen kann. Das sogenannte »Stockholmer Modell« der Skelettböden (siehe Abschnitt Mannheimer Klimaanpassung) ist eine der Varianten für die Ausführung optimierter Baumstandorte. Abgedeckte Baumscheiben und unterirdische Wasserzuführung sind allerdings deutlich aufwendiger und kostenintensiver. Bei Bestandsbäumen können mit Handarbeit punktuell solche Optimierungsmaßnahmen durchgeführt werden unter Berücksichtigung der bestehen-

Optimierter Baumstandort/ Baumrigole (oberirdischer Zulauf)

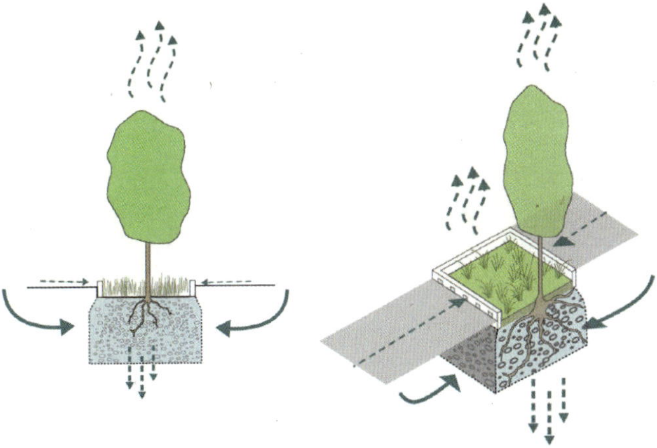

Optimierter Baumstandort/ Baumrigole (überwiegend unterirdischer Zulauf)

Abbildung 5: Optimierter Baumstandort beziehungsweise Baumrigole mit oberirdischem (oben) sowie überwiegend unterirdischem Zulauf (unten). Illustration: bgmr Landschaftsarchitekten den Wurzeln. Wenn dabei versiegelte Flächen in der Nähe der Bäume entfernt werden, entstehen flache Mulden, die ohne weitere Eingriffe in den Wurzelraum als baumnahe Versickerungsflächen genutzt werden können.

Beispielhafte Verortung und Realitätscheck

Im Rahmen des Marburger Projekts wurde überlegt, wie und wo die verschiedenen Elemente der Klimaanpassung eingebracht und platziert wer-

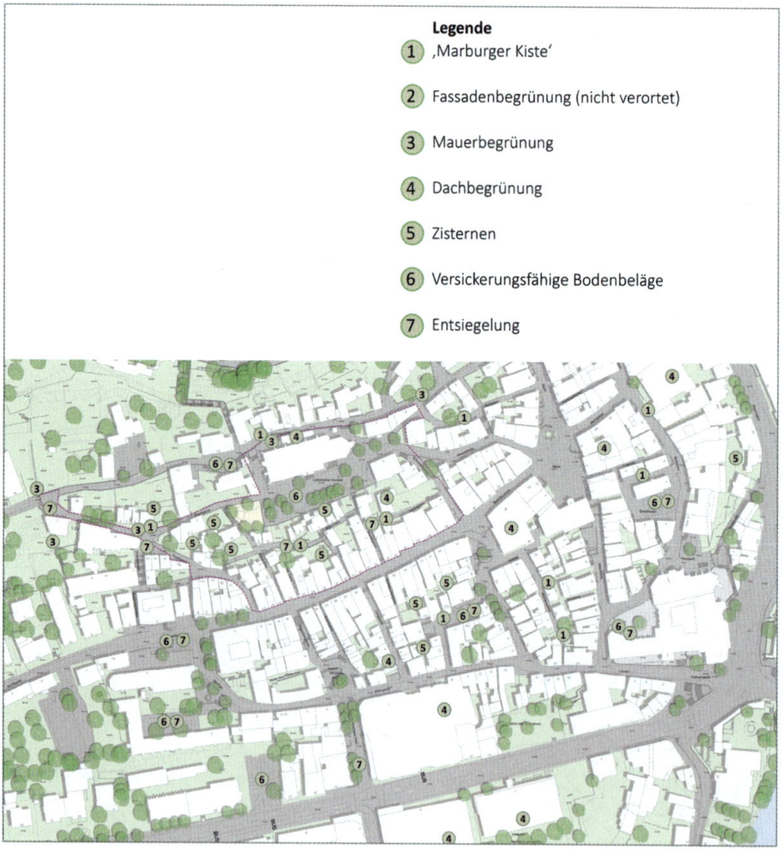

Abbildung 6: Beispielhafte Verortung der Elemente der Klimaanpassung mit zugehöriger Zahlenlegende in der Marburger Oberstadt. Illustration: bgmr Landschaftsarchitekten

den könnten (Abbildung 6). Dabei ist bewusst geworden, dass beim klimaangepassten Umbau im Bestand die Realität nicht aus den Augen verloren werden darf. In einem denkmalgeschützten Stadtquartier wie der Marburger Oberstadt ist eine vollständige Abkopplung von der Kanalisation nicht möglich. Gleichzeitig sind durch die geringen Anteile an öffentlicher Fläche die Handlungsmöglichkeiten der Öffentlichen Hand beschränkt, so dass man auf eine Umsetzung auf das Engagement von Privatpersonen angewiesen ist. Dennoch zeigt die Verortung in Marburg mit konkreten, wenn auch kleinteiligen Handlungsmöglichkeiten deutlich, dass es auch in einer historischen Fachwerkstadt wie Marburg trotz aller Restriktionen erhebliche Potenziale gibt, in eng bebauten Innenstädten die schon vorhandenen wie auch absehbar sich verschärfenden Folgen des Klimawandels zumindest abzumildern.

Carlo W. Becker und Arno Walz

Kommunale Infrastruktur im Zuge des Klimawandels

Kommunen müssen für eine sichere Versorgunginfrastruktur ihrer Bevölkerung sorgen. Allerdings dürfte dies nur wenigen der Verantwortlichen bewusst sein, wenn es um größere Unterbrechungen geht, als sie im Alltag vorkommen. Für solche Fälle sind die Betreiber der Infrastrukturen meist bestens ausgerüstet und können einen Rohrbruch oder eine Störung von Internet oder Stromversorgung schnell reparieren. Daher hat man sich in Deutschland auch in der öffentlichen Wahrnehmung an eine ständige und unterbrechungsfreie Versorgung aller Infrastrukturen gewöhnt.

Mit dem Begriff kritische Infrastruktur möchte man aber seit einiger Zeit darauf aufmerksam machen, dass dies eine brüchige Verlässlichkeit ist. Kleinste Unterbrechungen können heutzutage zu lang andauernden und großflächigen Versorgungausfällen führen. Beispiele gibt es aus betroffenen Kommunen, sei es bei einem Hochwasser oder einfach nur bei einem Stromausfall. Solch ein Stromausfall ereignete sich zum Beispiel an einem Freitagmittag im Sommer im Taunuskreis. Es könnte aber genauso gut in Baden-Württemberg gewesen sein. Eine Stromleitung gab den Dienst auf und die parallel danebenliegende ebenfalls. Gefriertruhen fielen aus, Ampeln haben nicht mehr funktioniert und Kinder sind früher aus der Schule entlassen worden. Wie üblich war nach ein paar Stunden der Strom wiederhergestellt und am Freitagnachmittag sind alle entspannt ins sommerliche Wochenende aufgebrochen. Dann haben viele gleichzeitig den Strom wieder angestellt und das Stromnetz brach zusammen, diesmal für länger. Was können Verantwortliche in Kommunen daraus lernen und welche konkreten Vorsorgemaßnahmen müsste eine Kommune treffen? Am besten lernt man leider aus solchen Störungen oder größeren Schadensereignissen. Man kann sich zum Beispiel die von Hochwasser versursachten Zerstörungen anschauen oder Stromausfälle, die länger angedauert haben.

Planungen

Was hat bisher bei größeren Ausfällen zu Problemen geführt, und was lässt sich daraus konkret an Planungen ableiten?

1. Es ist wichtig, sich um die **Erreichbarkeit** zu kümmern, auch am Abend, am Wochenende und an Feiertagen, ebenso zu Ferienzeiten oder wenn jemand krank ist. Das betrifft die Kommunalverwaltung wie auch wichtige Firmen, die Reparaturen durchführen können. Als konkretes Beispiel kam es in einem Krankenhaus beinahe zu einem Schaden im fünf- bis sechsstelligen Bereich, weil kein Elektriker zu finden war.
2. Heutzutage wird sehr schnell **Kommunikation und Aufklärung** erwartet, auch von den verantwortlichen Behörden. Es muss sich also um Handlungsfähigkeit gekümmert werden, zum Beispiel kann dies ein Pressesprecher mit Ersatzpersonen tun.
3. Alle meinen, dass im Schadensfall notfalls die Feuerwehr oder der Rettungsdienst einspringen. Wenige wissen, dass auch diese ihre elektrisch betriebenen Rolltore nicht beim Stromausfall öffnen können. Oder dass man bei einem Wasserrohrbruch eventuell kein Wasser zum Feuerlöschen hat. Oder dass bei einem Hochwasser die Straßen nicht befahrbar sind und man die Betroffenen gar nicht erreichen kann. Feuerwehr und Rettungsdienst müssen ihre **Bedarfspläne** auch für Ausfälle der Infrastruktur erweitern.
4. Auch um eine **Notversorgung** für alle unerlässlichen Infrastrukturen müssen sich die Verantwortlichen kümmern, nicht nur um Notstrom.
5. Alle solchen unerlässlichen Infrastrukturen müssen **identifiziert** werden, die in der betreffenden Kommune oder Einrichtung sind. Dabei sind neben Technik auch Personal und Organisation, Lieferketten und andere wichtige Aspekte zu bedenken.

Kritische Infrastruktur

Aus diesen kurzen Beispielen heraus lässt sich bereits erkennen, dass es hier nicht um eine einzelne Infrastruktur geht, sondern um ein ganzes Bündel an Versorgungsinfrastrukturen. Diese werden bundesweit auch seit einigen Jahren als kritische Infrastrukturen bezeichnet. Dazu gehören:

- Energieversorgung
- Nahrungsmittelversorgung
- Wasserversorgung
- Verkehr und Transport
- Informationen und EDV
- Und weitere (BMI, 2009)

Mithin bezeichnet man all das, was man unbedingt braucht, auch wenn alles andere zusammenbricht, damit Menschenleben nicht bedroht sind oder man nicht lang andauernde Schäden verursacht, als kritisch, im Sinne von besonders relevant oder bedeutsam.

Gefahren

Das Gefahrenspektrum ist breit, Infrastrukturen, können durch verschiedenste Ereignisse ausfallen oder beschädigt werden.

Gezielte Sabotage oder Angriff

Cyberangriffe sind alltäglich geworden, über sie wird aber nicht gern berichtet. Manche Kommunen brauchen Monate und müssen benachbarte Kommunen um Hilfe bitten, um ihre eigenen verlorenen Archive und Dokumente wiederherzustellen. Hybride Kriegsbedrohungen durch Cyberangriffe oder Anschläge nehmen auch hierzulande zu, auch auf zivile Verteidigung müssen sich Kommunen inzwischen vorbereiten.

Krankheiten und Epidemien

Während COVID-19 haben es die meisten Kommunen erlebt, dass in solchen Fällen ein Teil der Belegschaft auf einmal nicht verfügbar ist. War das Corona-Ereignis noch vergleichsweise gut zu bewältigen, wiegt man sich durch diesen relativen Erfolg bis zu einem gewissen Grad in falscher Sicherheit, denn schließlich können andere und gefährlichere Viren wie beispielsweise Ebola in Zukunft ebenfalls auftreten.

Naturgefahren

Dazu zählen Hochwasser, Waldbrände, Starkregen oder Hitzewellen. Sie führen zu langwierigen Zerstörungen der Infrastruktur. Einige Infrastrukturen benötigen Wochen, Monate oder Jahre zur Wiederherstellung.

Alltagsgefahren

Die meisten Störungen werden durch Bauarbeiten, Unfälle oder aus Versehen ausgelöst. Manche können zu großflächigen Ausfällen führen. So kam es durch das Abschalten einer Überspannungsleitung im Emsland 2005 zu einem Stromausfall, der die Europäische Union bis Südspanien erfasste.

Die meisten dieser Alltagsunterbrechungen werden jedoch schnell behoben, was oft zu einem falschen Sicherheitsverständnis führt.

Vorlagen

Zum Thema Kritische Infrastrukturen gibt es seit vielen Jahren organisatorische Vorlagen seitens der Behörden (BBK, 2025).

Für den IT-Bereich gibt es Maßnahmenpläne des Bundesamts für Sicherheit in der Informationstechnologie (BSI, 2022). Immer mehr Beraterfirmen werden mit Aufträgen überhäuft, da es mehr gesetzliche Vorgaben gibt. Für eine funktionierende IT muss aber auch die physische Infrastruktur intakt sein, damit zum Beispiel Wartungspersonal die Straßen benutzen kann oder Elektrizität vorhanden ist. Auch hier lohnt es, sich zu informieren und eine **kommunale Vorsorgeplanung** zumindest für die wichtigsten Infrastrukturen wie Strom, Wasser, Ernährung oder IT zu erstellen.

Sinnvoll ist eine Priorisierung von Infrastrukturen. Das Bundesamt für Bevölkerungsschutz und Katastrophenhilfe, eine Bundesbehörde, hat dafür einen Leitfaden herausgegeben: Identifizierung in sieben Schritten (BBK, 2017). Zusätzlich empfiehlt sich eine Risikoanalyse, um Lücken zu erkennen. Auch dazu gibt es für Kommunen einen Leitfaden (BBK, 2015). Gerne werden Begriffe wie Business Continuity Management verwendet, da geht es um das Weiterfunktionieren von Schlüsselfunktionen. Ein Gesetz ist zudem auf dem Weg, das zunächst größere Kommunen und Betreiber verpflichtet und Vertragsstrafen vorsieht, das aktuell noch sogenannte

KRITIS-DachGesetz. Auf Landesebene gibt es zusätzlich immer mehr Vorgaben für Notstrom, Notwasserversorgung und andere Notfälle. Zusätzlich werden Schulungen und Fortbildungen angeboten, zum Beispiel an der Bundesakademie für Bevölkerungsschutz und Zivile Verteidigung (BABZ).

Da meistens nur wenige Personen von der eigenen Kommune die Erlaubnis erhalten, eine Fortbildung besuchen zu dürfen, ist es dringend notwendig, Multiplikatoren auszubilden. Das sind Personen, welche die entsprechenden Kenntnisse dann in der eigenen Kommune weitervermitteln und umsetzen. Empfehlenswert sind Personen mit fachlichen Kenntnissen aus dem technischen Bereich. Allerdings funktioniert nichts, wenn nicht auch die Organisationsverwaltung einer Kommune mitspielt. Sinnvoll ist daher der Vorschlag, folgende Personengruppen jeweils zu solch einer **Schulung** zu senden:

1. Politische Entscheidungsebene, Bürgermeister, Hauptverwaltungsbeamte und auch Dezernenten.
2. Die Sachbearbeiterebene in Verwaltungen, die es konkret fachlich betreuen und bearbeiten muss.
3. Die technische Ebene, die sich mit den technischen Fragen auseinandersetzt.
4. Beraterfirmen, die in vielen Kommunen für fachliche Arbeiten aller Art eingesetzt werden.

Die meisten Kommunen lagern inzwischen fachliche Expertise komplett aus und sind intern überlastet. Daher müssen diese Planungs- und Ingenieurbüros in die Schulungen, aber vor allem auch in die Gespräche in den Verwaltungen eingebunden werden.

Es gibt bereits erste Arbeitskreise von Kommunen im Transfer mit Hochschulen und Planungsbüros. Hier geht es um Wissens- und Erfahrungsaustausch, um die zu bewältigenden Aufgaben abschätzen zu können.

Viele Kommunen möchten direkte technische Beratung haben und Vorschläge, was konkret anzuschaffen ist. Das ist dann individuell zu planen, da jede Kommune unterschiedlich ist und eine unterschiedliche Anzahl an zu versorgender Bevölkerung, Standorten kritischer Infrastruktur, Fahrtstrecken und Ausweichmöglichkeiten hat. Daher ist es unerlässlich, dass vor einer technischen Planung in der Verwaltung eine Priorisierung und Identifizierung von Infrastrukturen durchgeführt wird. Hier gibt es bereits gute Vorbilder, zum Beispiel Regionen, die sogenannte Katastrophenleuchttürme umsetzen, also Gebäude oder Informationsstellen, die mit Notstrom auch dann noch funktionieren, wenn woanders Lichter, IT und Wärme ausgehen (Reuber, 2024; Ohder et al., 2015).

Die technische Betriebsführung zum Beispiel eines Krankenhauses, eines Wasser- oder Energieversorgers, aber auch eines Supermarkts muss allerdings auch ihrerseits technisch eine solche Priorisierung vornehmen, und dann damit auf ihre jeweilige Geschäftsführung oder Leitung zu zugehen und versuchen, diese zu **überzeugen**. Das ist zweifellos eine große Herausforderung, da hier zwei Welten aufeinanderprallen: Da ist auf der einen Seite die Geschäftsführung, die meist über den wirtschaftlichen Mehrwert von Vorsorgemaßnahmen sehr skeptisch denkt und ansonsten nur agiert, wenn sie gesetzlich oder durch aufsehenerregende Vorfälle dazu gezwungen ist. Auf der anderen, der technischen Seite gibt es ein teilweise sehr großes Wissen um Probleme, die auftreten könnten, oder Mängel, die schon länger bestehen. Da ist aber auch der Druck, immer verlässlich liefern zu können und die bereits bestehende Qual mit Vorgaben und Richtlinien aus allen möglichen Richtungen.

Viele, gerade kleinere finanzschwache Kommunen oder private Betreiber kritischer Infrastruktur sind ohnehin angesichts des demographischen Wandels schlecht mit Personal ausgestattet. Es ist daher sehr wichtig, erste grobe, aber wichtige Umsetzungen mit dem verfügbaren Personal anzugehen.

Das für alle Infrastrukturen hier darzustellen, ist in der Kürze leider nicht möglich. Daher soll auf Überblicksliteratur über alle Infrastrukturen verwiesen werden, wie zum Beispiel den TAB-Bericht 2011 (Petermann et al., 2011). Darin sind Übersichten über die Infrastrukturen mit Diagrammen dargestellt und auch beispielhaft solche Bereiche, die mit Notstrom versorgt werden müssen.

Warum muss die Kommune das tun? Was ist die Relevanz?

Wie kann zum Beispiel eine Amtsspitze oder die politische Ebene überzeugt werden, angesichts knapper Kassen und vieler alltäglich wichtigerer politischer Themen?

Ein sogenanntes Schutzziel ist es, den Verlust von Menschenleben zu vermeiden.

Viele Menschen können sich gar nicht vorstellen, dass es bei einem Stromausfall zu **Todesopfern** kommen kann. Ein Problembeispiel sind Personen, die zu Hause mit Strom versorgt werden müssen. Das sind sogenannte Beatmungs-WGs, also Personen, die zu Hause ein Beatmungsgerät haben. Auch Dialysepatienten müssen ihr Blut immer wieder ausgetauscht und aufbereitet bekommen. Wenn der Strom ausfällt, sind die meisten dieser Geräte gar nicht oder nur sehr kurz mit Batterien gepuffert.

Weiterhin gibt es Verkehrsgefährdungen, wenn Ampelanlagen ausfallen. Mobilfunkmasten für die Nutzung von Smartphones und Internet haben oft nur maximal acht Stunden Batteriepuffer. Eine gute detaillierte Übersicht wurde hierzu im Krisenhandbuch Stromausfall mit und für Baden-Württemberg erarbeitet (Innenministerium Baden-Württemberg und BBK, 2010).

Das zweite Schutzziel, das häufiger überzeugt, ist die Frage der Zuständigkeit und der Verantwortung durch gesetzliche Grundlagen. Es ist bedauerlich, dass so gedacht wird, aber gerade wirtschaftlich arbeitende Unternehmen in den Kommunen oder in der Tagespolitik befindliche Gruppen entscheiden nicht nach Menschenleben, sondern nach **Zuständigkeit**. Es ist wichtig, auf die gesetzliche Verantwortung hinweisen. Denn auch wirtschaftliche Akteure sind Teil einer Kommune, und Wasser- oder Energieversorger oft Teil einer Stadtverwaltung.

Weitere Schutzziele können Umweltauflagen sein. **Wirtschaftliche Schäden** überzeugen aber oft noch mehr, wenn es zu einem Liefer- oder Produktionsausfall kommt. Es gibt bestimmte Industriebereiche wie zum Beispiel die Aluminiumproduktionen oder auch bestimmte Nahrungsprodukte, die bei einem Stromausfall irreparable Schäden erleiden. Zu Schadensersatzforderungen kann es aber in nahezu allen Bereichen kommen. Auch das kann vielleicht ein Überzeugungsmerkmal sein.

Was ist eine kritische Infrastruktur?

Viele denken beim Thema Energieversorgung, Straßenverkehr oder anderen Infrastrukturen nur an die technischen und sichtbaren Aspekte. Das verleitet die meisten auch zu glauben, dass es genügt, ein Notstromaggregat anzuschaffen oder eine Ersatzpumpe oder einen Akku. Das ist zunächst auf jeden Fall hilfreich, aber wenn man nicht gleichzeitig die organisatorische Planung macht, wer diese Geräte betreut und bedient – auch am Wochenende oder wenn jemand im Urlaub ist –, wer das überhaupt transportieren darf und wer Zugang hat und andere solche Fragen, dann bringt das ganze technische Gerät nichts. **Infrastruktur ist nicht nur Technik**.

Die meisten Menschen denken nur an den Normalfall und verlassen sich darauf, dass sich schon jemand kümmern wird. Es ist insbesondere bei großen Katastrophen wie einem Hochwasser oder Starkregen in Deutschland überdeutlich geworden, wie verletzlich die Bevölkerung geworden ist, weil sie sich selbst nicht zu helfen weiß. Dabei wurde deutlich, dass sich die meisten auf das Funktionieren der Reserve verlassen, also auf Feuerwehr,

Abbildung 1: Zufahrtswege zu kritischen Infrastrukturen wie etwa Krankenhäusern müssen auch bei Starkregen oder Hochwasser befahrbar bleiben. Foto: Fekete

Rettungsdienst, Technisches Hilfswerk und andere wie etwa die Bundeswehr. Das ist aber fatal, da die Hilfe möglicherweise zu spät eintrifft oder erst einmal woanders hängen bleibt, weil die Zufahrtswege nicht funktionieren oder keine Informationen verfügbar sind. Wichtig ist zum Beispiel auch, dass die Zufahrtswege zu Einrichtungen der kritischen Infrastruktur wie beispielsweise Krankenhäuser befahrbar sind (Abbildung 1).

Aber auch ein Cyberangriff, der heutzutage nahezu täglich Kommunen betrifft, oder auch eine Straßensperrung oder andere Probleme führen dazu, dass man nicht innerhalb der gewohnten Zeit Hilfe erwarten kann. Die **Selbsthilfefähigkeit von Kommunen** muss daher auch von den Kommunen selber gestärkt werden. Dies gilt ebenso für die privaten Infrastrukturen seitens der Betreiber, schließlich liegen geschätzte 80 Prozent der Infrastrukturen in privater Hand. Daher müssen Kommunen in ihrer Abhängigkeit von Strom, Internet und Nahrungsmitteln von sich aus auf die Betreiber zugehen und organisatorische wie technische Maßnahmen mit diesen zusammen planen.

Infrastrukturen bestehen nicht nur aus Technik und Gebäuden, sondern vor allem auch aus Menschen, die informiert sein müssen, die wissen, wen sie ansprechen können und die auch in der Krise zusammenarbeiten können und wollen. Bei einer Pandemie dagegen muss man damit rechnen, dass Menschen krank sind und genau dieses Personal die kritische Masse darstellen kann, wenn es, wie so oft in Kommunen, nur ganz **wenige Fachleute** gibt, die zum Beispiel im Tiefbauamt wissen, wo welche Leitungen liegen. Da lohnt es sich, auch ehemalige und im Ruhestand befindliche Personen auf der Telefonliste zu haben, sollte es doch zu einem größeren Ausfall oder einem Schaden kommen.

Selbsthilfe für jeden

Um Personen zu überzeugen, kann es auch helfen, auf die Möglichkeiten der Selbsthilfe für jeden Einzelnen hinzuweisen. Ein Ersatzakku für das Handy sollte angeschafft und überlegt werden, wohin man bei einem Brand oder Hochwasser flüchten könnte. Auch ist es gut zu wissen, wo zum Beispiel die nächste Apotheke ist, wenn diejenige vor Ort ausfällt. Hilfreich ist es, eine Fluchttasche mit den wichtigsten Dokumenten anzulegen und für den Notfall parat zu haben. Diese Idee der persönlich wichtigsten Dinge, die bereitliegen müssen, und die Kenntnis der wichtigsten Infrastrukturen, von denen man abhängig ist, kann man genauso dann auf die kommunale Planungsebene übertragen.

Oft sind es auch ganz triviale Maßnahmen, die jahrelang vergessen wurden. Wo liegt überhaupt welche Wasser- und welche Stromleitung im eigenen Haus? Diese Frage sollten sich auch Einrichtungen wie Krankenhäusern oder anderen Infrastrukturen sowie die Verwaltungen selbst stellen. Wenige wissen, wo im Gebäudetrakt oder auf dem Außengelände eigentlich die Wasser-, Strom- und Datenleitungen liegen. Wenn es erst einmal brennt oder der Strom weg ist, ist es meist zu spät, um zu handeln. Daher zählen hier Vorsorge und Planung, wofür sich ein Risiko- und Krisenmanagement empfiehlt (Bundesministerium des Inneren, 2011), das auch eine kommunale Aufgabe ist (John-Koch und Fekete, 2010).

Risiko- und Krisenmanagement von Krankenhäusern als Beispiel

Um die Komplexität des Themas konkret darzustellen, wird nachfolgend der gesamte Ablauf des Risiko- und Krisenmanagements beispielhaft aus dem Forschungsprojekt NOWATER dargestellt (Joel et al., 2024). Das Projekt befasste sich mit der Aufrechterhaltung des Betriebs von Krankenhäusern bei einem Ausfall Kritischer Infrastruktur. Hierbei wurde im Projekt der Ausfall von Strom- und Trinkwasserversorgung sowie der Abwasserentsorgung angenommen. Hierzu wurden ein Gesamtleitfaden und diverse Hilfsdokumente erstellt, welche den Prozess detailliert darstellen. Diese können kostenfrei aus dem Internet heruntergeladen werden (https://www.th-koeln.de/anlagen-energie-und-maschinensysteme/nowater_75267.php).

Das Projekt zeigt neben den konkreten technischen Herausforderungen auch die ebenso wichtigen organisatorischen Probleme auf. Zudem behandeln die erstellten Dokumente die Thematik von kaskadierenden Ereignissen bei Ausfall unterschiedlicher Kritischer Infrastrukturen aufgrund ihrer

Vernetzung und Abhängigkeit. Zum besseren Verständnis hier ein Beispiel: Die medizinische Versorgung im Krankenhaus ist von Strom, Trinkwasser und der Abwasserentsorgung abhängig. Fällt der Strom aus, springt im Idealfall der Notstromgenerator an und versorgt wichtige Bereiche weiter mit Strom. Sind aber beispielsweise Verstärkerpumpen für die Trinkwasserversorgung in Hochhausbauten oder Abwasserhebewerke in Gebäuden nicht an diese Notstromversorgung angeschlossen, fallen diese aufgrund ihrer Abhängigkeit von Strom aus. Somit bildet sich ein Kaskadeneffekt: Die medizinische Versorgung kann nicht oder nur teilweise aufrechterhalten werden, da der Stromausfall nachrangig zu einem Ausfall der Trinkwasserversorgung und der Abwasserentsorgung geführt hat.

Wie kann solchen Ereignissen und den resultierenden kaskadierenden Ereignissen vorgebeugt werden? Zu Beginn muss der **rechtliche Rahmen** betrachtet werden, der die Trinkwasserversorgung und die Gesundheitsversorgung umfasst. Die rechtlichen Vorgaben zur Wasserversorgung und Abwasserentsorgung in Krankenhäusern sind in verschiedenen Gesetzen und Verordnungen festgelegt:

- **Trinkwasserverordnung (TrinkwV):** Regelt die Qualität und Sicherheit der Trinkwasserversorgung.
- **Wasserhaushaltsgesetz (WHG):** Legt allgemeine Anforderungen an die Wasserversorgung und Abwasserentsorgung fest.
- **Krankenhausgesetze der Bundesländer:** Enthalten spezifische Vorgaben zur Notfallvorsorge und Risikomanagement.
- **Brandschutz- und Katastrophenschutzgesetze:** Verpflichten Krankenhäuser zur Erstellung von Alarm- und Einsatzplänen.

Da die Wasserversorgung meist von kommunalen oder privaten Wasserversorgungsunternehmen (WVU) bereitgestellt wird, besteht eine geteilte Verantwortung zwischen diesen Anbietern und den Krankenhäusern. Die rechtlichen Rahmenbedingungen legen fest, dass Krankenhäuser Notfallvorsorgepläne erstellen und mit relevanten Akteuren wie Gesundheitsämtern, Wasserversorgungsunternehmen und Katastrophenschutzbehörden zusammenarbeiten müssen. Die aus den rechtlichen Vorgaben resultierenden Verantwortlichkeiten definieren nun den Kreis an Personen und Behörden, die mindestens in die Planung eingebunden werden müssen.

Um eine konkrete Planung durchzuführen, ist ein Prozess notwendig, der regelmäßige Anpassungen und Verbesserungen ermöglicht. Es kommt ein Kreisprozess zum Einsatz, wie er aus vielen Managementsystemen bekannt ist und der an den Plan-Do-Check-Act-Cycle aus dem Qualitätsmanagement angelehnt ist. Konkret beinhaltet der **Ablauf der Notfallvorsorgeplanung** folgende Phasen (Abbildung 2):

1. **Prävention:** Identifikation von Risiken und Implementierung vorbeugender Maßnahmen.
2. **Vorbereitung:** Entwicklung von organisatorischen und technischen Notfallplänen sowie Durchführung von Schulungen und Überprüfungen.
3. **Ereignisbewältigung:** Umsetzung der Notfallmaßnahmen und Sicherstellung der Handlungsfähigkeit im Krisenfall. **Alternativ: Übungsphase** zum Training und zur Verbesserung der durchgeführten Planung.

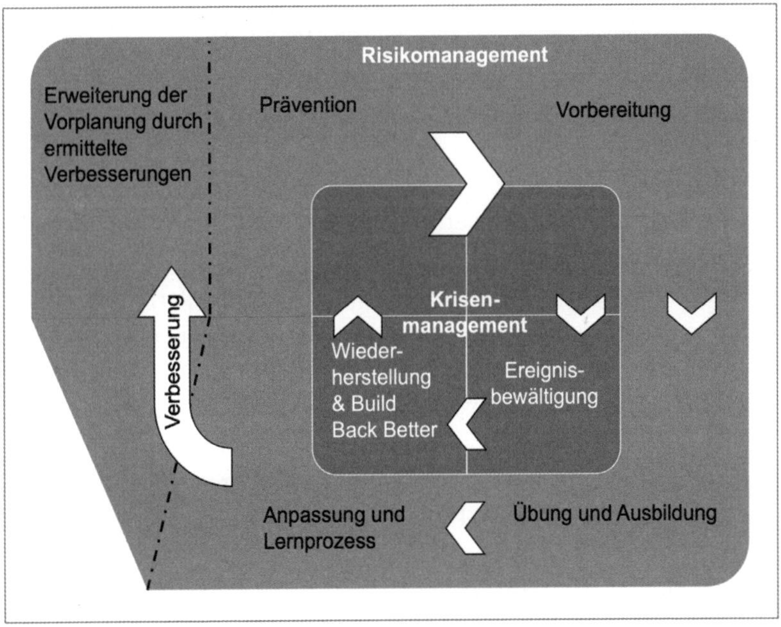

Abbildung 2: Risiko- und Krisenmanagement-Kreislauf, nach Geiger et al. (2024).

4. **Wiederherstellung:** Reparatur und Wiederaufnahme des Normalbetriebs.
5. **Evaluation und Verbesserung:** Analyse der Erfahrungen zur Optimierung der bestehenden Notfallvorsorgepläne.

Ein zentraler Bestandteil der Prävention und Vorbereitung ist die Risikoanalyse, um Schwachstellen in den kritischen Infrastrukturen zu identifizieren. Dabei sollte Folgendes am Beispiel der Trinkwasserversorgung berücksichtigt werden:

- Bestandsaufnahme der vorhandenen Infrastruktur (Trinkwasser- und Abwasserleitungen, Notbrunnen, technische Anlagen).
- Identifikation potenzieller Risiken wie Leitungsschäden, Kontamination, Wassermangel oder Stromausfälle.
- Abschätzung der Kritikalität (Wie wichtig ist ein Bereich für das Schutzziel der Aufrechterhaltung der medizinischen Versorgung?) einzelner Krankenhausbereiche wie zum Beispiel Intensivstation, OP-Säle oder Dialyse.
- Entwicklung von Szenarien zur Einschätzung der Auswirkungen eines Wasserausfalls.

Die Risikoanalyse sollte regelmäßig überprüft und an aktuelle Entwicklungen angepasst werden.

Auf Grundlage der Risikoanalyse können dann weiterführend **Maßnahmen zur Notfallvorsorge** geplant werden. Hierbei können präventive Maßnahmen zur Vermeidung von Ereignissen wie auch vorbereitende Maßnahmen zur Verbesserung der Bewältigung des Ereignisses umgesetzt werden. Zudem sind organisatorische Maßnahmen neben den technischen Maßnahmen nicht zu unterschätzen, da diese den Gesamtablauf und damit den Erfolg definieren. Beispiele für derartige Maßnahmen sind:

Präventive Maßnahmen

- Regelmäßige Wartung und Inspektion der Wasserversorgungssysteme.
- Implementierung redundanter Systeme, um Ausfälle abzufangen.
- Schulung des Personals zu Notfallmaßnahmen und Wassermanagement.

Organisatorische Maßnahmen

- Einrichtung einer Arbeitsgruppe für die Notfallvorsorgeplanung.
- Zusammenarbeit mit Gesundheitsämtern, Wasserversorgern sowie Behörden und Organisationen mit Sicherheitsaufgaben (BOS).
- Dokumentation von Notfallplänen und Etablierung klarer Kommunikationswege.

Vorbereitende Maßnahmen: Ersatz- und Notwasserversorgung

- Nutzung von Notbrunnen oder mobilen Wasseraufbereitungsanlagen (Abbildung 3).
- Bereitstellung von Wasserreserven und Flaschenwasser.
- Sicherstellung alternativer Abwasserentsorgungsmethoden wie zum Beispiel mobile Sanitärsysteme.

Abbildung 3: Notversorgung mit Trinkwasser. Foto: Fekete

Ein effektives Notfallmanagement umfasst die Kombination aus präventiven und reaktiven Maßnahmen, um eine kontinuierliche Versorgung sicherzustellen.

Können die entwickelten präventiven Maßnahmen ein Ereignis nicht vermeiden, muss die Organisation in eine besondere Aufbau- und Ablauforganisation wechseln, um das Ereignis zu bewältigen. Es muss also in den Krisenmodus umgeschaltet werden. Zur **Ereignisbewältigung** sind nachfolgend einige Kernaspekte dargestellt. Auch hier kommt ein Kreisprozess zum Einsatz, der sich aus dem Führungsvorgang der Feuerwehr ableitet und für derartige Ereignisse somit gut geeignet ist. Bei einem Notfall sind die vorbereiteten Maßnahmen umgehend umzusetzen. Die Handlungsstrategie umfasst:

1. **Initiale Schadensbewertung:** Identifikation des Problems und Einschätzung der Auswirkungen.
2. **Aktivierung des Notfallplans:** Einleitung von Sofortmaßnahmen und Information relevanter Stellen.
3. **Sicherstellung der Mindestversorgung:** Umsetzung der Ersatzwasserversorgung.
4. **Koordination mit externen Akteuren:** Zusammenarbeit mit Wasserversorgern, Behörden und Organisationen mit Sicherheitsaufgaben sowie Gesundheitsbehörden.
5. **Dokumentation und Kommunikation:** Klare Informationsweitergabe innerhalb des Krankenhauses und an externe Stellen.

Der Plan umfasst neben der Ereignisbewältigung auch die regelmäßige Evaluation der Situation und beinhaltet zudem die Frage, ob das Ereignis nicht oder wenigstens teilweise überwunden ist und die **Wiederherstellung** möglich ist. Diese folgt direkt im Anschluss an die Bewältigung und soll den Normalbetrieb wieder zum Laufen bringen. Die Wiederherstellung umfasst die sorgfältige Überprüfung der Wasserqualität, die Reparatur defekter Systeme und eine umfassende Evaluation der eingeleiteten Maßnahmen.

Im Anschluss an jedes Ereignis sollte eine **Evaluation und kontinuierliche Verbesserung** angestrebt werden. Um aus Notfällen zu lernen und künftige Krisen besser zu bewältigen, sollten regelmäßige Evaluierungen stattfinden. Dies sollte nach allen Ereignissen, aber auch nach allen Übungen und Trainings geschehen (Bodur et al., 2024). Dazu gehören:

- Analyse der Effektivität der umgesetzten Maßnahmen.
- Identifikation von Verbesserungspotenzialen.
- Anpassung und Weiterentwicklung der Notfallpläne.

Fazit

Kommunale Infrastruktur ist vielerlei Interessen, Nutzungen und Veränderungen unterworfen. Durch den Klimawandel ist zu erwarten, dass Starkregenereignisse und Hochwasser, aber auch Dürren, Waldbrände und Hitzewellen die Infrastruktur stärker belasten als bisher. Beachtet werden müssen direkte Schäden wie etwa durch Hitze beschädigte Straßen oder Bahnschienen, oder bei Hochwasser überflutete Straßen und der Ausfall der Strom- und Wasserversorgung. Kommunen sollten die mit diesen Schäden verbundenen Risiken im Blick haben, aber vor allem auch die Folgen durch den Ausfall dieser Infrastruktur für weitere Infrastrukturen. Dies wurde am Beispiel von Krankenhäusern exemplarisch dargestellt. Feuerwehr und Einsatzkräfte wie auch die Bevölkerung, Behörden oder die Privatwirtschaft sind ebenfalls von Trinkwasserversorgung, Energie und Wärme oder Kühlung, Nahrungsmitteln, Informationen und entsprechender Technologie sehr abhängig. Diese so genannten Kritischen Infrastrukturen müssen von jeder Kommune, aber auch von übergeordneten Kreisverwaltungen oder Bezirks- und Landesregierungen für ihre Bereiche jeweils definiert werden. Hierbei sind Fragen zu klären wie: Wovon sind wir jeweils besonders abhängig? Was wären die schlimmsten Auswirkungen eines Ausfalls einer bestimmten Infrastruktur? Welche Bevölkerungs- oder Berufsgruppen muss man dabei besonders bedenken?

Neben dem Klimawandel und den damit zusammenhängenden Gefahren dürfen auch andere Risiken nicht vergessen werden. Cyberangriffe sind jetzt schon fast eine tägliche Bedrohung für Behörden, Gesundheitseinrichtungen oder auch die Industrie. Ob Cyberangriffe unter der Bedrohungslage durch kriegerische Handlungen und Kontexte der zivilen Verteidigung aktuell noch zunehmen, muss ebenso im Blick behalten werden wie alltägliche Angriffe aus anderen Gründen. Wichtig ist es, im Krisenmanagement vorausschauend zu denken, damit Verantwortliche in den Kommunen in der Krise sachgerecht handeln. In der so genannten Friedenszeit kann festgelegt werden, welche Infrastrukturen besonders kritisch, also wichtig sind. Im Krisenfall selbst sollten neben notwendiger Technik vor allem die organisatorischen Abläufe funktionieren. Wer ist auch am Wochenende erreichbar, wer ist im Urlaub, wo bekomme ich Geräte oder Pläne her?

Auch wenn das Themenfeld sehr komplex ist, so kann sowohl auf kommunaler Ebene als auch konkret in jedem einzelnen Betrieb oder sogar in einzelnen Abteilungen wie auch im privaten Umfeld diese Planung vorsorglich stattfinden. Für größere Übersichtsarbeiten empfiehlt es sich, Kontakt zu Fachleuten in den Landratsämtern, Beratungsbüros oder Hochschulen aufzunehmen und auch an entsprechenden Schulungen wie etwa an der Bundesakademie für Bevölkerungsschutz und Zivile Verteidigung teilzunehmen.

Alexander Fekete und Manuel Geiger

Wie digitale Klimadienste die Anpassung vor Ort unterstützen: Der Klimaatlas der Region Stuttgart

Im Zuge der rasch voranschreitenden Klimaveränderungen werden Extremwetterereignisse wie Dürren, Hitzeperioden und Starkregen in Zukunft weiter zunehmen (IPCC, 2018). Insbesondere die Flutkatastrophen im Juli 2021 im Ahrtal und an anderen Orten haben aufgezeigt, wie dringend Maßnahmen zur Anpassung an den Klimawandel und an Extremwetterereignisse sind.

In diesem Zusammenhang ist es wichtig, die Städte und Gemeinden sowie andere Planungsebenen, aber auch die breite Öffentlichkeit mit der Bereitstellung von Daten und Fachinformationen zum Klima, dessen möglichen Entwicklungen sowie zu Vulnerabilitäten und Risikohotspots zu unterstützen und die zuständigen Stellen bei der Planung von Maßnahmen zu beraten. Nur so können fachlich fundierte Entscheidungen im Hinblick auf zukünftige Klimarisiken ermöglicht und entsprechende Maßnahmen zur Risikominderung und Anpassung zielgerichtet umgesetzt werden. Hinzu kommt, dass insbesondere kleinere Kommunen Unterstützung bei der Bewertung und Priorisierung der durchzuführenden Maßnahmen benötigen, weil dort die finanziellen und personellen Ressourcen besonders knapp sind. Weiterhin ist auch die Vorstellung, dass eine effektive Vorsorge mit Patentrezepten funktioniert, irreführend: »One-size-fits-all-Lösungen« gibt es in der Klimawandelanpassung nicht, vielmehr müssen die konkreten Kapazitäten und Handlungsoptionen vor Ort in die Betrachtung einfließen. Maßnahmen sind stets ortsabhängig zu sehen und an den jeweiligen Gegebenheiten auszurichten.

Kommunaler Bedarf nach Daten und Unterstützung bei der Klimaanpassung

Insgesamt besteht ein erheblicher Bedarf nach frei verfügbaren Daten, Informationen und Analysetools zu verschiedenen Klimawirkungen in Städten und Regionen, aber auch nach belastbaren Grundlagen zur Planung konkreter Anpassungsmaßnahmen. Die Daten sollten nach wissenschaftlichen Standards erhoben und möglichst einheitlich erfasst werden. Zudem sollten sie zeitlich und räumlich möglichst hoch aufgelöst sein. Die Ergebnisse stammen aus einer Interviewreihe (24 Interviews), die mit Vertretern aus den RegIKlim-Modellregionen und weiteren Stakeholdern geführt wurde. RegIKlim steht für die Fördermaßnahme »Regionale Informationen zum Klimahandeln« des Bundesministeriums für Forschung, Technologie und Raumfahrt (BMFTR), die Daten und Wissen zum Klima und den Folgen des Klimawandels in sechs Modellregionen aufbereitet und geeignete Handlungsoptionen entwickelt. Ziel der Fördermaßnahme ist es, kommunalen Entscheidungstragenden in Politik und Verwaltung, Verbänden, Planungsbüros und anderen aktiven Gruppen nutzbare Daten sowie Unterstützung bei der Planung und Durchführung von Klimaanpassungsmaßnahmen zur Verfügung zu stellen, zum Beispiel mithilfe von digitalen Klimadiensten. Solche Dienste stellen notwendige Daten und Informationen für die Bauleit- und Regionalplanung, die Erstellung von Hitzeaktionsplänen oder Klimaanpassungskonzepten bereit. Über die reine Datenbereitstellung hinaus sollten Klimadienste auch Hilfestellungen zur Datenanwendung im Anpassungsprozess liefern und Praxisanforderungen gezielt adressieren, indem sie die Daten, Analysetools, Interpretationshilfen und Schulungsmaterialien abgestimmt aufeinander anbieten.

Folgende Nutzungsanforderungen werden hierbei von kommunalen Verwaltungen an Klimadienste gestellt (Harrs et al., 2023):

- Konkrete Problemlösungen und Umsetzungshilfen für Planungsprozesse.
- Interpretationshilfe zur Unterstützung des Verständnisses und der weiteren internen und externen Kommunikation der Ergebnisse.
- Einfache Bedienbarkeit und Sprache für verschiedene Nutzergruppen und Wissenslevel.

- Aufzeigen von Beispielen für Maßnahmen sowie Studien zur Simulation von Maßnahmen.
- Räumliche hoch aufgelöste Modellierungen.
- Ergebnisse sollten für Planungszwecke Rechtssicherheit aufweisen.
- Tools sollten ohne kostenpflichtige Software als einfache Web-Anwendung bedient werden können.
- Kostenfreier Einsatz der Klimadienste.
- Möglichkeiten zur Verknüpfung mit anderen Daten sowie Kompatibilität mit bestehenden Anwendungen.
- Fortlaufende Aktualisierung.
- Vernetzung mit anderen Nutzenden über Wissensplattformen.

Abbildung 1 fasst zusammen, auf welchen Wegen die Forschung zur Klimawandelanpassung diejenigen Stellen informieren und unterstützen kann, die für die Maßnahmenplanung und Umsetzung zuständig sind. Durch die Bereitstellung aktueller Klimadaten, die Erforschung geeigneter Methoden zur Erhebung anpassungsrelevanter Kenngrößen wie zum Beispiel für ein Monitoring zu den Fortschritten bei der Anpassung, Schulungen und die Vernetzung interessierter Akteure kann die angewandte Anpassungs-

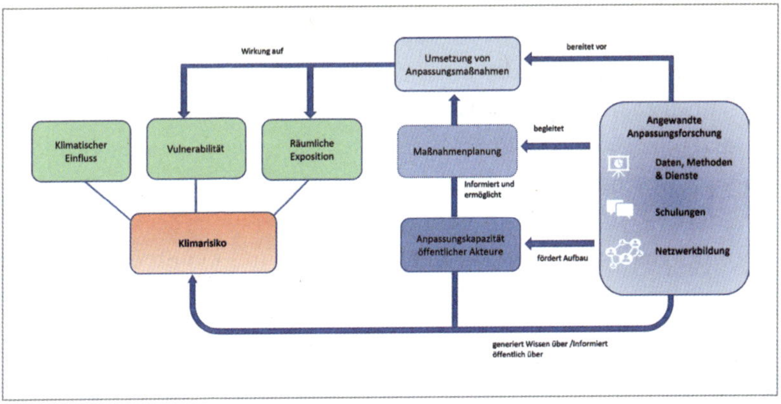

Abbildung 1: Darstellung von Anknüpfungspunkten der Anpassungsforschung und der Zusammenhang zwischen Planung und Klimarisiken. Illustration: IREUS, angelehnt an Kahlenborn et al. 2021

forschung dazu beitragen, Anpassungskapazitäten handelnder Akteure zu erhöhen. So kann auch eine effiziente und effektive Planung von Maßnahmen unterstützt werden, zudem wird so die Umsetzung von Maßnahmen gefördert, die klimatisch bedingte Risiken reduzieren.

In der Region Stuttgart, einer der RegIKlim-Modellregionen, haben Forschende gemeinsam mit Praxisakteuren Extremwetterereignisse wie Hitzeperioden und Starkregen sowie die damit verbundenen Risiken und mögliche Anpassungsmaßnahmen analysiert. Dabei entstand im Verbundprojekt »Integrative stadt-regionale Anpassungsstrategien in einer polyzentrischen Wachstumsregion: Modellregion – Region Stuttgart« (kurz ISAP) ein Onlinetool für planende Akteure auf der lokalen und regionalen Ebene: der neue Klimaatlas für die Region Stuttgart. Unter anderem enthält er – in Fortführung und als Weiterentwicklung der Vorgängerversion aus dem Jahr 2008 – aktuelle Daten zu den Themen Klima, Klimaveränderung, urbane Hitze, Starkregenereignisse sowie zu verwundbaren Bevölkerungsgruppen und Infrastrukturen in der Region Stuttgart.

Die Region weist bei einer Bevölkerungszahl von rund 2,8 Millionen eine vergleichsweise hohe Einwohnendendichte von 763 Personen je Quadratkilometer auf, wobei in zwei Drittel der insgesamt 179 Städte und Gemeinden weniger als 10.000 Menschen wohnen. Entsprechend ist die Siedlungsstruktur meist nicht von kompakten, urbanen Bautypen geprägt. Die Bereitstellung von Daten, Anwendungsbeispielen und Wissen ist vor allem für die kleineren Gemeinden der Region hilfreich, die bei größeren Planungen schnell an finanzielle und personelle Grenzen stoßen. Insgesamt sollen die im Rahmen des ISAP-Projekts erstellten Karten und Tools die Grundlagen für Anpassungsplanungen verbessern und diese zur Basis von Entscheidungsprozessen, der Politikberatung und der Beteiligung der interessierten Öffentlichkeit machen. So soll Klimaanpassung in Zukunft ein selbstverständlicher und integraler Teil kommunaler und anderer Planungen werden.

Der Klimaatlas für die Region Stuttgart

Im Jahr 2008 wurde unter Federführung des Verbands Region Stuttgart und des Amtes für Umweltschutz der Landeshauptstadt Stuttgart der »Klimaatlas Region Stuttgart« veröffentlicht. Er stellt für das 3654 Quadratkilometer große Gebiet eine Bestandsaufnahme des damaligen Klimas dar. Auf diesem Werk baut das Online-Informations- und Beratungssystem zu Klimaanpassungsfragen auf, das im Rahmen des Verbundprojekts ISAP entwickelt wurde. Das Tool dient dazu, Anpassungsbedarfe darzustellen, die Planungsgrundlagen in der Region zu verbessern und Entscheidungsprozesse zu erleichtern. Es löst den alten Klimaatlas in aktualisierter und modernisierter Form ab. Das Portal basiert auf drei Säulen: Die erste stellt Kartenwerke mit Klimainformationen bereit, die zweite vertiefende Betrachtungen zur klimaangepassten Orts- und Raumentwicklung und die dritte eine sogenannte Wissensbibliothek (Abbildung 2). Der neue Klimaatlas richtet sich an Kommunen, Planungsträger, Genehmigungsbehörden, Planungsbüros und die interessierte Öffentlichkeit.

Die erste Säule umfasst drei Themenbereiche:

- Klimawandel in der Region Stuttgart
- Planerische Grundlagen
- Risikoanalysen

Abbildung 2: Die drei Säulen des neuen Klimaatlas Region Stuttgart. Illustration: ISAP 2024

Der erste Teilbereich »Klimawandel in der Region Stuttgart« stellt den Nutzenden grundlegende Informationen zum beobachteten und projizierten Klimawandel (im Szenario einer globalen Erwärmung von 2 Grad Celsius) in der Region zur Verfügung. Es werden Ergebnisse zu 15 ausgewählten Klimaparametern aus den Bereichen Temperatur und Niederschlag präsentiert. Ziel ist es, die Nutzenden des Online-Tools über den Klimawandel zu informieren und zu sensibilisieren.

Die Aspekte Klima, Luft sowie Starkregen sind raumrelevante Faktoren, die in der Regional- und Bauleitplanung, im Rahmen von Umweltverträglichkeitsprüfungen sowie bei Standortuntersuchungen berücksichtigt werden. Für eine sachgerechte Behandlung dieser Belange ist die Nutzung von flächenbezogenen Informationen erforderlich.

Im zweiten Teilbereich der ersten Säule können in der Kategorie »Planerische Grundlagen« entsprechende Kartenwerke abgerufen werden: die Klimaanalysekarte mit einer Darstellung der aktuellen Bedingungen in der Region, die Planungshinweiskarte mit Informationen für eine klimafeste Planung der weiteren Siedlungsentwicklung sowie eine regionale Starkregengefahrenkarte.

Der dritte Teilbereich der ersten Säule (»Risikoanalysen«) umfasst Kartenwerke zu Vulnerabilität und Exposition, zu Risikoräumen und ökonomischen Schadensbewertungen. Räumliche Vulnerabilitäten im Kontext des Klimawandels ergeben sich zum Beispiel aus der Bevölkerungsstruktur. So gelten zum Beispiel ältere Menschen als vulnerable Gruppe.

Bei der zweiten Säule – den Wirksimulationen – geht es darum, anhand von zwei ausgewählten Modellräumen beispielhaft darzustellen, welche Effekte sich mit Anpassungsmaßnahmen erzielen lassen. Im ersten Modellraum wurden auf interkommunaler Ebene im Bereich der Neckartalachse zwischen Stuttgart und Esslingen am Neckar Maßnahmen zur Starkregenvorsorge näher betrachtet. Auf Bebauungsplanebene wurden am Beispiel des Neubaugebiets Neckarpark in Stuttgart-Bad Cannstatt die Wirkungen von Maßnahmen zur Hitzevorsorge vertiefend untersucht.

Die Wissensbibliothek als dritte Säule liefert Grundlagenwissen zum Klimawandel und zur Klimaanpassung, zudem enthält sie Lese- und Arbeitshilfen für die Planungsgrundlagen und Untersuchungen der beiden anderen Säulen.

Regionale Analyse- und Gefahrenkarten

Während sich die aktuelle Klimaentwicklung durch Beobachtungen gut beschreiben lässt, mussten zur Charakterisierung des zukünftigen Klimas sowie der Hitze- und Starkregenrisiken in der Region Stuttgart Simulationen herangezogen werden – vergleichsweise hoch aufgelöst auf der Kilometer-Skala, was einen erheblichen Rechenaufwand bedeutete. Hinzu kamen Analysen von Klimaänderungssignalen sowie die Abschätzung der vorhandenen Unsicherheiten und Spannbreiten der angewandten Modelle. Hierfür wurden Ensembles von unterschiedlichen Klimasimulationen benötigt.

Karte zur thermischen Belastung

Hitzeperioden und insbesondere die damit verbundenen Gefahren für die Gesundheit, aber auch für Ökosysteme, die Wirtschaft und die Infrastruktur, stellen in der Region Stuttgart schon heute ein erhebliches Klimarisiko dar. Basierend auf hoch aufgelösten Klimaprojektionsdaten wurde eine Studie (Hundhausen et al., 2023) über die Zunahme von Hitzeperioden in Süddeutschland durchgeführt. Zudem wurden die Eigenschaften zukünftiger Hitzeereignisse im Hinblick auf verschiedene Indizes wie Dauer und maximale Temperatur untersucht. Dabei wird eine Hitzewelle so definiert: An mehr als drei aufeinanderfolgende Tagen überschreitet die Tagesmaximumtemperatur das 90. Perzentil der klimatologischen Verteilung der Tagesmaximumtemperatur (berechnet für den Zeitraum von 1971 bis 2000).

Der Studie zufolge werden die Temperaturen während der Hitzeperioden künftig noch höher sein, was für die Gesundheit der Menschen zu erheblichen Problemen führen wird. Zudem werden Hitzewellen länger andauern. Rekordhitzewellen wie die in Deutschland im Jahr 2003 werden damit wahrscheinlicher. Laut der Studie wird nicht unbedingt die höhere Spitzentemperatur, sondern vor allem die längere Dauer der Hitzeperioden deren Folgen beeinflussen. Negative Auswirkungen sind vor allem mit Blick auf die Gesundheit, landwirtschaftliche Produktion sowie Trinkwasserversorgung zu erwarten.

Zunehmen wird auch die Zahl der sogenannten »Heißen Tage« mit Temperaturen über 30 Grad Celsius – ein wichtiges Maß für die Hitzebelastung.

Im Durchschnitt lag die Anzahl der Heißen Tage gemittelt über die Region Stuttgart im Zeitraum 1971 bis 2000 bei etwa fünf, im Zeitraum 1991 bis 2020 bei etwa zehn Tagen pro Jahr. Abbildung 3 zeigt die erwartete zukünftige Entwicklung der Anzahl der Heißen Tage in der Region Stuttgart bei einer globalen Erwärmung um ein Grad (das entspricht ungefähr dem gegenwärtigen Klima), um zwei Grad sowie um drei Grad im Vergleich zur vorindustriellen Zeit. In einer drei Grad wärmeren Welt werden im langjährigen Mittel und gemittelt über die Region Stuttgart über 20 Heiße Tage pro Jahr erreicht werden. Die Zunahme ist im Spätsommer am stärksten.

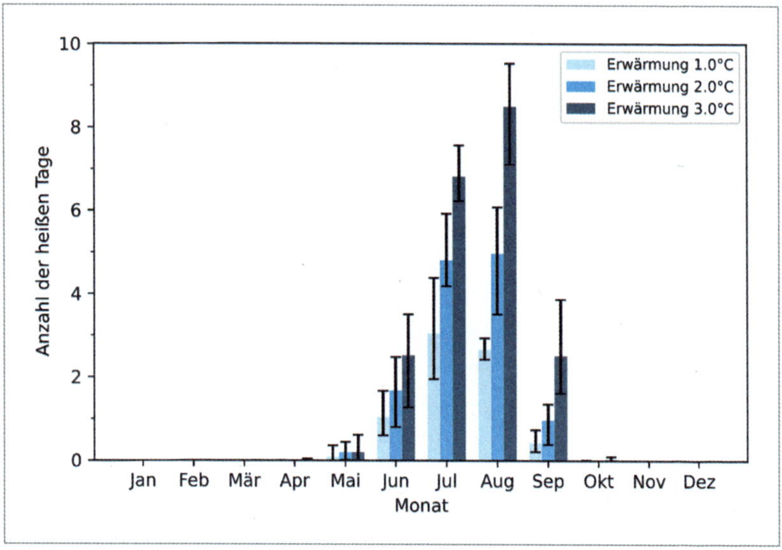

Abbildung 3: Erwartete zukünftige Entwicklung der Anzahl der Heißen Tage im Jahresgang in der Region Stuttgart für die globalen Erwärmungsniveaus 1, 2 und 3 °C. Die Balken stellen die über die Region, über die vier durchgeführten unabhängigen Simulationen, sogenannte Ensemblemitglieder, und über die jeweiligen 30 Jahre gemittelte Anzahl der Heißen Tage dar, während die Antennen die entsprechenden Ensemble-Minimal- und -Maximalwerte zeigen. Quelle: Analyse von KIT basierend auf Daten des KIT-KLIWA-Ensembles. Illustration: KIT (ISAP 2024)

Ein wesentlicher Bestandteil des Klimaatlas Region Stuttgart ist die Klimaanalysekarte, welche die lokalklimatischen Gegebenheiten in der Region flächenhaft darstellt. Datengrundlage sind entsprechende Simulationen – unter anderem der Kaltluftströmungen und des nächtlichen Abkühlungsverhaltens an einem typischen Sommertag. Neben den klimatischen Eingangsdaten gingen in die Erstellung der Karte Daten zum Geländerelief, der Landnutzung, der Gebäudehöhe und dem Versiegelungsgrad ein.

Die thermischen Belastungen werden in der Karte als sogenannte Klimatope dargestellt, das sind Gebiete mit ähnlichen mikroklimatischen Ausprägungen. Sie unterscheiden sich vor allem in der Ausprägung der urbanen Wärmeinsel. Insgesamt gibt es im neuen Klimaatlas 16 Klimatope, die in Abbildung 4 erkennbar sind. Im unbebauten Bereich sind dies die Klimatope »Gewässer«, »Freiland«, »Wald« und »Grünanlagen«. Im urbanen Umfeld kommen acht weitere hinzu: »Vorstadt«, »Stadtrand«, »Stadt« und »Innenstadt« – jeweils in zwei Subkategorien unterteilt. Außerdem gibt es vier »Gewerbeklimatope«.

Die Klimaanalysekarte dient als Planungsgrundlage auf verschiedenen Handlungs- und Maßstabsebenen (insbesondere formale Bauleit- und Regionalplanung) und als Instrument für weiterführende informelle Planungen.

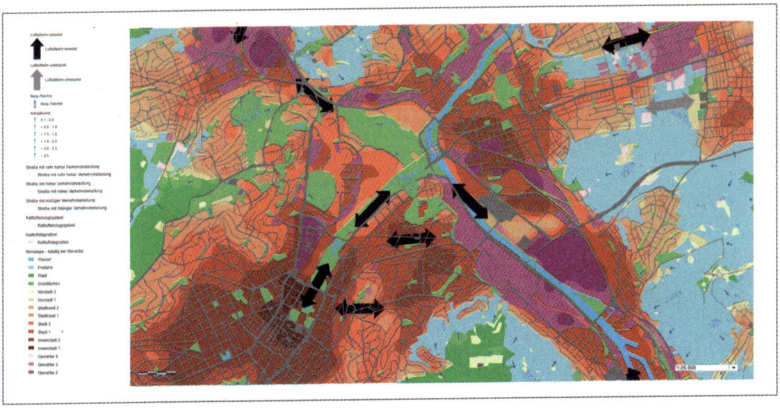

Abbildung 4: Exemplarischer Ausschnitt der Klimaanalysekarte mit Klimatopen. Illustration: Lohmeyer GmbH (2025)

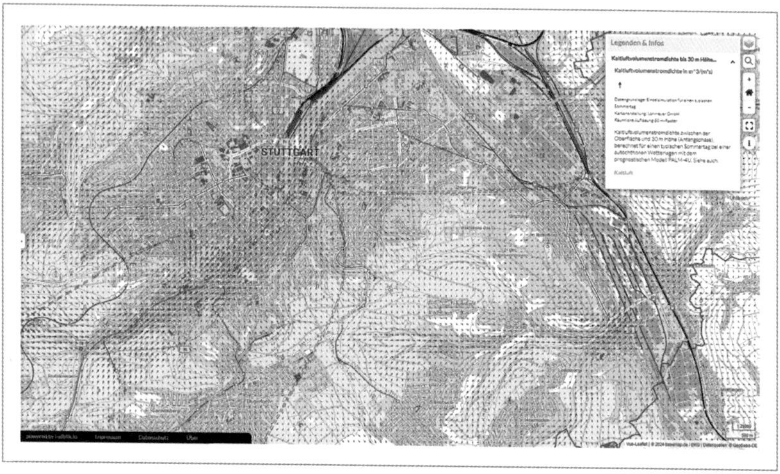

Abbildung 5: Kartenausschnitt zur Kaltluftvolumenstromdichte zwischen 0 und 30 Meter Höhe für die nächtliche Anfangsphase. Illustration: Lohmeyer GmbH (2023)

Für die nächtliche Kaltluftversorgung der tiefer gelegenen urbanen Zentren der Region sind die regionalen Reliefbedingungen entscheidend. Kaltluft, die auf höher gelegenen Freiflächen an heißen Tagen mit wenig Wind und Wolken nach Sonnenuntergang entsteht, strömt als Hangabwind talwärts. In Geländeeinschnitten und Tälern können sich so intensive Kaltluftströmungen ausbilden, welche die nächtliche Belüftung von Siedlungsgebieten fördern. Deshalb werden auf Grundlage des Reliefs, der Landnutzung und der Bebauung entsprechende Simulationen für einen typischen Heißen Sommertag durchgeführt. Abbildung 5 zeigt die Kaltluftvolumenstromdichte der nächtlichen Anfangsphase. Diese beschreibt die Kaltluftmenge in Kubikmeter, die pro Sekunde durch einen ein Meter breiten Streifen zwischen der Erdoberfläche und der Oberkante der Schichtdicke, die senkrecht zur Strömung steht, fließt.

Klimaatlas Starkregen

Starkregenereignisse stellen für die Region Stuttgart bereits heute ein großes Risiko und eine zentrale Herausforderung dar, wie das Ereignis 2024

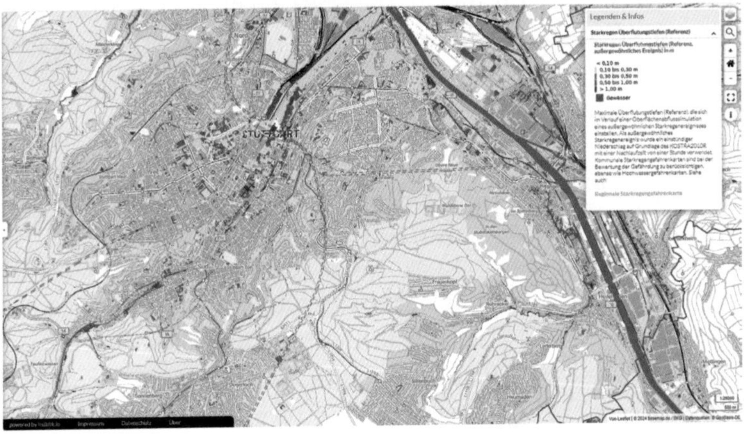

Abbildung 6: Exemplarischer Ausschnitt der regionalen Starkregengefahrenkarte mit Darstellung der maximalen Wassertiefen für ein außergewöhnliches Starkregenereignis. Illustration: Dr. Pecher AG (ISAP 2024)

in der Region gezeigt hat, das zwei Menschleben forderte und allein in der Gemeinde Rudersberg einen geschätzten Schaden von 120 Millionen Euro verursachte. Beobachtungen und Klimasimulationen lassen erwarten, dass derartige Ereignisse in Zukunft häufiger und intensiver werden, da eine wärmere Atmosphäre mehr Wasserdampf aufnehmen kann, was das Potenzial für extreme Niederschläge erhöht. Als belastbare Datengrundlage für die Risikovorsorge wurden im Projekt ISAP Starkregengefahrenkarten für die gesamte Region erstellt. Die eingesetzten Modelle für ein kommunales Starkregenrisikomanagement wurden hierzu für die regionale Ebene optimiert, indem Testberechnungen detailliert geprüft und Ortsbegehungen durchgeführt wurden. So wurden zum Beispiel Brückenbauwerke, die in den Testberechnungen zu relevanten Aufstauungen führten, in das regionale Modell eingebaut. Berücksichtigt wurden auch einfache und kurze, also unter hundert Meter lange Tunnel sowie Verrohrungen, Verdolungen und Durchlässe. Insgesamt wurden im Rahmen dieser Modelloptimierungen mehr als 40.000 Elemente geprüft und eingearbeitet. Abbildung 6 stellt einen exemplarischen Ausschnitt der regionalen Starkregengefahrenkarte dar. Darüber hinaus wurden auch Effekte zukünftiger höherer Niederschlagsintensitäten betrachtet, um die Auswirkungen des Klimawandels abbilden zu können.

Ermittlung des Anpassungsbedarfs

Hitzewellen und Starkregenereignisse können je nach Region, Besiedelungsdichte und Landnutzung unterschiedlich starke Auswirkungen auf die dort lebenden Menschen und die Infrastruktur haben. Für eine ganzheitliche Strategie zur Klimaanpassung ist daher neben der Betrachtung des Gefahrenausmaßes, beispielsweise in Form von Überflutungsbereichen oder Hitzeinseln, auch die Vulnerabilität der betroffenen Bereiche, Bevölkerung und Infrastrukturen wichtig. Unter Vulnerabilität ist hier die Sensitivität oder Empfindlichkeit gegenüber Gefahren sowie die Kapazität, mit einer Gefahr umzugehen und sich auf diese vorzubereiten, zu verstehen (IPCC, 2018). Die Vulnerabilitätsfaktoren zusammen mit der Gefahr ergeben das Risiko. Ein hohes Risiko und dementsprechend ein hoher Anpassungsbedarf besteht, wenn viele Menschen, Infrastrukturen und Existenzgrundlagen bei einer gleichzeitig hohen Vulnerabilität von Extremwetterereignissen betroffen sein könnten.

Deshalb sind im Klimaatlas neben Karten zu Hitzeereignissen und Starkregengefahren auch Karten zur Vulnerabilität vorhanden. Die Karte zur sozialen Vulnerabilität der Bevölkerung gegenüber Extremereignissen basiert auf zwei Indikatoren, die auf Daten der Zensuserhebung des Statistischen Bundesamts (2024) beruhen. Der erste Indikator ist der Anteil der Einwohner und Einwohnerinnen über 65 Jahre, da die gesundheitliche Empfindlichkeit ab diesem Alter deutlich zunimmt (Winklmayer et al., 2023). Der zweite Indikator ist der Anteil der Bewohnerschaft mit einer geringen Wohnfläche pro Kopf – diese Statistik hängt mit dem Einkommensniveau zusammen (Statistisches Bundesamt, 2025). Somit liefert dieser Indikator Hinweise auf die sozioökonomische Struktur der Region und die verfügbaren Ressourcen und Kapazitäten der Bevölkerung, um sich auf Extremereignisse vorzubereiten und damit umzugehen (Butsch et al., 2023).

Neben diesen sozialen Faktoren gibt es auch eine Karte zur Grünversorgung. Sie stellt die durchschnittliche Anzahl der Quadratmeter beschatteter, öffentlich zugänglicher Freiflächen pro Kopf je Stadt- oder Ortsteil dar. Solche Flächen sind in der Regel kühler als die umgebenden bebauten Bereiche und können den Menschen daher zur Hitzeerholung dienen. Eine geringere Versorgung mit solchen Flächen je Einwohner und Einwohnerin weist auch auf Anpassungsbedarf hin.

Werden die Wohngebiete mit hoher Vulnerabilität in Kombination mit Bereichen hoher Hitzebelastung betrachtet (siehe Abbildung 7), werden Gebiete mit einem erhöhten Risiko deutlich. Besonderer Handlungsbedarf bezüglich der Hitzeanpassung entsteht dort, wo viele Menschen mit einem hohen Risiko leben und zugleich nur über wenige urbane Grünflächen zur Erholung in der Umgebung verfügen.

Besonders im Hinblick auf Starkregengefahren ist es wichtig, neben der sozialen Vulnerabilität auch kritische und sensible Infrastrukturein-

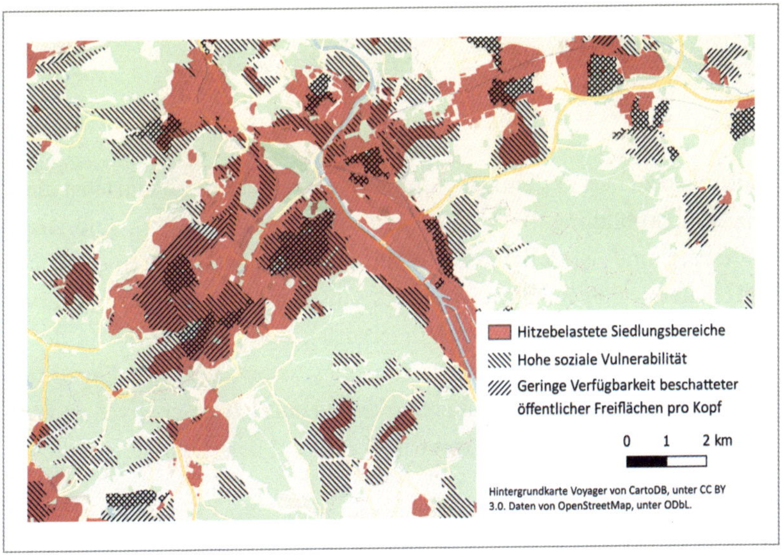

Abbildung 7: Exemplarischer Ausschnitt der regionalen Karte zur sozialen Vulnerabilität gegenüber Hitze (IREUS 2025) über den hitzebelasteten Siedlungsbereichen (Lohmeyer GmbH 2025). Illustration: ISAP 2025

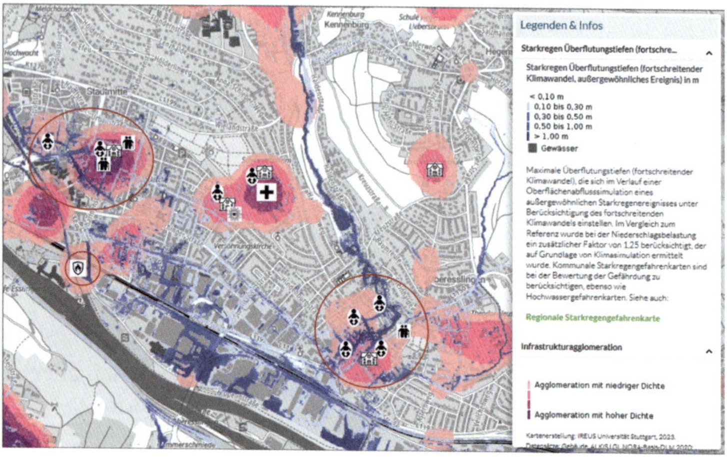

Abbildung 8: Überlagerung der Karte für Ansammlungen sensibler und kritischer Infrastrukturen mit der Gefahrenkarte für Starkregen (maximale Überflutungstiefen). Hervorgehoben sind exponierte soziale Einrichtungen wie Kindergärten, Seniorenheime und Grundschulen sowie Notfalldienste wie die Feuerwache. Illustration: ISAP 2025

richtungen zu berücksichtigen, um prioritäre Handlungsbedarfe zu identifizieren (Abbildung 8). Beispiele kritischer Infrastrukturen sind Krankenhäuser und Notfalldienste, deren Ausfall durch Extremereignisse weitreichende Folgen haben kann. Zur sensiblen Infrastruktur wiederum zählen beispielsweise Schulen, Kindergärten und Pflegeheime, in denen sich besonders schutzwürdige Personen aufhalten. Bei einer Exposition solcher Einrichtungen gegenüber Starkregen oder extremer Hitze sind Anpassungsmaßnahmen besonders wichtig.

Fazit

Zusammenfassend ist festzuhalten, dass insbesondere bei kleineren Kommunen Bedarf an Information und Beratung zum Klimawandel und dessen Auswirkungen, zur Erstellung von Anpassungskonzepten und zur Entwicklung geeigneter Maßnahmen besteht. Hierzu leisten der stadt-regionale Klimaatlas für die Region Stuttgart und die damit verbundenen Informations- und Beratungselemente einen wichtigen Beitrag. Für die verantwortlichen Akteure in der Region Stuttgart liefern die Inhalte dieses Tools eine wichtige Grundlage, insbesondere für informelle Planungen beziehungsweise Aktivitäten wie zum Beispiel die Aktualisierung von Rahmenplänen oder die Erstellung von Klimaanpassungskonzepten. Nun kommt es darauf an, die bereitgestellten Daten und Klimaservices aktiv zu nutzen – und sie in konkretes Anpassungshandeln zu überführen.

Joanna M. McMillan, Max Rodenbüsch, Christoph Hemberger, Jan-Albrecht Harrs, Laura Dalitz, Kevin Laranjeira, Marie Hundhausen, Hendrik Feldmann, Rainer Kapp, Friedrich Hampel und Jörn Birkmann

Förderung

Gefördert wurde diese Forschung vom deutschen Bundesministerium für Forschung, Technologie und Raumfahrt (BMFTR) im Rahmen der Fördermaßnahme »Klimaforschung« (FONA), BMFTR-Förderkennzeichen: Verbundprojekt RegIKlim: Integrative stadt-regionale Anpassungsstrategien in einer polyzentrischen Wachstumsregion, Modellregion – Region Stuttgart (ISAP) (01LR2007A).

Projektseiten

- RegIKlim, Regionale Informationen zum Klimahandeln. URL: https://ms.hereon.de/regiklim/
- ISAP, Integrative stadt-regionale Anpassungsstrategien in einer polyzentrischen Wachstumsregion: Modellregion – Region Stuttgart. URL: www.region-stuttgart.org/de/bereiche-aufgaben/regionalplanung/klima/isap/, Verband Region Stuttgart: ISAP – Modellregion Stuttgart
- Digitaler Klimaatlas der Region Stuttgart. URL: https://klimaatlas.region-stuttgart.org
- WIKRsam, Wissenschaftliche Koordination zur Entwicklung eines regionalen Klimakatasters. URL: www.gerics.de/science/projects/detail/086832/index.php.de

Klimawandel-anpassung aus sozialer Perspektive & Gesundheit

Der Klimawandel: Eine Herausforderung für den kommunalen Gesundheitsschutz

Die Erderwärmung hat weitreichende Folgen, auch für die menschliche Gesundheit. Vor dem Hintergrund, dass die Weltgesundheitsorganisation (WHO) den Klimawandel sogar als größte Gesundheitsbedrohung der Menschheit einstuft, fand beim Weltklimagipfel in Dubai im Jahr 2023 ein ganzer Thementag »Gesundheit« statt – ein Novum in der Geschichte der UN-Klimakonferenz. Auch in Baden-Württemberg führen die Aus-

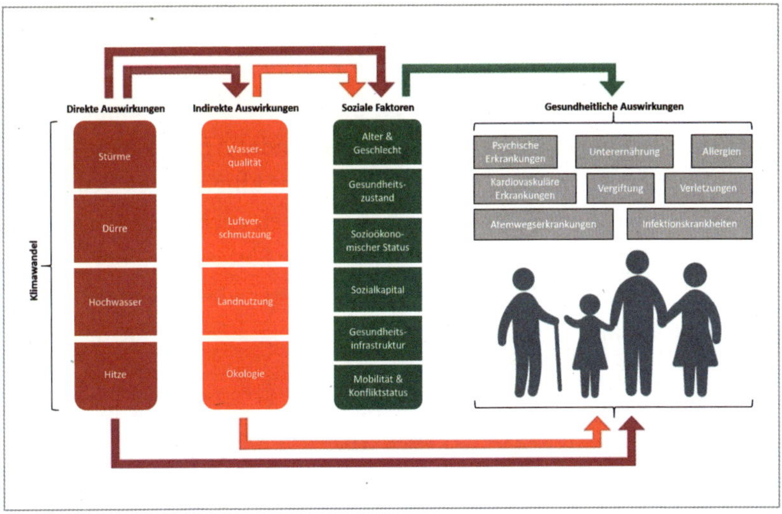

Abbildung 1: Die Folgen der Klimaerwärmung wirken sich auch auf die Gesundheit der Menschen aus. Illustration: Adaptiert nach Watts et al., 2015

wirkungen einer voranschreitenden Erderwärmung zu einem steigenden Morbiditäts- und Mortalitätsrisiko, also einer erhöhten Gefahr, an durch den Klimawandel bedingten gesundheitlichen Folgen zu leiden oder gar zu sterben. Und dies bezieht sich nicht nur auf die unmittelbaren Folgen beispielsweise von Hitzewellen, sondern hat einen viel breiteren Hintergrund. Daher sollten gesundheitliche Aspekte im Umgang mit dem Klimawandel immer mitbetrachtet werden (Abbildung 1).

Gesundheit und Klima zusammendenken

Der Klimawandel führt in Baden-Württemberg insbesondere zu längeren, häufigeren und intensiveren Hitzeperioden, welche die Gesundheit der Bevölkerung belasten und bis zum Tod führen können (Klimaanpassungsstrategie BW, o.J.). Auch andere Extremwettereignisse wie starke und lang anhaltende Regenfälle, die teilweise heftige lokale und auch großflächige Überschwemmungen hervorrufen, gefährden Menschenleben. Zudem können beispielsweise betroffene Gebiete nicht für Rettungsfahrzeuge erreichbar sein oder in der Folge chronische Leiden und psychische Erkrankungen entstehen (Herting et al., 2023, 10). Darüber hinaus begünstigt die Klimaänderung durch mildere Winter und höhere Sommertemperaturen die Zuwanderung und Etablierung gebietsfremder Arten wie der Asiatischen Tigermücke (*Aedes albopictus*). Durch die klimatischen Bedingungen in Südwestdeutschland kann sie inzwischen auch hier überwintern und sich vermehren. Da das Insekt nach seiner Blutmahlzeit bei infizierten Reiserückkehrern tropische Krankheitserreger wie das Dengue-, Zika- oder Chikungunya-Virus übertragen kann, steigt hierzulande das lokale Infektionsrisiko.

Schließlich trägt die Erderwärmung auch dazu bei, dass eine Reihe nicht übertragbarer Krankheiten wie etwa Allergien oder Hautkrebs häufiger werden und sich beispielsweise Asthma bronchiale verschlechtert. Darüber hinaus beeinflusst der Klimawandel die menschliche Gesundheit durch die Veränderung von Ökosystemen und verschärft den anhaltenden Verlust der biologischen Vielfalt. Intakte Ökosysteme besitzen ein enormes Potenzial zur Speicherung von Treibhausgasen und tragen im Verbund mit biologischer Vielfalt maßgeblich dazu bei, die Auswirkungen des Klimawandels für Mensch und Natur abzumildern. Nicht allein zur Sicherung der Lebensgrundlagen, sondern auch für Wohlergehen und Gesundheit müssen Veränderungen beim Klima wie auch bei der Biodiversität daher dringend zusammen gedacht werden. Denn Fakt ist: Mit der Klimaveränderung wartet bereits eine Gesundheitskrise auf die Menschheit. Bei der Bewältigung der damit verbundenen Herausforderungen kommt den Städten und Gemeinden eine herausragende Bedeutung zu. Denn der Klimawandel ist zwar ein globales Phänomen, das nur durch internationale Kooperation bewältigt werden kann, aber wichtige Maßnahmen zur Anpassung an bereits eingetretene oder zu erwartende Auswirkungen lassen sich regional und lokal erarbeiten und umsetzen.

Städte und Gemeinden im Klimawandel

Sowohl ländliche Gebiete als auch Großstädte weltweit, aber auch in Baden-Württemberg, sind von den Auswirkungen der Erderwärmung massiv betroffen. Urbane Räume haben einen hohen Versiegelungsgrad, mehr Bewohnende, eine hohe Dichte an wirtschaftlichen Schaltstellen, Gütern sowie eine Bevölkerung, die in ihrer soziodemografischen und sozioökonomischen Zusammensetzung äußerst heterogen ist. Daher gibt es in Städten mehr Klimarisiken, die sich nachteilig auf Gesundheit, Lebensqualität und Wohlbefinden ihrer Einwohnerinnen und Einwohner auswirken. Gleichzeitig konzentrieren sich hier zahlreiche Einrichtungen, in denen Menschen mit einem gesteigerten Risiko für klimawandelbedingte Gesundheitsauswirkungen betreut werden, wie Krankenhäuser, Pflegeheime, Senioreneinrichtungen, Schulen oder Kindergärten. Die Debatte um Strategien zur Gefahrenabwehr bei Hitzewellen und den Aufbau resilienter Strukturen, die das Morbiditäts- und Mortalitätsrisiko senken, wird in Großstädten daher intensiver als in ländlichen Gebieten geführt. Und zwar mit Blick auf die finanziellen und personellen Ressourcen, die zur Entwicklung von Anpassungsmaßnahmen vorhanden sind, aber auch hinsichtlich der Zahl der beteiligten lokalen Akteure wie etwa Gesundheitsamt, medizinisches Personal, Jugend- oder Schulamt.

Die Förderung von Klimagerechtigkeit, gesundheitlicher Chancengleichheit und die Minimierung von Krankheitsrisiken ist aber angesichts der lokalklimatischen Veränderungen und ihrer teils gravierenden Folgen genauso in kleineren und mittleren Kommunen ein zentrales Thema. Gesundheitsrelevante Faktoren wie Alter, Geschlecht, Einkommen, Wohnverhältnisse, Gesundheitsversorgung oder soziale Integration und die vielfältigen Bezüge, in denen sie stehen, müssen in Rahmen von Klimawandel-Betroffenheitsanalysen in lokale Präventionskonzepte integriert werden, um Allgemeinbevölkerung und Risikogruppen adäquat vor klimawandelbedingten Gefahren schützen und bei der eigenen Anpassungsfähigkeit unterstützen zu können. Zusätzlich muss die Allgemeinbevölkerung zur Eigenvorsorge bei Extremwetterereignissen wie Hochwasser beziehungsweise Überflutung sowie Hitze befähigt werden.

Politische und rechtliche Rahmenbedingungen

Bereits im Jahr 2008 identifizierte die Deutsche Anpassungsstrategie auf Basis einer Klimarisikoanalyse für das Handlungsfeld Gesundheit drei prioritäre Risiken: die Auswirkungen von Hitze, Allergenen und vektorassoziierten Infektionskrankheiten, bei denen Erreger durch sogenannte Vektoren wie Zecken oder Mücken übertragen werden. 2015 wurden die Gesundheitsschwerpunkte des nationalen Klima-Fahrplans in eine baden-württembergische Anpassungsstrategie an den Klimawandel aufgenommen, die 2023 aktualisiert und weiterentwickelt worden ist. Anlehnend an die nationale Strategie hat die 93. Gesundheitsministerkonferenz 2020 neun Beschlüsse gefasst, um im Gesundheitswesen auf die Folgen der Erderwärmung zu reagieren. Demnach sollen unter anderem bis 2025 vorrangig auf kommunaler Ebene Hitzeaktionspläne erarbeitet werden. Sie sollen hitze- und UV-bedingte Erkrankungen und Todesfälle in der Bevölkerung durch Prävention vermeiden. Mit dem am 1. Juli 2024 in Kraft getretenen Klimaanpassungsgesetz wurde für Bund, Länder und Gemeinden ein verbindlicher Rahmen für die Risikovorsorge und Anpassung an die Folgen des Klimawandels geschaffen. Träger öffentlicher Belange müssen damit künftig bei allen Planungen und Entscheidungen die Anpassung an die Auswirkungen eines sich wandelnden Klimas berücksichtigen, und zwar über alle Verwaltungsebenen hinweg – also auch in den Städten und Gemeinden. Aktuell wird das Klimaschutz- und Klimawandelanpassungsgesetz Baden-Württemberg (Klima-G) überarbeitet. Darin wird unter anderem die Ausgestaltung von kommunalen Klimaanpassungskonzepten geregelt.

Einen Rahmen für kommunale Klimaanpassung gibt die »Leipzig-Charta zur nachhaltigen europäischen Stadt« aus dem Jahr 2007 und ihre Fortschreibung als »Neue Leipzig-Charta« (2020). Sie gilt auf nationaler und europäischer Ebene als das strategische Leitdokument für integrierte Stadtentwicklung. Für die zukunftsfähige Transformation von Kommunen gibt das Dokument drei Handlungsdimensionen vor: die »gerechte Stadt«, die »grüne Stadt« und die »produktive Stadt« (Stadt Leipzig, o.J.). Gemeinwohlorientierung, Beteiligung und Koproduktion, Kooperation auf mehreren Ebenen sowie ein integrierter und ortsbezogener Ansatz werden dabei als Schlüsselprinzipien guter urbaner Governance benannt, die sich auf Quartier, Gesamtstadt und Stadtregion bezieht. In diesem Kontext zählt die Charta explizit ein gesundes Lebensumfeld, gesunden Wohnraum, ein gesundes Stadtklima, eine ausreichende Gesundheitsversorgung und Umweltgerechtigkeit für alle gesellschaftlichen Gruppen als Teil einer gemeinwohlorientierten Stadtentwicklung auf.

Gesundheit in und für alle Politikfeldern: Ein Ansatz, der kommunal verankert werden muss

Im Sinne eines »Health in all Policies«-Ansatzes ist Gesundheit als kommunales Querschnittsthema zu verankern, da die Aufgabe, gesundheitsförderliche Lebensbedingungen zu schaffen, nicht allein vom Gesundheitssektor erfüllt werden kann. Auch andere Politikfelder wie der Bildungs-, Arbeits-, Umwelt-, Verkehr-, Bau- oder Stadtentwicklungssektor stehen in der Verantwortung, das Thema Gesundheit bereits in Planungsprozessen angemessen zu berücksichtigen (Quilling et al., 2022). So verschiebt sich der Schwerpunkt von der kurativen Gesundheitsvorsorge hin zu Prävention und Gesundheitsförderung. Deren Maßnahmen beruhen auf zwei Ansätzen. Zum einen versucht die Verhaltensprävention, die Gesundheitskompetenz des Einzelnen etwa durch Aufklärung, Beratung und Information zu stärken und relevante Risikofaktoren zu minimieren. Zum anderen nimmt die Verhältnisprävention Einfluss auf die Gesundheit, indem sie Veränderungen der strukturellen Lebensbedingungen wie Wohnumfeld oder Umweltbelastungen anstrebt.

Im Kern geht es darum, gesundheitsbezogene Ressourcen und Potentiale von Menschen zu stärken, aber auch gesundheitliche Chancengleichheit herzustellen. Und das bezogen auf alle Lebenslagen und Lebensphasen vom Aufwachsen bis zum Seniorenalter in einer Präventionskette. Folglich geht es nicht allein darum, Krankheiten zu behandeln, sondern dafür zu sorgen, dass sie sich erst gar nicht entwickeln. Damit greifen beide Ansätze in der Praxis ineinander. Die Bedeutung der kommunalen Ebene, Gesundheit in allen Politikfeldern umzusetzen, wird dabei als besonders hoch eingeschätzt.

Bezogen auf Deutschland lässt sich das mit dem Prinzip der kommunalen Selbstverwaltung begründen. In deren Rahmen sind Städten und Gemeinden vielfältige Aufgaben der Daseinsvorsorge übertragen worden, insbesondere im Bereich Gesundheitsschutz und Prävention, wodurch sie über das Ortsrecht eigene kontextspezifische Impulse in die Stadtentwicklung geben können (Köckler und Geene, 2022). In vielfältiger Weise haben sie damit direkt und indirekt Einfluss auf die Lebensbedingungen und die Gesundheit der Bevölkerung. So etwa in den Bereichen Sportförderung, Vereine, Schule, Kindertagesstätte, allgemeiner Sozialer Dienst oder Seniorenbeirat. Dies gilt auch für die Gestaltung infrastruktureller Rahmenbedingungen im Zuge des Klimawandels, wie Fahrradwege, öffentlicher Personennahverkehr, Stadtgrün, Wasserversorgung, die Speicherung von Regenwasser oder die Verringerung der Luftverschmutzung. Daran wird deutlich, dass es nicht allein auf das Handeln von Politik und Verwaltung in den jeweiligen Sektoren ankommt. Vielmehr ist eine gesamtgesellschaftliche Veränderung erforderlich, die im Zusammenhang mit umweltbezogenen Entwicklungen als große Transformation vor uns liegt (vgl. ebd.).

Eine »Health in all Policies«-Strategie setzt die Zusammenarbeit zahlreicher Akteure, Sektoren und Berufsgruppen auf allen Ebenen voraus. Sie erfordert insbesondere eine intersektorale Kooperation und kann unter

Einbezug der Bevölkerung gestaltet werden (Kaba-Schönstein, 2018). Dass dies nicht einfach ist und ein breites Umdenken auch in der Verwaltung bedingt, liegt auf der Hand. Neben finanziellen Ressourcen sind eine zentrale Koordinierungsstelle, intersektorale Arbeitsgruppen sowie Austausch und Kooperationsplattformen eine wichtige Voraussetzung für die Realisierung. Derartige Instrumente dienen dazu, die Planung, Umsetzung und Bewertung von Gesundheitsinterventionen auf allen gesellschaftlichen Ebenen vom Projekt bis hin zu politischen Gesamtstrategien durch folgende Schritte auszufüllen: »Bestandsaufnahme/Zielformulierung, Maßnahmenentwicklung, Maßnahmenumsetzung, Monitoring und Evaluation mit anschließender Neuformulierung der Zielsetzungen« (Geene, 2019, 7, Hartung und Rosenbrock, 2022).

Co-Benefits von Klimaanpassung und Gesundheitsförderung

Nicht selten gibt es bei der Umsetzung von »Health in all Policies« Zielkonflikte zwischen den einzelnen Sektoren. Förderlich für eine erfolgreiche Implementierung sind daher gesundheitliche Ziele, die zu Synergieeffekten führen, die dem jeweiligen Politikfeld einen Mehrwert bieten (Köckler und Geene, 2022). Je mehr Ziele aus dem Gesundheitssektor als Zielsetzungen des eigenen Handlungsfeldes begriffen und formuliert werden, desto leichter lassen sie sich realisieren (vgl. ebd.). Gemeinsame Aktionsfelder von Klimaanpassung und Gesundheitsförderung gibt es beispielsweise an den Schnittstellen der Grün- und Freiraumplanung. Erlebnisreiche Stadtnatur hat als Begegnungs- und Aufenthaltsort eine hohe Bedeutung für den sozialen Zusammenhalt und die Quartiersidentität. Als Räume für Austausch, Spiel, Sport, Erholung und Naturerfahrung tragen sie maßgeblich zur Gesundheitsvorsorge bei. Sie stiften Identität, ermöglichen soziale Teilhabe und schaffen Zugehörigkeit – auch in sozial benachteiligten Stadtbereichen. An heißen Tagen können sie Abkühlung verschaffen und die Temperaturen in der Stadt senken. Trotzdem sind qualitativ hochwertige, ausreichend große und einladend gestaltete Grün- und Freiflächen, die wohnungsnah erreichbar sind, innerhalb der Kommunen oft ungleich verteilt (Bundesministerium für Wohnen, Stadtentwicklung und Bauwesen, o.J.). Umso wichtiger ist eine Quartiersentwicklung, die allen Bevölkerungsgruppen die gleichberechtigte Teilhabe an Begegnung, Kommunikation, Erholung, Bewegung und Naturerlebnis ermöglicht. Steigenden Gesundheitskosten und einer Überlastung des Gesundheitswesens als Folge von Wetterextremen wird so entgegengewirkt.

Zudem belegen zahlreiche Untersuchungen, dass Aufenthalte an naturbelassenen Orten Regeneration und Stressverarbeitung unterstützten, das Immunsystem sowie Konzentration, Sinnempfinden und Aufmerksamkeit stärken (Deutsche Allianz Klimawandel und Gesundheit, o.J.). Gefördert werden aber auch Naturverbundenheit und ein Bewusstsein für den Erhalt der natürlichen Ressourcen, was durch eine nachhaltigere Lebensweise indirekt auf die Gesundheit zurückwirkt. Doch Stadtgrün lohnt sich auch wirtschaftlich. Denn für Starkregenvorsorge, Überflutungsschutz, Luftreinhaltung oder auch die Stärkung und den Schutz von Vermögenswerten im Immobilien- und Infrastruktursektor müssen Kommunen künftig teils erhebliche finanzielle Ressourcen bereitstellen. Qualitativ hochwertige Grünflächen beeinflussen viele dieser Faktoren positiv. Nachhaltige Investitionen in eine naturbasierte Klimaanpassung zeigen somit durch Co-Benefits ein lohnenswertes Kosten-Nutzen-Verhältnis. Zeitgleich sollte im Rahmen von blau-grünen Infrastruktur-Maßnahmen, also der Erweiterung und Neuanlage von Wasser- und Grünflächen, eine Fehlanpassung vermieden werden. Dazu zählt beispielsweise die Schaffung neuer Massenbrutstätten von Stechmücken, die Krankheitserreger übertragen können, oder die Anpflanzung allergener Bäume (siehe dazu Pollenstiftung, o.J.).

Synergieeffekte im Handlungsfeld Gesundheit entstehen aber auch mit Blick auf Klimaschutzmaßnahmen, wie das Beispiel Mobilitätswende zeigt. Egal ob auf dem Arbeitsweg oder in der Freizeit: Muskelbasierte statt motorisierte Fortbewegung hat zahlreiche positive Effekte. Sie senkt das Risiko von Herz-Kreislauf-Erkrankungen, Bluthochdruck, Diabetes mellitus und Übergewicht. Sie beugt einigen Krebserkrankungen wie Darm- und Brustkrebs vor, steigert die mentale Gesundheit, das Wohlbefinden und vieles mehr (Deutsche Allianz Klimawandel und Gesundheit, o.J.). Insgesamt eröffnen Maßnahmen mit Co-Benefits also die Möglichkeit, sowohl die individuelle Gesundheit als auch die Begrenzung der Erderwärmung und die Anpassung an die unvermeidbaren Folgen der Klimakrise zu unterstützen (Deutsche Allianz Klimawandel und Gesundheit, o.J.). Auf diese Weise wirken sie gleich in mehrfacher Hinsicht positiv auf Lebensqualität und Wohlbefinden.

Hitze in Baden-Württemberg

Ein Beispiel für ein umfassendes und übergreifendes Konzept sind kommunale Hitzeaktionspläne, die auch in kommunale Klimaanpassungskonzepte integriert werden können. Mit lokal angepassten Maßnahmen sollen hitze- und UV-bedingte Gesundheitsrisiken minimiert werden, um so Krankheits- und Todesfälle durch Prävention entgegenzuwirken und das Gesundheitswesen zu entlasten. So ist der Zusammenhang zwischen hohen Temperaturen und einer erhöhten Mortalität eindeutig. Von 2012 bis 2022 registrierte das Robert Koch-Institut schätzungsweise 39 000 hitzebedingte Sterbefälle im Bundesgebiet (Monning et al., 2022, 8). Allein in Baden-Württemberg gehen die Fachleute in diesem Zeitraum von etwa 7100 Hitzetoten aus. Bei gleichbleibenden Treibhausgasemissionen werden bis Ende des Jahrhunderts jährlich bis zu 30 zusätzliche Hitzewellen in Süddeutschland prognostiziert (The Lancet, 2019, 2). Dann könnten im Extremfall landesweit durchschnittlich pro Jahr 38 statt bisher etwa fünf sogenannte heiße Tage mit Temperaturen von 30 °C und mehr auftreten (LUBW, o.J.)

Eine Rolle spielen aber auch demografische Trends. Derzeit beträgt die durchschnittliche Lebenserwartung in Baden-Württemberg für Frauen 84,3 Jahre und für Männer 79,8 Jahre (Ministerium für Umwelt, Klima und Energiewirtschaft Baden-Württemberg, 2023, 29). Bis 2060 wird das Durchschnittsalter voraussichtlich um knapp fünf Jahre auf 48 Jahre ansteigen (vgl. ebd.). Mit der älter werdenden Gesellschaft erhöht sich auch die Pflegequote. Waren 2015 bei den über 65-Jährigen noch 12,7 Prozent pflegebedürftig, waren es 2019 bereits 16,7 Prozent (vgl. ebd; Statistisches Landesamt Baden-Württemberg, 2020). Tendenz steigend. Nimmt die Hitze zu, könnte landesweit künftig die Anzahl derjenigen, die schwere, durch

Hitze hervorgerufene Krankheitssymptome entwickeln, weiter zunehmen, da ältere Personen ein höheres gesundheitliches Risiko hierfür haben.

Schwindel, Erschöpfung, Hitzschlag – Gesundheitsrisiko Hitze

Folgen im Sommer mehrere heiße Tage am Stück, steigt in der Regel das Patientenaufkommen und damit die Zahl der Rettungseinsätze und Notaufnahmen insbesondere wegen Problemen des Herz-Kreislauf-Systems. Eine Übersicht über die Gesundheitsgefahren durch Hitze gibt Abbildung 2. Aufklärung, Informationskampagnen und kommunale Anpassungsmaßnahmen sind deshalb wichtig. Viele trinken zu wenig, der Wasser- und Elektrolyt-Haushalt und damit der Kreislauf kommen durcheinander, ihnen wird schwindelig, manche kollabieren. Diese Dehydratation genannte Austrocknung des Körpers kann gerade bei Lebensälteren ein lebensbedrohliches Ausmaß erreichen, wenn die Nieren versagen (Universitätsklinikum Leipzig, o.J.).

Einerseits belastet Hitze alle Menschen, weil sie die Leistungsfähigkeit einschränkt, und weil sie körperliche und psychische Beschwerden beziehungsweise Belastungen hervorrufen oder verschlimmern kann. Andererseits sind unter anderem Menschen mit Abhängigkeitserkrankungen, starkem Übergewicht sowie Erkrankungen von Herz, Nieren, Atemwegen und endokrinem System besonders betroffen, aber auch Pflegebedürftige, Schwangere, Obdachlose sowie Berufstätige, die im Freien und körperlich schwer arbeiten (Ministerium für Umwelt, Klima und Energiewirtschaft Baden-Württemberg, 2023, 32). Auch Säuglinge und Kleinkinder bis fünf Jahre gelten als gefährdet, weil sie noch über keine voll entwickelte Thermoregulation verfügen, während sie bei lebensälteren Menschen nicht mehr optimal funktioniert.

Darüber hinaus gehören psychische Erkrankungen zu den wichtigsten Risikofaktoren für hitzebedingte Todesfälle (Deutsche Gesellschaft für Psychiatrie und Psychotherapie, Psychosomatik und Nervenheilkunde, o.J., 4). Sie verdreifachen das Mortalitätsrisiko während Hitzewellen und sind damit schwerwiegender als kardiovaskuläre Erkrankungen oder

Lungenerkrankungen. Das größte hitzebedingte Mortalitätsrisiko haben Menschen mit substanzbedingten Süchten und organischen psychischen Störungen wie zum Beispiel Demenz. Häufig sind diese Risikogruppen nicht in der Lage, sich eigenständig vor Hitze zu schützen. Mit den Temperaturen steigt in der Regel auch die Anzahl der Suizide (vgl. ebd.). Des Weiteren kann die unmittelbare Sonneneinstrahlung, etwa nach langen Aufenthalten im Freien wie bei Outdoor-Berufen, zu einem Hitzschlag führen. Dabei kommt es zu einer Funktionsstörung im Gehirn und der Hirndruck steigt. Die Folge sind Lähmungserscheinungen oder Bewusstlosigkeit. Zusätzlich birgt die UV-Strahlung der Sonne gesundheitliche Gefahren für Haut und Augen.

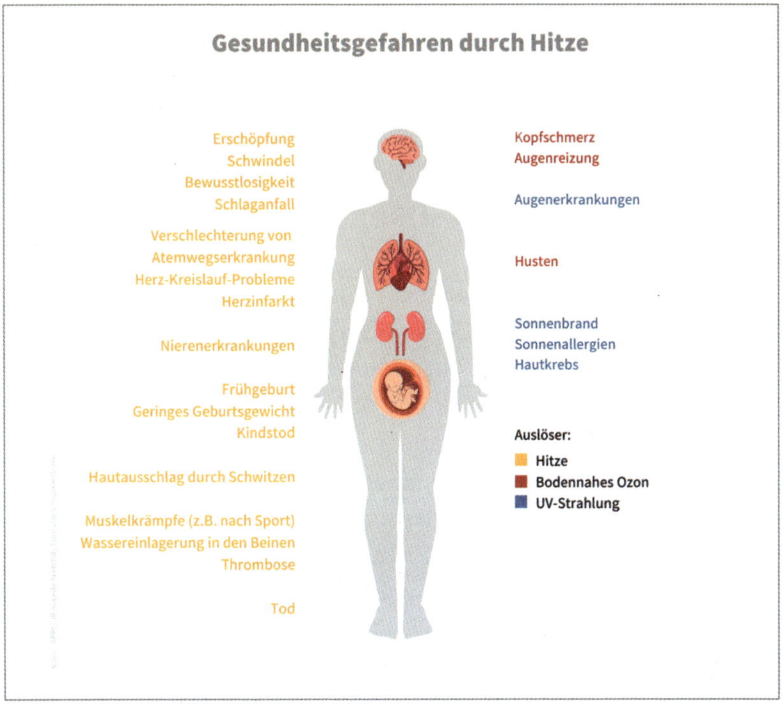

Abbildung 2: Gesundheitsgefahren durch Hitze. Illustration: Ministerium für Soziales, Gesundheit und Integration Baden-Württemberg

Mit dem Klimawandel erhöhen sich Häufigkeit, Intensität und Dauer von Hitzewellen. Heiße Tage, an denen die Tageshöchsttemperatur 30 °C oder mehr erreicht, in Kombination mit Tropennächten, in denen die Lufttemperatur von 18 bis 6 Uhr nicht unter 20 °C fällt, können damit vermehrt über einen längeren Zeitraum hinweg auftreten. Aus medizinischer Sicht ist das problematisch, weil die Bevölkerung »nicht nur tagsüber extremer Hitze ausgesetzt ist, sondern der Körper zusätzlich auch in den Nachtstunden durch eine hohe Innenraumtemperatur eines wärmegespeicherten Gebäudes thermophysiologisch belastet ist und sich wegen der fehlenden Nachtabkühlung nicht ausreichend gut erholen kann« (Umweltbundesamt, 2024). Menschen sind von Hitze stärker belastet, wenn sie in einem städtischen Umfeld mit starker Versiegelung, Verdichtung und wenigen Grünflächen wohnen. Heiße Tage und tropische Nächte treten dort deshalb deutlich öfter auf. Es zeichnet sich aber bereits ab, dass der Anteil hitzevulnerabler Regionen, Bevölkerungsgruppen und Lebensbereiche auch im ländlichen Raum steigen wird.

Mit Hitzeaktionsplänen auf die Lage vor Ort reagieren

Die öffentliche Hand steht daher zunehmend vor der Herausforderung, einen Ausgleich zwischen Einflussgrößen zu schaffen, welche die Gesundheit belasten und entlasten. Hitzeaktionspläne sind dabei ein wichtiges Instrument. Dabei ist jede Stadt und Gemeinde anders, hat ihre eigenen topographischen, städtebaulichen, sozialen und klimatischen Rahmenbedingungen. Hierfür muss ein kommunales Maßnahmenpaket geschnürt werden, das die örtliche Hitzebelastung reduzieren und die Bevölkerung vor Hitzeschäden bewahren soll. Zielführend ist daher, Hitze-Hotspots zu identifizieren, in denen Risikogruppen wohnen oder sich aufhalten. Davon ausgehend lassen sich Ortsteile, Quartiere oder Areale lokalisieren, die ein besonderes hitzebedingtes Gefahrenpotenzial bergen und in denen daher zeitnah Lösungen erforderlich sind. Je nach Größe einer Kommune können die hierfür erforderlichen klimatischen und soziodemografischen Daten quantitativ durch eine Stadtklima- und Vulnerabilitätsanalyse erfasst werden oder in kleinerem Umfang qualitativ durch Stadtspaziergänge und Betroffenheits-Checks mit lokalen Akteuren. Die Ergebnisse sind auf kommunaler Ebene eine geeignete Grundlage für die im Aktionsplan formulierten Zielsetzungen und Maßnahmen. Sie sind zudem ein wesentlicher Baustein, um Fehlanpassungen entgegenzuwirken, Fortschritte zu dokumentieren und die Wirksamkeit von Maßnahmen zu überprüfen.

Bei der Aufstellung eines Hitzeaktionsplans spielen lokale Akteure aus verschiedenen Institutionen, Sektoren und der Zivilgesellschaft eine bedeutende Rolle. Also etwa Gesundheitsämter, Ärzte, Hebammen, Psychologen, Behindertenbeiräte, Fachstellen für Inklusion, Krankenhäuser, Pflegedienste, Seniorenräte, Bevölkerungsschutz, Unfallkassen, Kitas, Schulen, Grünflächenämter, Umweltbehörden, Tourismussektor, Vereine, Glaubensgemeinschaften, Wohnungsbaugenossenschaften, Architekten- und Planungsbüros.

Aufgrund ihrer Fach- und Ortskenntnis können sie für die gesellschaftlichen Gruppen, mit denen sie arbeiten, passgenaue und bedarfsorientierte Lösungen entwickeln. Finanzielle Mittel und andere Ressourcen lassen sich so effizient einsetzen und gleichzeitig ungünstige Auswirkungen auf andere ökologische, ökonomische, soziale oder gesellschaftliche Bereiche vorausschauend minimieren oder ausschließen. Im Dialog erfassen die Beteiligten den Ist-Zustand zum lokalen Hitzeschutz und erstellen eine Liste von Maßnahmen, die zugleich die Zuständigkeiten, Aufgaben und Kommunikation zwischen den Akteuren dokumentieren. So entsteht ein tragfähiges Netzwerk, das Dank der Strukturen seiner Mitglieder Zugang zu einer Vielzahl lokaler Zielgruppen hat und im besten Fall an bereits vorhandene Kommunikationswege andocken kann. So lassen sich Risikogruppen für hitzebedingte Risiken sensibilisieren, grundlegende Gesundheitsinformationen streuen oder bei einem akuten Hitzeereignis schnell und flächendeckend die Öffentlichkeit informieren.

Ein Hitzeaktionsplan umfasst kurz-, mittel- und langfristige Maßnahmen in den Bereichen Kommunikation und Aufklärung, Schutz bei akuter Hitze und langfristige baulich-bedingte Prävention. Bei der Zusammenstellung eines kommunalen Maßnahmenpaketes hilft eine Kategorisierung nach Wirksamkeit und Aufwand (Landesanstalt für Umwelt Baden-Württemberg, 2023). Dazu sollten die relevanten Akteure, die zur Umsetzung der Maßnahmen unabdingbar sind, frühzeitig eingebunden werden. Im

Hitzeaktionsplan sollten ihre Aufgaben und Zuständigkeiten klar definiert werden. Aber auch wenn (noch) kein Hitzeaktionsplan besteht, kann mit einzelnen Hitzeschutz-Maßnahmen einiges erreicht werden, um sich auf Hitze vorzubereiten und im Akutfall ad hoc reagieren zu können. Dazu zählen Initiativen zum Schutz von Risikogruppen wie Nachbarschaftshilfen, die während Hitzewellen Kontakt zu älteren Menschen aufnehmen, um sie in der Selbstversorgung zu unterstützen und ihnen Tipps zum Hitzeschutz geben. Oder Anlaufstellen, die für Obdachlose kostenlose UV- und Hitzeschutzartikel wie Sonnencreme oder Trinkwasser ausgeben. Mit Anzeigetafeln kann zudem an die Bevölkerung appelliert werden, sich im Schatten aufzuhalten und ausreichend zu trinken. Von diesen akuten Hitzeschutzmaßnahmen abgesehen, lassen sich durch Wasserflächen oder beschattete Plätze mit Sitzmöglichkeiten Hitze-Hotspots städtebaulich langfristig zu kühlen Orten weiterentwickeln. Genauso kann die Stadtplanung gezielt Kaltluftschneisen in Siedlungsgebieten freihalten.

Mittelfristig trägt unter anderem eine gezielte, zielgruppenspezifische Öffentlichkeitsarbeit über Personen, die mit Risikogruppen arbeiten, zur Sensibilisierung für hitzebedingte Gesundheitsrisiken bei. Ein Beispiel sind Beschäftigte, die im Freien tätig sind und schwere körperliche Arbeit verrichten, wie in Bauhandwerk, Landwirtschaft oder Gastronomie. Die im kommunalen Hitzeaktionsplan für das Handlungsfeld »Hitze und Arbeitswelt« formulierten Ziele, Maßnahmen und Beratungsangebote können in Kooperation mit Unternehmen, Innungen und Trägerverbänden entwickelt und umgesetzt werden. Auf die Zielgruppe zugeschnittenes Informationsmaterial in Form von Leitfäden, Ratgebern, Broschüren, Newsletter und dergleichen können über Arztpraxen, Apotheken, Kliniken, Betriebe, Berufsschulen, Handwerkskammern oder Anbieter von Fort- und Weiterbildungen weitergereicht oder entsprechende Tipps und Ratschläge auf Webseiten eingepflegt werden.

Ein Hitzewarnsystem ist eine Voraussetzung für das Auslösen von Akutmaßnahmen. Der Deutsche Wetterdienst »gibt Hitzewarnungen heraus, wenn eine starke Wärmebelastung für mindestens 2 Tage in Folge vorhergesagt wird und eine ausreichende nächtliche Auskühlung der Wohnräume nicht mehr gewährleistet ist« (Bundesministerium für Umwelt, Naturschutz, Bau und Reaktorsicherheit, 2017, 8). Die Warnungen richten sich vorrangig an die Allgemeinbevölkerung sowie Risikogruppen in sozialen Einrichtungen und Privathaushalten. Hier kommen zwei Warnstufen zum Einsatz (Deutscher Wetterdienst: o.J., Bundesministerium für Umwelt, Naturschutz, Bau und Reaktorsicherheit, 2017, 14f.):

Hitzewarnstufe I: Starke Wärmebelastung	Gefühlte Temperatur etwa 32 °C, zusätzlich nur geringe nächtliche Abkühlung. Streuung relevanter Informationen an Risikogruppen über Akteur-Netzwerk
Hitzewarnstufe II: Extreme Wärmebelastung	Gefühlte Temperatur überschreitet am frühen Nachmittag einen Wert von 38 °C. Warnung vor prognostiziertem Extremhitzeereignis und anzuwendende Ad-hoc-Maßnahmen an die breite Bevölkerung zum Beispiel über Massenmedien kommunizieren

Weitere Gesundheitsgefahren durch den Klimawandel

Neben den thermischen Belastungen als Gesundheitsgefahren, welche die klimatischen Veränderungen nach sich ziehen, haben allergische Erkrankungen in den vergangenen Jahrzehnten weltweit signifikant zugenommen und stagnieren aktuell auf hohem Niveau (Bergmann et al., 2023, 84). Schätzungen zufolge sind in Deutschland 20 bis 30 Prozent der Menschen betroffen (Robert Koch-Institut, 2024). Umweltfaktoren spielen bei ihrer Entstehung keine unerhebliche Rolle. Schließlich geht die Erderwärmung mit weitreichenden Veränderungen der Umwelt einher und beeinflusst damit Auftreten, Häufigkeit und Schwere allergischer Erkrankungen (vgl. ebd., 82). Experten sehen vor allem bei Pollenallergien einen engen Zusammenhang mit dem Klimawandel. Unter anderem blühen bei höheren Temperaturen Bäume, Sträucher und Gräser immer früher, zudem dauert der Pollenflug insgesamt länger. Sehr wahrscheinlich wird sich die Situation mit fortschreitendender Erderwärmung weiter verschärfen. Hinzu kommt, dass sich mit steigenden Temperaturen hierzulande auch neue, wärmeliebende Arten ausbreiten, die ein zusätzliches Allergiepotential mit sich bringen. So dürfte sich auch in Baden-Württemberg die Beifuß-Ambrosie weiter ausbreiten. Ihr Pollen löst schon in geringen Mengen heftige Gesundheitseffekte wie Heuschnupfen, Bindehautreizungen, allergisches Asthma oder ekzemartige Hautveränderungen aus. Hier können Verwaltungen einerseits im Verbund mit lokalen Multiplikatoren durch Informationskampagnen auf die gesundheitliche Problematik aufmerksam machen. Andererseits lässt sich die Bevölkerung in die Bekämpfung gebietsfremder und invasiver Arten einbeziehen, indem gezielt über Risiken und Eindämmungsmaßnahmen aufgeklärt wird (Bundeszentrale für gesundheitliche Aufklärung, o.J.).

Im Zuge der Klimaänderung werden in Deutschland tendenziell auch Tierarten heimisch, die lange nur in tropischen oder subtropischen Regionen vertreten waren. Schon heute begünstigten wärmere Temperaturen die Etablierung und Ausbreitung von Mücken. Mit der Asiatischen Tigermücke *Aedes albopictus* hat sich in Deutschland ein hocheffizienter Überträger zahlreicher humaner Krankheitserreger etabliert, darunter das Chikungunya-, Dengue- und Zika-Virus. In Baden-Württemberg findet das Insekt unter anderem im Oberrheingraben und in der mittleren Neckarregion klimatische Bedingungen, die eine Ansiedlung begünstigen (Abbildung 3, Landesgesundheitsamt Baden-Württemberg, o.J., Umweltbundesamt, 2015).

Die Mücke legt ihre Eier bevorzugt in Kleinstwasserbehältnisse ab, die vor allem im urbanen Raum häufig vorkommen, wie Blumentopfuntersetzer, Vogeltränken, Gießkannen, aber auch Regentonnen und verstopfte Regenrinnen. Das Landesgesundheitsamt im Ministerium für Soziales, Gesundheit und Integration Baden-Württemberg hat im Jahr 2022 ein passives bevölkerungsbasiertes Tigermücken-Monitoring etabliert. Die Bevölkerung kann mögliche Tigermückenfunde zur Bestätigung und Identifizierung über ein Online Portal melden und die Fotos oder die Tiere an die Kommunale Aktionsgemeinschaft zur Bekämpfung der Schnakenplage (KABS) e.V. schicken. Bei bestätigten (Neu-)Funden werden die betroffenen Gemeinden durch die zuständigen Gesundheitsämter informiert. Diese können verschiedene Maßnahmen ergreifen, um die Stichbelästigung und das Infektionsrisiko zu senken. Betroffene Kommunen können eine professionelle Tigermücken-Bekämpfung beauftragen. Mit fortschreitender Ausbreitung wird die Aktivierung und Einbeziehung der Bürgerschaft bei der Vermeidung, Sanierung und Behandlung von Tigermücken-Brutstätten mit dem Biozid B.t.i. auf Privatgrund immer wichtiger.

Weiterhin können extreme Wetterereignisse, die im Zuge der Klimaänderung künftig häufiger und heftiger auftreten, bestehende psychische Erkrankungen wie Depressionen oder Angststörungen verschlechtern oder überhaupt erst hervorrufen (Deutsche Gesellschaft für Psychiatrie und Psychotherapie, Psychosomatik und Nervenheilkunde, o.J., 4). Menschen, die eine Naturkatastrophe wie zum Beispiel im rheinland-pfälzischen Ahrtal (2021) oder im baden-württembergischen Braunsbach (2016) miterlebt haben, weisen ein fast doppelt so hohes Risiko für psychische Erkrankungen auf, als Menschen ohne derartige Erfahrungen (vgl. ebd.). Studien zeigen

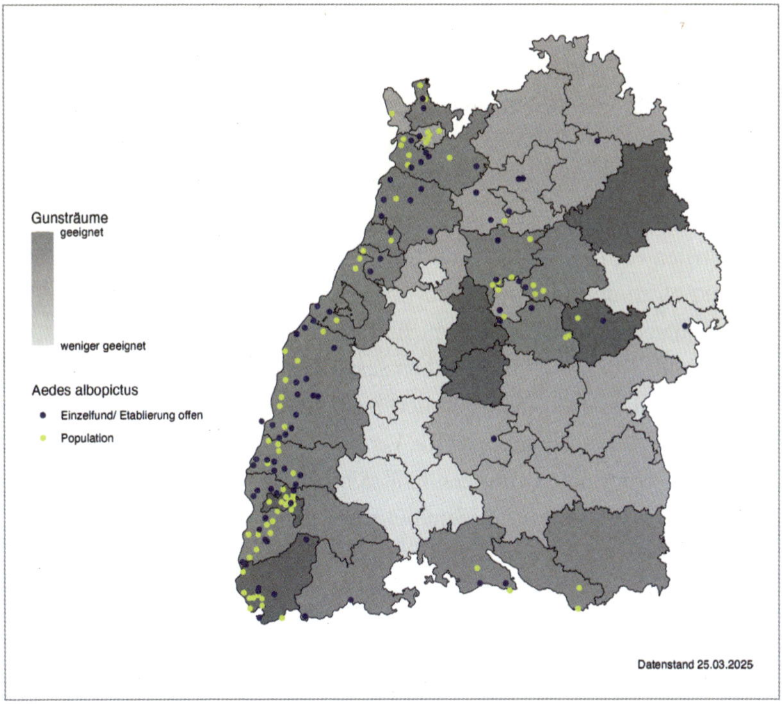

Abbildung 3: Fundstellen der Asiatischen Tigermücke *Aedes albopictus* in Baden-Württemberg. Illustration: Ministerium für Soziales, Gesundheit und Integration Baden-Württemberg (2025).

zudem, dass nach Wetterextremen die Zahl posttraumatischer Belastungsstörungen zunehmen (vgl. ebd., 5). Zu bedenken ist, dass dabei für eine Vielzahl auch psychischer Erkrankungen gilt: Je niedriger der sozioökonomische Status, desto höher ist das Erkrankungsrisiko beziehungsweise die Exposition gegenüber gesundheitlichen Belastungs- und Risikofaktoren. Öffentliches Gesundheitswesen und Stadtentwicklung stehen somit vor der Aufgabe, im Rahmen integrierter Klimaanpassung Lösungen zu erarbeiten und Ressourcen bereitzustellen, mit denen sich insbesondere innerhalb dieser Bevölkerungsgruppe eine nachhaltige Resilienz gegenüber Belastungen aufbauen lässt.

Ausblick

Mit dem am 1. Juli 2024 auf Bundesebene in Kraft getretenen Klimaanpassungsgesetz hat der Gesetzgeber einen Rahmen für eine effektive Vorsorge gegen die Auswirkungen der Klimakrise geschaffen – wozu auch die gesundheitlichen Folgen gehören. Wie dies in Baden-Württemberg umgesetzt werden soll, wird derzeit ausgearbeitet. Öffentliche Hand und lokale Akteure stehen vor der Herausforderung, belastbare Strukturen aufzubauen, um die Folgen der Klimaveränderungen bestmöglich in den alltäglichen Aufenthaltsbereichen der Bürgerschaft abzuwehren. Anders lässt sich die zunehmende Risiko- und Krankheitslast klimawandelbedingter Gesundheitsauswirkungen kaum koordiniert bewältigen. Viele Auswirkungen der Klimakrise wie Starkregen oder die Veränderung der Ökosysteme machen nicht vor kommunalen Grenzen halt, sondern treten flächendeckend auf und beeinflussen so kommunenübergreifende Handlungsfelder. Intensive Kooperation und Austausch sind notwendig, um bei Klimaschutz und Klimaanpassung Handlungsspielräume auch in gesundheitlicher Hinsicht auszuschöpfen. Interkommunale Zusammenarbeit wird dabei immer wichtiger. Nur so gelingt es, auch die gesundheitliche Klimaanpassung vor Ort auf ein neues und nachhaltiges Niveau zu heben.

Rebecca Debo, Maylin Meincke und Carina Rau

Potenzial und grundlegende Aspekte gemeinschaftsbasierter kommunaler Klimaanpassung

Die Auswirkungen des Klimawandels stellen nicht nur eine Bedrohung für Menschen, Umwelt und Wirtschaft dar, sondern auch eine Gefahr für das soziale Gefüge in deutschen Städten und Gemeinden. Von staatlichen Institutionen und Experten getragene Top-Down-Ansätze der Klimaanpassung haben unzweifelhaft wichtige Grundlagen gelegt. Mit der Verabschiedung des Bundes-Klimaanpassungsgesetzes (KAnG) Ende 2023 wurde ein Meilenstein hinsichtlich des staatlichen Handelns erreicht.

Dennoch verbleiben relevante Lücken und Herausforderungen. So benötigen die traditionellen, durch die Verwaltungen durchgeführten Klimaanpassungsprozesse zumeist erhebliche personelle und finanzielle Ressourcen sowie Expertise. Diese stehen aber – ungeachtet der dringenden Notwendigkeit für Klimaanpassung – häufig nicht oder nicht ausreichend zur Verfügung. Ferner befindet sich die Klimaanpassung im Wettstreit mit anderen wichtigen Handlungsfeldern, aus denen häufig genug kaum lösbare Zielkonflikte entstehen. Dazu zählen zum Beispiel Flussrenaturierung versus landwirtschaftliche Interessen oder kühlendes Stadtgrün versus Wohnungsbau. Hinzu kommt, dass die staatlich umgesetzte Klimaanpassung primär die öffentliche Verwaltung und ihre Aufgaben adressiert. Nichtstaatliche Akteure wie Wirtschaftsunternehmen oder insbesondere ehrenamtliche Vereinigungen sind von den staatlichen Ansätzen nicht oder nur mittelbar abgedeckt.

Anpassung bedeutet Veränderung, und Veränderungen sind häufig mit Sorgen und Ängsten verbunden. Wird die Bevölkerung nicht ausreichend eingebunden, verstärkt dies nicht nur die in jüngster Zeit zu beobachtende Vertrauenskrise zwischen Staat und Bürgerinnen und Bürgern, sondern es senkt deren Akzeptanz für die notwendigen Veränderungen. Zudem lässt es auch die Potenziale der Bevölkerung brachliegen. Daher darf Klimaanpassung nicht als einmaliger Prozess verstanden werden, sondern muss die Grundlagen dafür legen, dass die Anpassungsfähigkeit inhärent in Systemen verankert wird – sei es in der Verwaltung oder der Gesellschaft. Eine Möglichkeit, diese Lücken potentiell zu schließen, ist die Methodik der gemeinschaftsbasierten Klimaanpassung, die im Folgenden näher vorgestellt wird.

Das Konzept der gemeinschaftsbasierten Klimaanpassung

Gemeinschaftsbasierte Klimaanpassung (GBKA), in der Literatur häufig auch als Gemeindebasierte Anpassung (GBA) nach dem englischen »community-based adaptation« (CBA) bezeichnet, wurde ursprünglich im Rahmen der internationalen Entwicklungszusammenarbeit erarbeitet. Dort hat sie sich schon längst als mächtiges Instrument für Kontexte etabliert, in denen Staatlichkeit, Expertise und finanzielle Ressourcen kaum oder gar nicht ausgeprägt sind. Auch die deutsche Entwicklungszusammenarbeit fördert den Ansatz zum Beispiel in Projekten in Honduras oder Mosambik. Aber auch in Industrieländern wird der Ansatz mittlerweile stärker angewandt, so zum Beispiel in Küstenregionen Kanadas. Auch der Weltklimarat unterstreicht die Vorteile und Möglichkeiten der Methode (IPCC, 2014). Seiner Definition zufolge legt diese Form der Anpassung an den Klimawandel den Fokus darauf, »die Anpassungsfähigkeit von Gemeinschaften zu stärken und zu fördern. Es ist ein Ansatz, der Kontext, Kultur, Wissen, Handlungsfähigkeit und Präferenzen von Gemeinschaften als Stärken betrachtet.« (IPCC, 2022). Damit geht die gemeinschaftsbasierte Klimaanpassung weit über die bloße Information oder Konsultation der Bevölkerung hinaus. Gekennzeichnet ist sie folgendermaßen (Care, o.J., Reid et al., UNDP (2015):

- **Bottom-up-Ansatz:** Gemeinschaftliche Lösungen beginnen auf lokaler Ebene und basieren auf dem Wissen, den Erfahrungen und den Bedürfnissen der Gemeinschaften selbst. Die lokalen Menschen sind die

Hauptakteure und Entscheidungsträger bei der Identifizierung von Anpassungsbedürfnissen und der Entwicklung von Lösungen.

- **Partizipative Prozesse:** Gemeinschaftsbasierte Klimaanpassung betont die aktive Beteiligung der Gemeinschaften an allen Phasen des Anpassungsprozesses, einschließlich der Planung, Umsetzung, Überwachung und Bewertung. Dies bedeutet, dass Entscheidungen gemeinsam getroffen werden und lokale Kenntnisse sowie traditionelle Praktiken einbezogen werden.
- **Berücksichtigung sozialer Unterschiede**: Die Entwicklung und Durchführung von Anpassungsmaßnahmen berücksichtigen die Vielfalt innerhalb von Gemeinschaften, einschließlich sozialer Unterschiede wie Geschlecht, Alter, Ethnizität und Einkommen. Dies soll sicherstellen, dass alle Mitglieder der Gemeinschaft gleichermaßen von den Maßnahmen profitieren können.
- **Kombination von lokalem und wissenschaftlichem Wissen:** Die gemeinschaftliche Suche nach Lösungen kombiniert oft traditionelles lokales Wissen über die Umwelt und bewährte Praktiken mit wissenschaftlichen Erkenntnissen und Technologien, um wirksame Anpassungsstrategien zu entwickeln.
- **Aufbau lokaler Widerstandsfähigkeit:** Durch die Stärkung der Fähigkeiten, Ressourcen und Institutionen auf lokaler Ebene zielt diese Form der Klimaanpassung darauf ab, die Widerstandsfähigkeit von Gemeinschaften gegenüber den Auswirkungen des Klimawandels zu erhöhen und ihre langfristige Anpassungsfähigkeit zu verbessern.

Vorteile und Relevanz für Deutschland

Deutschland zeichnet sich durch eine historisch gewachsene und lebendige Zivilgesellschaft, ein hohes Maß an bürgerschaftlichem Engagement und einen hohen Bildungsstand aus. Dieses immense soziale Kapital kann durch gemeinschaftsbasierte Klimaanpassung gezielt mobilisiert und für die Bewältigung der Klimafolgen nutzbar gemacht werden. Die Bevölkerung in den Prozess der Anpassung einzubinden ist somit nicht nur eine pragmatische Notwendigkeit, um die Effektivität der Maßnahmen zu erhöhen, sondern auch ein Gebot der demokratischen Teilhabe und der sozialen Gerechtigkeit (Adger et al., 2005). Anpassungsmaßnahmen, die unter aktiver Beteiligung der Betroffenen entwickelt werden, berücksichtigen deren spezifische Bedürfnisse, Prioritäten und kulturelle Kontexte. Dies führt zu einer höheren Akzeptanz und einem stärkeren Gefühl der Eigenverantwortung für die Umsetzung und Aufrechterhaltung der Maßnahmen (Smit und Wandel, 2006). Wenn sich Menschen als Teil der Lösung sehen, sind sie eher bereit, Ressourcen und Engagement einzubringen.

Hinzu kommt das Potenzial des lokalen Wissens. Bürgerinnen und Bürger sind diejenigen, die primär die Veränderungen in ihrem unmittelbaren Lebensumfeld beobachten und erfahren. Ihr über Jahre oder gar Generationen erworbenes Wissen über lokale Wetterphänomene, anfällige Infrastrukturen, traditionelle Anpassungsstrategien und die spezifischen Bedürfnisse und Dynamiken ihrer Gemeinschaft ist eine unersetzliche Ressource, um passgenaue und praktikable Anpassungsmaßnahmen zu entwickeln (Berkes, 2009). Dieses »lokale Wissen« ergänzt und erweitert das oft generalisierte Wissen von Experten und Behörden.

Anpassungspläne, die durch etablierte Akteure und Fachleute erstellt werden, unterliegen häufig systematischen Beschränkungen (Bias): Die Art, wie Lösungen gefunden und priorisiert werden, folgt bekannten Regeln und Mustern – zum Beispiel verwalterischem Denken – sowie den bisherigen Erfahrungen. Dadurch werden viele Lösungsoptionen bewusst oder unbewusst bereits von vornehinein ausgeschlossen. Die gemeinschaftsbasierte Klimaanpassung beginnt dagegen mit einem sehr offenen und kreativen Prozess, Lösungen zu finden und sie zu priorisieren. Wie sich dann die Anpassung umsetzen lässt und wie sie am Ende aussehen soll, wird unter Hinzuziehung von Expertenmeinungen erst in einem weiteren Schritt erarbeitet.

Weiterhin fördert das gemeinschaftliche Denken die Entwicklung lokaler Kapazitäten und stärkt die sozialen Netzwerke innerhalb der Kommune. Gemeinsam entwickelte und getragene Lösungen schaffen ein Gefühl der Solidarität und des Zusammenhalts. So kann eine Gemeinschaft Schocks und Stressoren, die durch den Klimawandel verursacht werden, besser bewältigen (Putnam, 2000). Starke soziale Bindungen sind ein wichtiger Faktor für die Resilienz einer Gemeinschaft. Gemeinschaftsbasiert lässt sich die Klimaanpassung zu einem inklusiven und partizipativen Prozess gestalten, in dem die Stimmen und Perspektiven aller relevanten Akteure – insbesondere auch marginalisierter und vulnerabler Gruppen – gehört und berücksichtigt werden. Dies ist entscheidend, um sicherzustellen, dass Anpassungsmaßnahmen nicht zu ungleichen Belastungen führen und die soziale Gerechtigkeit gefördert wird (Few, 2007). Maßnahmen zur gemeinschaftsbasierten Klimaanpassung sind oft flexibler und anpassungsfähiger als top-down-Ansätze, da sie besser auf sich verändernde Bedingungen und neue Erkenntnisse reagieren können. Durch die kontinuierliche Beteiligung der Gemeinschaft lassen sich Anpassungsmaßnahmen laufend verbessern und an aktuelle Entwicklungen anpassen.

Lokale Gemeinschaften verfügen oft über ungenutzte Ressourcen in Form von Zeit, Fachkenntnissen, lokalen Netzwerken, traditionellem Handwerk, kreativen Ideen und Finanzierungsmöglichkeiten. Mit gemeinschaftsbasierten Ansätzen lassen sich diese Ressourcen mobilisieren und innovative, kostengünstige und nachhaltige Lösungen entwickeln, die über konventionelle Ansätze hinausgehen (Pretty, 1995). Bürgerinitiativen und lokale Organisationen können hier eine entscheidende Rolle spielen.

Bleiben noch die Wirtschaftlichkeit und die Effizienz, wie Ressourcen genutzt werden. Ob gemeinschaftsbasierte Lösungen günstiger als andere Anpassungsmethoden sind, kann stark von den spezifischen Umständen und Kontexten abhängen. Allgemein lässt sich jedoch sagen, dass sie insbesondere auf lange Sicht potenziell kosteneffektiver sein können. Da die lokalen Gemeinschaften aktiv mit ihren Kenntnissen am Prozess beteiligt sind, können die Projekte besser auf die spezifischen Bedürfnisse und Gegebenheiten vor Ort zugeschnitten werden, was zu einer effizienteren Nutzung der verfügbaren Mittel und Ressourcen führt. Da gemeinschaftsbasierte Anpassungsmaßnahmen beim Hochwasserschutz, Waldmanagement oder in der Landwirtschaft oft präventiv sind, können langfristig Kosten durch Schäden und Verluste infolge von Extremwetterereignissen vermieden werden. Zudem werden oft multifunktionale Lösungen entwickelt, wobei sich durch die Integration verschiedener Maßnahmen Kosten senken und Synergien nutzten lassen. Weil sie zudem lokale Kapazitäten aufbauen, Gemeinschaften in die Entscheidungsfindung einbeziehen und die Zusammenarbeit zwischen verschiedenen Stakeholdern fördern, tragen sie dazu bei, dass die Maßnahmen langfristig wirksam bleiben und kontinuierlich verbessert werden. Und weil lokale Gemeinschaften aktiv in den Anpassungsprozess einbezogen werden, können potenziell negative Auswirkungen der getroffenen Maßnahmen vermieden werden. Solche Ansätze fördern die lokalen Interessen und Prioritäten, was dazu beitragen kann, Konflikte zu vermeiden und die langfristige Akzeptanz und Unterstützung der Maßnahmen zu fördern.

Herausforderungen und ihre Lösungen

Obwohl gemeinschaftsbasierte Klimaanpassung ein großes Potenzial für die Stärkung der Klimaresilienz deutscher Kommunen birgt, ist deren erfolgreiche Implementierung nicht ohne Herausforderungen. Sie sollten daher von Beginn an konsequent adressiert werden, wodurch ihre hemmenden Effekte deutlich reduziert werden.

Politischer Wille, Ressourcen und Kapazitäten

Auch die Durchführung gemeinschaftsbasierter Prozesse erfordert Zeit, qualifiziertes Personal und finanzielle Ressourcen, und zwar sowohl auf Seiten der Kommune als auch der Betroffenen beziehungsweise der Akteure. Ehrenamtliches Engagement allein reicht oft nicht aus, um komplexe Anpassungsprojekte erfolgreich umzusetzen (Moser und Ekstrom, 2010). Daher muss die Kommune gemeinschaftsbasierte Lösungen als strategischen Ansatz zur Klimaanpassung anerkennen und die notwendigen politischen Rahmenbedingungen, finanziellen Ressourcen und personellen Kapazitäten bereitstellen. Dies schließt die Bereitschaft ein, traditionelle Entscheidungsprozesse zu öffnen und partizipative Ansätze zu fördern (Bulkeley und Betsill, 2003). Dabei ist es häufig sinnvoll, den Prozess mit qualifiziertem internen Personal durchzuführen – wie etwa einer für das Anpassungsmanagement verantwortlichen Person. Auch ein externes Beratungsunternehmen kann eingesetzt werden. Wichtig ist, dem Prozess ausreichend Zeit einzuräumen und eine langfristige Finanzierung sicherzustellen.

Effektive Koordination und Moderation

Die Zusammenarbeit verschiedener Akteure mit unterschiedlichen Interessen, Perspektiven und Wissensständen erfordert eine professionelle Koordination und Moderation, um Konflikte zu vermeiden, Synergien zu schaffen und sicherzustellen, dass alle Stimmen gehört werden und der Prozess zielführend verläuft (Reed, 2008). Auch hier empfiehlt es sich, den Prozess durch qualifiziertes internes Personal oder mit Hilfe externer Beratung durchzuführen. Externe Begleitung hat zudem den Vorteil, dass sie als neutraler gelten darf. Dies erhöht sowohl die Offenheit des Prozesses als auch das Vertrauen der Akteure in den Prozess und die Ergebnisse.

Langfristiges Engagement

Gemeinschaftsbasierte Klimaanpassung ist kein einmaliges Projekt, sondern erfordert ein langfristiges Engagement und die Bereitschaft zur kontinuierlichen Zusammenarbeit über Jahre hinweg. Es gilt, die Motivation der Menschen aufrechtzuerhalten und »Bürgerbeteiligungsmüdigkeit« vorzubeugen. Dazu tragen eine transparente Kommunikation, der Abbau von Hierarchien und eine Kultur des gegenseitigen Respekts und Vertrauens bei. Sie sind für eine erfolgreiche Kooperation unerlässlich. Die Kommune muss die Anliegen und das Wissen der Bürgerschaft ernst nehmen und in den Prozess einfließen lassen.

Erforderlich ist hierzu eine klare und verständliche Kommunikation über die lokalen Auswirkungen des Klimawandels, die geplanten Anpassungsmaßnahmen und die Möglichkeiten der Bürgerbeteiligung. Wenn als Resultat eines solchen Prozesses schnell umzusetzende Maßnahmen identifiziert, umgesetzt und sichtbar gemacht werden, bildet das Vertrauen in diese Vorgehensweise und erhöht die Motivation der Akteure für ein langfristiges Engagement.

Um hier erfolgreich zu sein, muss die Kommune allerdings auch das Engagement der Bevölkerung sichtbar machen, ihre Beiträge wertschätzen und ihr eine Rückmeldung über die Auswirkungen ihrer Beteiligung geben. Und schließlich ist es wichtig, Mechanismen zur langfristigen Begleitung, zur Evaluation der Ergebnisse und zur Anpassung der Strategien zu etablieren. Dies kann beispielsweise durch regelmäßige Treffen, Feedbackschleifen und gemeinsame Lernprozesse erfolgen.

Breite Inklusion und Berücksichtigung von Diversität

Es ist von entscheidender Bedeutung sicherzustellen, dass alle Bevölkerungsgruppen, einschließlich marginalisierter und schwer erreichbarer Gruppen, in den Prozess der gemeinschaftsbasierten Klimaanpassung einbezogen werden und dass die entwickelten Maßnahmen sozial gerecht sind und niemanden benachteiligen (Fischer, 2003). Dazu sind die repräsentativen Akteure sorgfältig und gerecht auszuwählen. Auch sollte Barrierefreiheit für Akteursgruppen mit erschwertem Zugang zu gestalterischen Prozessen gegeben sein. Weiterhin sind die passenden Methoden für die Bürgerbeteiligung auszuwählen, etwa Workshops, Online-Plattformen und Zukunftswerkstätten. Zudem sollte der Prozess in Form von Schulungen, Materialien und Moderation unterstützt werden, um eine effektive und inklusive Teilnahme zu ermöglichen.

Integration in bestehende Verwaltungsstrukturen und Entscheidungsprozesse

Nicht immer passen die Ergebnisse und Empfehlungen aus Prozessen der gemeinschaftsbasierten Klimaanpassung in die formalen Planungs- und Entscheidungsprozesse der Kommune. Daher müssen die Erkenntnisse und Vorschläge, die im Rahmen dieser Initiativen erarbeitet werden, ernst genommen und in die kommunale Klimaanpassungsstrategie sowie in konkrete Maßnahmen umgesetzt werden. Dies erfordert eine enge Zusammenarbeit zwischen der beteiligten Bürgerschaft und der kommunalen Verwaltung. Zudem muss die Bereitschaft da sein, die bestehenden Verwaltungsroutinen anzupassen und für diese neuen Formen der Zusammenarbeit offen zu sein. Entscheidungen der Verwaltung – sei es für oder gegen vorgeschlagene Maßnahmen – müssen transparent erläutert werden.

Der Umgang mit widerstreitenden Interessen und potenziellen Konflikten

Im Rahmen dieser Prozesse können unterschiedliche Interessen und Meinungen aufeinandertreffen. Ein konstruktiver Umgang damit sowie Kompromisslösungen sind entscheidend für den Erfolg. Auch hier kann eine konfliktsensible und professionelle Begleitung und Moderation durch qualifiziertes internes oder externes Personal hilfreich sein.

Konkrete Anwendungsszenarien

Nicht alle dieser Aktionen können oder müssen dem beschriebenen Umfang eines vollständigen gemeinschaftsbasierten Klimaanpassungsprozesses folgen. Es kann und darf auch sinnvoll sein, lediglich Teilprozesse der Klimaanpassung durch diesen Ansatz zu bearbeiten. So können zum Beispiel Kommunen im Rahmen von Bürgerwerkstätten und von thematischen Fokusgruppen moderierten Workshops zu spezifischen Anpassungsthemen wie dem Umgang mit Hitze in der Stadt, naturnaher Hochwasservorsorge oder resilienter Grünflächengestaltung organisieren (Renn, 1999). Auch lassen sich in Zukunftswerkstätten gemeinsame Visionen für eine klimaresiliente Kommune erarbeiten, die dann einen Rahmen für grundlegende Zielsetzungen der Verwaltung geben. Aus diesen Zukunftsbildern werden dann konkrete Handlungsstrategien und Projekte abgeleitet, die von der Gemeinschaft mitgetragen werden (Jungermann und Thüring, 2008). Weiterhin können Kommunen digitale Plattformen nutzen, um eine breite und inklusive Beteiligung zu gewährleisten. Dort können Bürgerinnen und Bürger ihre Ideen einbringen, Kommentare zu Planungsvorschlägen abgeben, an Online-Diskussionen teilnehmen und über Prioritäten abstimmen. Dies erreicht auch Bevölkerungsgruppen, die nicht an physischen Treffen teilnehmen können (Rowe & Frewer, 2005). Und schließlich gewährleistet die Einrichtung von Bürgerbeiräten und thematischen Arbeitsgruppen etwa zu den Themen Wasser, Grünflächen und Gesundheit, dass die Perspektiven und das Wissen der Gemeinschaft kontinuierlich berücksichtigt werden. Dies fördert die Transparenz und Akzeptanz von Maßnahmen.

Gemeinschaftsbasierte Projekte

Darüber hinaus liefern gemeinschaftlich getragene Projekte und Initiativen eine gute Grundlage für die praktische Umsetzung der Klimaanpassung. Hierzu einige Beispiele:

- **Gemeinschaftsgärten und urbane Landwirtschaftsprojekte** fördern nicht nur die lokale Nahrungsmittelproduktion, die Biodiversität und die Verbesserung des Mikroklimas in urbanen Räumen, sondern dienen auch als wichtige Orte der sozialen Interaktion, des Wissensaustauschs und der Stärkung des Gemeinschaftsgefühls (Hodgson, 2011). Sie können auch als Lernorte für nachhaltige Praktiken dienen.

- **Nachbarschaftliche Schwammstadt-Initiativen** bringen Anwohnerinnen und Anwohner dazu, Maßnahmen zur dezentralen Regenwasserbewirtschaftung umzusetzen, wie etwa die Entsiegelung von versiegelten Flächen, die Anlage von Regenbeeten und Mulden zur Versickerung, die Begrünung von Dächern und Fassaden zur Reduzierung der Hitzeinselwirkung und zur Speicherung von Regenwasser (Gill et al., 2007).
- **Lokale Hitzeschutznetzwerke** helfen dabei, dass vulnerable Gruppen wie Menschen im fortgeschrittenen Alter oder mit Vorerkrankungen während Hitzeperioden unterstützt, über Hitzeschutzmaßnahmen informiert und kühle Treffpunkte geschaffen werden.
- **Gemeinschaftliche Wassersparprojekte und Initiativen zur Regenwassernutzung** können, wenn sie von lokalen Kampagnen und Projekten gemeinschaftlich getragen werden, das Bewusstsein für einen nachhaltigen Umgang mit Wasser schärfen und innovative Lösungen zur Reduzierung des Trinkwasserverbrauchs fördern. Beispiele hier sind die gemeinsame Nutzung von Sammelanlagen für Regenwasser in Mehrfamilienhäusern oder die Anlage trockenheitsresistenter Gärten.

Bürgerwissenschaft und gemeinsames Monitoring als Grundlage für evidenzbasierte Anpassung

Durch die aktive Einbindung von Bürgerinnen und Bürgern in Citizen-Science-Projekte zur Beobachtung und Dokumentation von Klimafolgen können wertvolle lokale Daten generiert werden. Möglich sind zum Beispiel phänologische Beobachtungen, die Erfassung von Hitzetagen und Tropennächten sowie die Kartierung von Überflutungsschäden. Sie ergänzen die wissenschaftliche Forschung und liefern eine fundiertere Grundlage für die lokale Anpassungsplanung (Dickinson et al., 2012). Weiterhin ermöglichen lokale Wetterbeobachtungsnetzwerke und die von der Bürgerschaft eingerichteten und auch betriebenen Wetterstationen die Erfassung detaillierter mikroklimatischer Daten. Diese können sehr hilfreich sein, wenn lokale Hitzeschutzpläne entwickelt oder geeignete Pflanzen für die Stadtbegrünung ausgewählt werden. Und schließlich kann beim gemeinschaftlichen Monitoring der Wirksamkeit von Anpassungsmaßnahmen die Bürgerschaft aktiv in die Bewertung einbezogen werden. So können die Menschen vor Ort beispielsweise Veränderungen in ihrer direkten Umgebung dokumentieren, Feedback zu den Auswirkungen der Maßnahmen geben und an der Entwicklung von Indikatoren zur Erfolgsmessung mitwirken.

Bildung, Sensibilisierung und Kapazitätsaufbau in der Gemeinschaft

Als Schlüssel zu einer nachhaltigen Anpassung können lokale Informationsveranstaltungen, Workshops und Exkursionen zu Klimaanpassungsthemen dienen. Solche gemeinsamen Lernangebote zu den lokalen Auswirkungen des Klimawandels, den Möglichkeiten der Anpassung und den Vorteilen der Bürgerbeteiligung können das Wissen und die Kompetenzen der Bürgerinnen und Bürger stärken und zur aktiven Teilnahme an gemeinschaftsbasierten Prozessen motivieren. Dies gilt auch für nachbarschaftliche Lernprojekte und den informellen Austausch von Wissen und Erfahrungen innerhalb der Gemeinschaft, beispielsweise durch thematische Treffen oder den Aufbau lokaler Netzwerke. Auch können so innovative Lösungen gefunden und das kollektive Handeln gestärkt werden. Und schließlich können kreative Kommunikationsformen und Kunstprojekte zur Sensibilisierung wie Kunstinstallationen, Theateraufführungen oder lokale Medienprojekte auf innovative und emotional ansprechende Weise das Thema Klimaanpassung in der breiten Öffentlichkeit verankern und zur Verhaltensänderung beitragen.

Best-Practice-Beispiele und Lernfelder

Obwohl gemeinschaftsbasierte Klimaanpassung in Deutschland noch nicht flächendeckend angewendet wird und dem Autor auch kein vollständiger Prozess in Reinform in Deutschland bekannt ist, gibt es bereits vielversprechende Ansätze und Initiativen, von denen andere Kommunen lernen können. Diese Beispiele verdeutlichen das breite Spektrum an Möglichkeiten für diese Form der Klimaanpassung in deutschen Kommunen.

Sie zeigen, dass bürgerschaftliches Engagement eine wichtige Triebkraft für innovative und nachhaltige Anpassungslösungen sein kann. Einige Beispiele sind:

- **Lokale Klimaanpassungskonzepte mit Bürgerbeteiligung:** Landkreise wie Stormarn (Kreis Stormann, o.J.) oder Städte wie Freiburg (Stadt Freiburg, o.J.) haben bei ihren Klimaanpassungskonzepten auf eine intensive Einbindung der Bürgerinnen und Bürger gesetzt. Durch Bürgerwerkstätten, Online-Konsultationen und thematische Arbeitsgruppen wurden lokale Expertise und Bedürfnisse in die Entwicklung der Strategien integriert.
- **Gemeinschaftsgartenprojekte und urbane Landwirtschaftsinitiativen:** In zahlreichen deutschen Städten haben sich solche Projekte etabliert, die nicht nur zur lokalen Nahrungsmittelproduktion beitragen, sondern auch als Orte der sozialen Interaktion und des Lernens über nachhaltige Praktiken dienen, zum Beispiel in den Prinzessinnengärten Berlin oder zahlreiche Initiativen im Rahmen der »Essbaren Stadt«.
- **Nachbarschaftliche Initiativen zur Schwammstadtentwicklung:** Beispielsweise bei Projekten in Hamburg-Wilhelmsburg im Zuge der Internationalen Bauausstellung (IBA) engagieren sich Anwohnerinnen und Anwohner gemeinsam für die Entsiegelung von Flächen, die Anlage von Gründächern und Regenbeeten, um die lokale Wasserrückhaltung zu verbessern und die Hitzebelastung zu reduzieren. Hier wurde ein eigenes Gremium für die Bürgerbeteiligung geschaffen (IBA Hamburg, o.J.).
- **Bürgerwissenschaftliche Projekte zur Erfassung von Klimadaten:** Initiativen wie »Pflanze KlimaKultur« (o.J.) oder das Citizen-Science-Forschungsprojekt Partizipative Klimaforschung (ParKli) (o.J.) sowie lokale Projekte zur Beobachtung von Hitzewellen oder Starkregenereignissen binden die Bürgerschaft aktiv in die Datenerhebung ein.

Fazit: transformative Chance

Gemeinschaftsbasierte Klimaanpassung stellt für deutsche Kommunen eine transformative Chance dar, die Herausforderungen des Klimawandels auf eine innovative, effektive und sozial gerechte Weise anzugehen. Durch die aktive Einbindung der Bürgerinnen und Bürger können Kommunen auf einen reichen Schatz an lokalem Wissen, Ressourcen und Engagement zurückgreifen und maßgeschneiderte Lösungen entwickeln, welche die Resilienz der lokalen Gemeinschaften nachhaltig stärken.

Die erfolgreiche Implementierung von gemeinschaftsbasierter Klimaanpassung erfordert jedoch einen Paradigmenwechsel in der kommunalen Planung und Verwaltung, die Bereitschaft zur Öffnung von Entscheidungsprozessen und die Etablierung einer Kultur der partnerschaftlichen Zusammenarbeit mit der Zivilgesellschaft. Dabei ist es wichtig, Herausforderungen wie Ressourcenknappheit und Koordinationsaufwand zu meistern und eine breite Inklusion sicher zu stellen. Genauso bedeutsam sind die konsequente politische Unterstützung, Transparenz, adäquate Beteiligungsmethoden und die Anerkennung bürgerschaftlichen Engagements. Die bereits existierenden vielversprechenden Beispiele in deutschen Kommunen zeigen, dass dies eine realistische und wirkungsvolle Strategie zur Stärkung der lokalen Klimaresilienz ist. Indem Kommunen die Potenziale dieses gemeinschaftlichen Prozesses erkennen und aktiv fördern, können sie nicht nur effektiver auf die Folgen des Klimawandels reagieren, sondern auch das Gemeinschaftsgefühl stärken, die demokratische Teilhabe fördern und eine lebenswerte Zukunft für alle Bürgerinnen und Bürger gestalten. Die Investition in diesen Prozess ist somit eine Investition in die Zukunftsfähigkeit der deutschen Kommunen.

Methodische Umsetzung gemeinschaftsbasierter Klimaanpassung

Gemeinschaftsbasierte Klimaanpassung lässt sich in der Kommune am besten in drei Phasen umsetzen. Die erste Phase – Initiierung und Sensibilisierung – dauert etwa zwei bis drei Monate. Daran schließt sich als zweite, vier bis sechs Monate dauernde Phase die Entwicklung einer Strategie sowie entsprechender Projekte an. In der abschließenden dritten Phase geht es darum, die auf den Weg gebrachten Projekte umzusetzen und dann im Zuge eines laufenden Monitorings die Ergebnisse zu dokumentieren und gegebenenfalls nachzusteuern. Insgesamt umfassen diese drei Phasen elf Schritte.

Phase 1

Als erster Schritt gilt es hier, die **Verwaltung intern zu sensibilisieren** und von der Notwendigkeit einer gemeinschaftsbasierten Klimaanpassung zu überzeugen. Dazu initiiert die mit der Klimaanpassung beauftragte Fachperson interne Gespräche mit den relevanten Fachbereichen wie Umweltamt, Stadtplanung, Grünflächenamt, Sozialamt und Katastrophenschutz sowie mit der politischen Ebene, also dem Bürgermeister oder der Bürgermeisterin sowie dem Stadtrat. Dies schafft ein gemeinsames Verständnis für die Notwendigkeit dieser Maßnahmen und die Vorteile der Bürgerbeteiligung. Ziel ist ein politisches Mandat in Form eines Beschlusses des Stadtrats zur Entwicklung und Umsetzung einer gemeinschaftsbasierten Strategie und die Zusage von Personal und Budget, zudem sollte eine verantwortliche Koordinierungsstelle benannt werden.

Im zweiten Schritt wird die **Öffentlichkeit informiert** und sensibilisiert, etwa durch eine Informationskampagne etwa über die Internetseite der Gemeinde, die lokale Presse, soziale Medien und Bürgerbriefe (Abbildung 1). Darin sollten die lokalen Auswirkungen des Klimawandels wie die Zunahme heißer Tage oder Überflutungsrisiken verständlich dargestellt werden. Außerdem sind das Konzept gemeinschaftsbasierter Lösungen und die Vorteile der Bürgerbeteiligung zu erläutern. Die Kommunikation sollte verständlich, bürgernah und fokussiert auf Lösungen und Vorteile gestaltet werden. Ziel ist, bei der Bevölkerung Verständnis für die Notwendigkeit von Klimaanpassungsmaßnahmen zu wecken und sie zur Teilnahme an Informationsveranstaltungen, zur Einbringung von Ideen und im besten Fall zum Mitmachen zu motivieren.

Dies mündet in den dritten Schritt, die **Durchführung von offenen Auftaktveranstaltungen**, die von der Kommune in verschiedenen Stadtteilen organisiert werden. An kurze Einführungsvorträge schließen sich offene Diskussionsrunden und Ideensammlungen zum Beispiel mit Hilfe offener Pinnwände an. So werden erste Eindrücke von den lokalen Herausforderungen wie Hitzeschutz in eng bebauten Quartieren oder naturnahe Entwässerung bei Starkregen vermittelt sowie bereits vorhandene Ideen und Initiativen in der Bevölkerung erkannt. Auch können sich in diesem Stadium erste potenzielle Interessengruppen und informelle Netzwerke in der interessierten Bürgerschaft bilden (Abbildung 2).

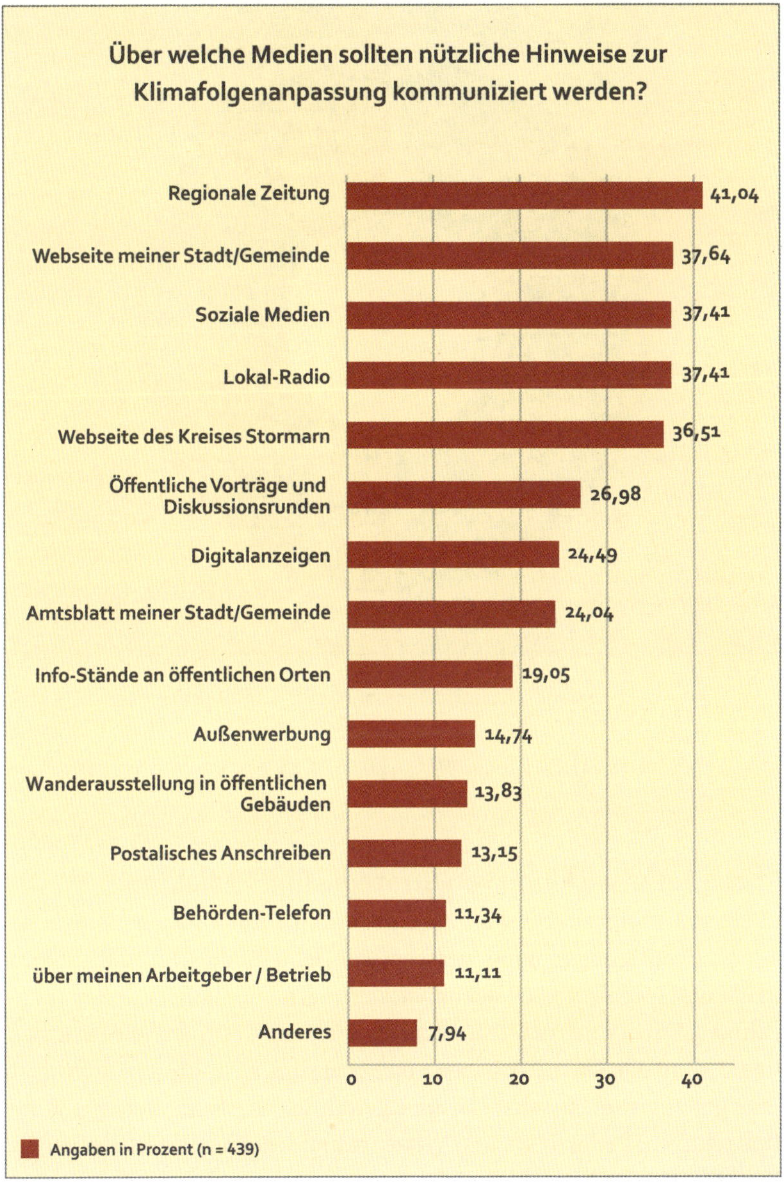

Abbildung 1: Präferenzen der Kommunikationswege am Beispiel des Kreises Stormarn. Abgerufen unter https://oc.itv-stormarn.de/owncloud/index.php/s/BUJFxHULb3ZW8Oz; 20.04.2025

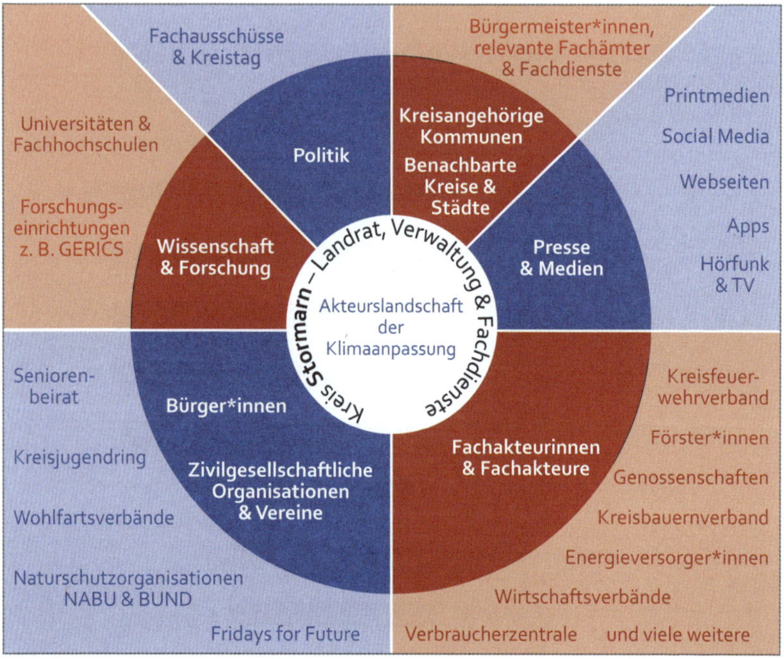

Abbildung 2: Akteurslandschaft der Klimaanpassung am Beispiel des Kreises Stormarn. Abgerufen unter https://oc.itv-stormarn.de/own-cloud/index.php/s/BUJFxHULb3ZW8Oz; 20.04.2025

Phase 2: Entwicklung von Strategie und Projekten

In Phase 2 erfolgt zunächst als vierter Schritt die **Auswahl einer repräsentativen Beteiligungsgruppe**. Sie ist entscheidend für die Legitimität, Effektivität und Nachhaltigkeit der entwickelten gemeinschaftsbasierten Maßnahmen. Dabei sind vor allem solche Personen prädestiniert, die ein echtes Interesse an der Thematik haben und bereit sind, sich aktiv einzubringen. Eine gut zusammengesetzte Gruppe gewährleistet, dass unterschiedliche Perspektiven, Bedürfnisse und Wissensstände in den Prozess einfließen. Kriterien für die Auswahl sind die demografische und sozioökonomische Vielfalt der lokalen Bevölkerung hinsichtlich Alter, Geschlecht, Migrationshintergrund, Bildungsniveau, Einkommensverhältnissen und sozialer Lagen. Zudem sollten Personen aus verschiedenen Stadt- oder Ortsteilen innerhalb des Fokusgebiets vertreten sein. Weiterhin sollte sichergestellt sein, dass unterschiedliche Interessen und Perspektiven aus der Kommunalpolitik, der Verwaltung mit den betroffenen Fachämtern, Umwelt, Wirtschaft und Soziales vertreten sind. Auch lokal aktive Verbände, Bürgerinitiativen, Vereine sowie Fachleute aus Wissenschaft, Lehre und Forschung (Schulen, Hochschulen, Universitäten) sind willkommene Akteure. Und schließlich ist es sinnvoll, auch solche Personen mit einzubeziehen, die in besonderem Maße von den Auswirkungen des Klimawandels betroffen sind oder sein werden.

Hilfreich bei der praktischen Auswahl ist eine transparente Kommunikation der Auswahlkriterien. Auch ist es sinnvoll, unterrepräsentierte Gruppen über Netzwerke, Multiplikatoren und in relevanten Einrichtungen wie beispielsweise Migrantenorganisationen oder Seniorenheimen gezielt anzusprechen. Die Beteiligung sollte dann idealerweise über einen längeren Zeitraum angelegt sein, um eine nachhaltige Wirkung zu erzielen. Regelmäßiges Feedback von den Teilnehmenden und eine Evaluation des Beteiligungsprozesses helfen, die Auswahlstrategien und Methoden zu optimieren. Für die Auswahl selbst gibt es dann mehrere Möglichkeiten. Zufällige Methoden wie ein Losverfahren aus dem Melderegister oder durch einen öffentlichen Aufruf stellen eine einfache Möglichkeit dar, bergen aber die Gefahr der Nichtrepräsentativität. Bei der sogenannten geschichteten Stichprobe wird die Bevölkerung in relevante Untergruppen etwa nach Alter, Geschlecht oder Stadtteil unterteilt und dann aus jeder Gruppe proportional eine bestimmte Anzahl von Personen ausgewählt. Es können nach einer entsprechenden Analyse auch gezielt Schlüsselpersonen aus Stakeholder-Gruppen angesprochen werden, die ein breites Netzwerk und Einfluss in der Gemeinschaft haben. Oft ist allerdings eine Kombination verschiedener Auswahlstrategien am effektivsten, um eine vielfältige und repräsentative Gruppe zusammenzustellen. So könnte etwa ein ausgelostes Bürgerpanel durch die Einbindung von Schlüsselpersonen aus relevanten Organisationen ergänzt werden. Perfektion ist hier häufig nicht möglich, dennoch ist bei diesem Schritt eine besondere Sorgfalt notwendig.

Der fünfte Schritt umfasst eine **Analyse von Vulnerabilität und Bedürfnissen**. Dazu müssen zusammen mit der Gemeinschaft die wichtigsten Klimaveränderungen und deren Auswirkungen auf das lokale Gebiet erfasst werden, also zum Beispiel die Zunahme extremer Wetterereignisse, Veränderungen in Niederschlagsmustern und Temperaturanstieg. Außerdem wird untersucht und bewertet, welche Bevölkerungsgruppen, Wirtschaftssektoren und Infrastrukturen wodurch und wie stark besonders betroffen sind. Berücksichtigt werden dabei Faktoren, welche die negativen Auswirkungen verstärken, etwa schlechter Gesundheitszustand, prekäre wirtschaftliche Situation oder unzureichende Infrastruktur. Dann werden die vorhandenen Fähigkeiten, Ressourcen und Strategien der Gemeinschaft, mit den Auswirkungen des Klimawandels umzugehen, erfasst. Schließlich gilt es, etwa im Hinblick auf das Alter oder die sozioökonomische Situation besonders vulnerable Gruppen zu erkennen.

Weiterhin soll die Gemeinschaft ihre Bedürfnisse und Prioritäten hinsichtlich der Bewältigung der identifizierten Vulnerabilitäten und Klimarisiken äußern, etwa im Hinblick auf konkrete Maßnahmen oder Unterstützung. Auch wird analysiert, welche Fähigkeiten und Ressourcen fehlen, um die identifizierten Vulnerabilitäten zu verringern und die Anpassungsfähigkeit zu stärken. Dabei müssen eventuell unterschiedliche Bedürfnisse verschiedener Gruppen innerhalb der Gemeinschaft differenziert erfasst werden. Abschließend werden zusammen mit der Gemeinschaft die dringendsten und wichtigsten Bedürfnisse priorisiert, die im Rahmen des Anpassungsprozesses angegangen werden sollen. All die im Zuge dieser Erhebungen gesammelten Informationen werden dann zusammengeführt und systematisch analysiert. So ergibt sich ein umfassendes Bild der Vulnerabilitäten, Kapazitäten und Bedürfnisse der Gemeinschaft. Dabei können sich für das weitere Vorgehen wichtige Muster und Zusammenhänge zwischen Klimarisiken, Vulnerabilitäten, Kapazitäten und Bedürfnissen ergeben. Nachdem die Ergebnisse dieses Schritts in verständlicher Form kommuniziert wurden, hat die Gemeinschaft die Möglichkeit, sie zu diskutieren, zu ergänzen und zu validieren, um sicherzustellen, dass sie die Realität vor Ort widerspiegeln. Eine Einbindung von Fachleuten ist in diesem Schritt möglich.

Je nach Ergebnissen der Vulnerabilitäts- und Bedarfsanalyse kristallisieren sich zumeist mehrere prioritäre **thematische Schwerpunkte** heraus, die dann im sechsten Schritt in Workshops und Planungstreffen bearbeitet werden. Abhängig von den Analysen sowie vom spezifischen lokalen

Kontext können dann thematische Arbeitsgruppen gebildet werden, etwa eine AG »Grüne Nachbarschaften gegen Hitze« oder eine AG »Wassermanagement und Starkregenvorsorge«. Daran nehmen dann Personen mit Interesse und Expertise zu den jeweiligen Themen, Vertreterinnen und Vertreter der Verwaltung – eventuell als beratende Mitglieder – sowie gegebenenfalls lokale Fachleute wie beispielsweise Architekten teil. Nach einem Brainstorming geht es dann darum, auf Basis der Analysen Projektpläne zu entwickeln, Zeitpläne zu erstellen, den Bedarf an Ressourcen zu ermitteln und – falls relevant – sich um eine partizipative Budgetierung zu kümmern.

Der siebte Schritt und damit der letzte in Phase 2 besteht in der **Entwicklung eines strategischen Rahmens** für die langfristige und koordinierte Umsetzung für die gemeinschaftsbasierte Klimaanpassung in der Kommune. Dieser sollte vom Stadtrat verabschiedet werden. Hierzu fasst die Koordinierungsstelle die Ergebnisse der thematischen Arbeitsgruppen zusammen und entwickelt in einem partizipativen Prozess – beispielsweise einem übergreifenden Workshop mit Vertretern aller Arbeitsgruppen und der Verwaltung – die kommunale Strategie. Diese enthält die Leitlinien und Ziele der gemeinschaftsbasierten Klimaanpassung sowie die Priorisierung der Handlungsfelder und Projekte. Zudem werden die Verantwortlichkeiten und Prozesse für die Umsetzung festgelegt sowie die Rahmenbedingungen für die Zusammenarbeit mit Bürgerinitiativen und lokalen Akteuren. Hinzu kommen Ansätze zur langfristigen Finanzierung und Nachhaltigkeit der Projekte sowie Strategien zur Kommunikation und weiteren Einbindung der Bevölkerung.

Phase 3: Umsetzung und Monitoring

In der dritten und letzten Phase geht es um die Umsetzung und dabei im achten Schritt zunächst um **Pilotprojekte und erste Maßnahmen**. Das kann ein zusammen mit lokalen Initiativen gemeinschaftlich errichtetes Schwammstadt-Beet in einem Wohnquartier sein oder ein kühler Treffpunkt in einem Bürgerzentrum oder eine Informationskampagne zum Hitzeschutz in Mehrfamilienhäusern. Die Kommune unterstützt dies beispielsweise mit Genehmigungen, Material und fachlicher Beratung und fördert zudem die Vernetzung der beteiligten Akteure. So werden erste praktische Erfahrungen mit der Umsetzung solcher gemeinschaftlicher

Projekten gewonnen und der Mehrwert einer Bürgerbeteiligung demonstriert. Im neunten Schritt **verstetigt die Kommune ihre laufende Unterstützung** der ausgewählten Projekte, erleichtert den Zugang zu Ressourcen und Informationen und vernetzt die Initiativen. Dies sichert den langfristigen Erfolg und die Nachhaltigkeit der Initiativen und schafft so eine lebendige Gesellschaft, die sich um gemeinschaftliche Lösungen der Probleme kümmert, die mit der Klimaanpassung verbunden sind.

Im zehnten Schritt geht es dann darum, gemeinsam mit den beteiligten Bürgerinnen und Bürgern **Kriterien und Methoden zur Bewertung der Wirksamkeit** der umgesetzten Maßnahmen zu entwickeln. Wie stark wurde zum Beispiel die Hitzebelastung in betroffenen Quartieren verringert, wie gut wird das Wasser nach Starkregen zurückgehalten, wie viele neue Grünflächen gibt es, wie wurde der soziale Zusammenhalt gefördert, wie zufrieden sind die Menschen mit den Maßnahmen? Mit den Antworten auf solche Fragen lassen sich Stärken und Schwächen der einzelnen Projekte identifizieren und Verbesserungspotenziale erkennen. Abschließend wird dann im elften Schritt – basierend auf den gewonnenen Erfahrungen und den Ergebnissen des Monitorings – die **Strategie der gemeinschaftsbasierten Klimaanpassung kontinuierlich weiterentwickelt** und auf weitere Themenfelder und Stadtteile ausgeweitet. So wird diese Strategie ein integraler Bestandteil der kommunalen Klimaanpassungsbemühungen, zudem wird eine Kultur der Bürgerbeteiligung in der Kommune etabliert. Das Ergebnis ist eine widerstandsfähigere und lebenswertere Kommune, in der die Bürgerinnen und Bürger aktiv die Zukunft gestalten.

Hinweise zur Finanzierung

Die Finanzierung und Umsetzung von gemeinschaftsbasierten Klimaanpassungsprozessen erfordern finanzielle Ressourcen. Somit ist das Wissen über mögliche Finanzierungsquellen relevant. Dabei gilt es allerdings darauf zu achten, den Prozess nicht von Beginn an zu sehr zu beschneiden, da sich unerwartete kostengünstige Ergebnisse sowie zusätzliche Finanzierungsquellen wie neue Förderprogramme oder Entwicklungen in den Haushaltsplänen ergeben können.

Im regulären **kommunalen Haushalt** kann ein Budget für die Umsetzung solcher Maßnahmen bereitgestellt werden. Zudem können Mittel, die bisher für traditionelle Ansätze oder weniger nachhaltige Projekte vorgesehen waren, umgelenkt werden, wenn diese einen höheren Mehrwert im Hinblick auf Klimaresilienz und soziale Teilhabe bieten. Dies erfordert eine Priorisierung der Klimaanpassung im städtischen Finanzplan und idealerweise die Schaffung eines eigenen Haushaltstitels für Klimaanpassung. Einige Kommunen richten auch eigene Klimafonds ein, die durch Einnahmen aus beispielsweise Überschüssen kommunaler Energieversorger, Spenden oder Kompensationszahlungen gefüllt werden und für lokale Anpassungsprojekte zur Verfügung stehen.

Weiterhin bieten Bund und die Bundesländer eine Vielzahl von **nationalen Förderprogrammen** für Klimaanpassungsmaßnahmen in Kommunen an. Dazu gehören beispielsweise Förderungen für die Erstellung und Umsetzung von Klimaanpassungskonzepten, für innovative Modellprojekte, für die Anpassung in sozialen Einrichtungen und für Maßnahmen im Bereich des natürlichen Klimaschutzes, die auch auf Klimawandelanpassung einzahlen. In Baden-Württemberg sei hier zum Beispiel das Programm Klimopass genannt. Informationen hierzu bieten das Zentrum Klima-Anpassung (ZKA), das Kompetenzzentrum Klimawandel bei der LUBW und die Förderdatenbank des Bundes. Auf **europäischer Ebene** gibt es bei Programmen wie dem LIFE-Programm und Horizon Europe Kofinanzierungsmöglichkeiten für innovative Klimaanpassungsprojekte, an denen sich Kommunen beteiligen können. Auch die Europäischen Struktur- und Investitionsfonds (z. B. EFRE, ESF+) können relevant sein. Zudem werden gelegentlich **Sonderprogramme und Wettbewerbe** auf nationaler oder europäischer Ebene ausgeschrieben, die spezifische Aspekte der Klimaanpassung oder innovative Ansätze fördern.

Interessant können auch gezielt für gemeinschaftsbasierte Lösungen vorgesehene **Spenden** oder **Sponsoring** von Privatpersonen, lokalen Unternehmen oder Stiftungen sein. Für kleinere, lokal sichtbare Projekte kann auch **Crowdfunding** eine geeignete Finanzierungsquelle sein, um Bürgerinnen und Bürger direkt in die Finanzierung einzubinden und gleichzeitig das Bewusstsein für das Projekt zu stärken.

Eine weitere Möglichkeit sind **Kooperationen und Partnerschaften.**

So können zum Beispiel kommunale Energieversorger im Rahmen ihrer Konzessionsabgaben oder gemeinsamer Projekte zur Klimaanpassung beitragen oder Wohnungsbaugesellschaften bei Anpassungsmaßnahmen im Wohnumfeld wie etwa Gründächer oder Fassadenbegrünung. Auch Unternehmen und Gewerbetreibende können als Partner bei entsprechenden Projekten beteiligt werden. Ebenso sind mit Privatpersonen und Initiativen Kooperationen möglich. Wobei hier **ehrenamtliches Engagement** ein wesentlicher Bestandteil ist und die Arbeitszeit der Bürgerinnen und Bürger sowie ihr Know-how eine wertvolle nicht-monetäre Finanzierungsform darstellen. Schließlich können lokale Unternehmen oder Privatpersonen auch mit **Sachspenden** wie Materialien oder Werkzeugen einen Beitrag leisten.

Schließlich gilt es, bei der Finanzierung auch einige **strategische Überlegungen** anzustellen. So reduziert eine breite Streuung der Finanzierungsquellen die Abhängigkeit von einzelnen Geldgebern und erhöht die finanzielle Stabilität. Weiterhin sollte die Kommune eine langfristige Finanzierungsstrategie für die Klimaanpassung entwickeln, die auch gemeinschaftsbasierte Lösungen berücksichtigt. Dabei können innovative Finanzierungsansätze verschiedene Quellen kombinieren und zusätzliche Mittel erschließen, wobei gerade hier auch die Einbindung der Bürgerschaft durch Spenden oder Crowdfunding interessant ist.

Felix Diesner

Kommunaler Gestaltungsspielraum für sozialgerechte Klimaanpassung

Stetig steigende Durchschnittstemperaturen, die mit einer Zunahme und einer Intensivierung von Extremwetterereignissen wie Hitzewellen, Stürmen, Starkregen und Hochwasser korrespondieren, sind hierzulande die unübersehbaren Folgen des Klimawandels. Dabei nimmt die globale Erderwärmung stärker und schneller zu als bisher angenommen (IPCC, 2023; Kaufhold et al., 2025). Die Erwärmung korrespondiert mit einer Vielzahl an Risiken entlang der unterschiedlichen Systeme wie zum Beispiel Ökosysteme und menschliche Systeme.

Die indirekten Folgen sind vielfältig und beinhalten sowohl große wirtschaftliche Schäden, eine Zunahme von Krankheiten- und Todesfällen sowie Schäden an Infrastruktur und Natur als auch eine Verschärfung bestehender sozialer Ungleichheiten und sozialer Konflikte. Deutschland erwärmt sich über dem weltweiten Durchschnitt. Damit erhöht sich auch die Anzahl an Schäden und Verlusten für Menschen und ihre Güter, die räumlich und sozial ungleich verteilt sind. Umso dringlicher ist es, eine soziale Klimawandelanpassungspolitik entschiedener denn je voranzutreiben.

In der politischen Praxis standen hierzulande bisher technische und bauplanerische Anpassungsmaßnahmen stärker im Vordergrund, etwa um Gemeinden in hochwassergefährdeten Gebieten durch beispielsweise Deiche und Rückhaltebecken besser gegen Überschwemmungen zu schützen. Diese Maßnahmen bleiben wichtig, um die gesellschaftliche Widerstandsfähigkeit gegenüber dem Klimawandel zu fördern. Sie sind aber grundlegend um Maßnahmen zu ergänzen, die auch soziale Aspekte stärker in den Blick nehmen.

Die sozialgerechte Ausgestaltung von Anpassungspolitik wurde bisher aus vielfältigen Gründen vernachlässigt. Auf der anderen Seite wird sie aber in Zukunft immer wichtiger werden: Soziale Gerechtigkeitsfragen an zentrale Stelle zu setzen, kann nicht nur die gesellschaftliche Akzeptanz für Klimaanpassungsmaßnahmen erhöhen sowie einer Verschärfung bestehender Ungleichheiten und sozialer Konflikte vorbeugen, sondern ist auch eine wesentliche Komponente für die Wirksamkeit von Anpassungsmaßnahmen selbst (Owen, 2020; European Environment Agency EEA, 2022). Sieht man von dem Gesundheitssektor und Hitzeplänen ab, die in vielen Kommunen und sozialen Einrichtungen nach dem Hitzesommer 2003 und insbesondere nach Vorstoß des Bundesgesundheitsministeriums 2023 erstellt wurden, bestehen große Lücken zur Frage, wie besonders vulnerable und sozial benachteiligte Gruppen im Rahmen kommunaler Anpassungsplanung zentraler in den Blick genommen werden können.

Gleichwohl ist offenkundig, dass die gravierenden Folgen des Klimawandels zu den neuen sozialen Fragen des 21. Jahrhunderts gehören. Wenn es darum geht, sich an Klimawandelfolgen anzupassen, sind in Armut lebende oder diesbezüglich gefährdete Menschen besonders betroffen. Dies gilt auch für Menschen, die zum Beispiel aufgrund von Alter, ethnischer Zugehörigkeit, Geschlecht oder Migrationshintergrund soziale Ausgrenzung erfahren. Menschen, die in prekären Beschäftigungsverhältnissen und bestimmten Berufsfeldern arbeiten, sowie Menschen mit Behinderungen und gesundheitlichen Vorbelastungen sind ebenfalls betroffen. Die hier genannten Gruppen sind exemplarisch und unvollständig. Aufgrund der lokalen Ausprägung von Verwundbarkeit gilt es, die Verschneidung sozialer Ungleichheit, räumlicher Faktoren und Klimawandelfolgen im spezifischen Kontext zu betrachten.

Aus diesen Gründen muss Klimaanpassungspolitik nicht nur die Ertüchtigung der technischen Infrastruktur forcieren, sondern auch, dass der Wandel so sozialgerecht wie möglich bewerkstelligt wird. Neben sozialer Benachteiligung ist die menschliche Verwundbarkeit stark kontextual geprägt und von vielen weiteren Faktoren abhängig, die wiederum in unterschiedlichen Anpassungsbedürfnissen resultieren. Die sozialen Fragen sind entlang aller gesellschaftlichen Aufgabenbereiche zu erschließen. Doch was genau kann unter einer sozialgerechten Klimaanpassungspolitik verstanden werden?

Vier Dimensionen einer gerechtigkeitsorientierten Klimaanpassungspolitik

Für eine gerechtigkeitsorientierte Klimaanpassungspolitik können vier Dimensionen unterschieden werden. Sie reichen von der Ermittlung, Anerkennung und Beteiligung vulnerabler Gruppen bis hin zur Identifikation ungleicher Verteilungswirkungen von Klimaanpassungsmaßnahmen selbst (siehe Tabelle 1). Die Kommunen sind ein zentraler Akteur – schließlich müssen vor Ort die Bedürfnisse der Menschen mit den lokal unterschiedlich ausgeprägten Klimawandelfolgen und Notwendigkeiten der Klimaanpassung in Einklang gebracht werden. Die vielfältigen Zuwächse an Aufgaben für Kommunen seitens des Bundes müssen bei der bestehenden Fülle sozialer Pflichtaufgaben und massiver Finanzierungslücken aber auch kritisch eingeordnet werden (vergleiche dazu Freier et al., 2023). Der nachfolgende Text unternimmt diesen Versuch und widmet sich dem kommunalen Gestaltungsspielraum entlang der Dimensionen. Nachfolgend werden Aspekte der Verteilungsgerechtigkeit, Anerkennungsgerechtigkeit und ungleichen Verteilungswirkungen am Beispiel Arbeit und Wohnen näher betrachtet.

Klimaanpassungspolitik ist auch Sozialpolitik – das Beispiel Arbeit und Wohnen

Die Bereiche Arbeiten und Wohnen helfen zu verdeutlichen, wie soziale Fragen mit dem Klimawandel verbunden sind. Eine betagte Person mit bescheidener Rente wohnt in einer kleinen Dachwohnung in einer Stadt mit Wohnungsnot zur Miete. Diese kostet zwar vergleichsweise wenig, sie ist aber aufgrund verschiedener Faktoren einer verstärkten Hitzebelastung ausgesetzt, zum Beispiel durch eine dichte Bebauung, eine geringe Begrünung oder eine mangelnde Dämmung in alten Bestandsgebäuden. An einen Umzug in eine kühlere, klimaresiliente Wohnung ist bei dem zur Verfügung stehenden Einkommen nicht zu denken. Hier wäre der sozialverträgliche Zugang zu einem gesünderen und auch bezahlbaren Wohnumfeld wichtig. Wenn andererseits Klimaanpassungsmaßnahmen

Tab. 1 Dimensionen sozialer Gerechtigkeit für die Anpassungsplanung. Quelle: Eigene Darstellung, angepasst nach Juhola et al., 2022, sowie Taylor et al., 2022.

Dimensionen	Was?
Verteilungsgerechtigkeit: Wer ist wie betroffen?	Ermittlung ungleicher Auswirkungen des Klimawandels auf Gesellschaft, Identifikation vulnerabler Bevölkerungsgruppen, die besonders stark von Klimafolgen betroffen sind
Anerkennungsgerechtigkeit: Wessen Bedürfnisse werden anerkannt?	Anerkennung der strukturellen Ursachen von Verwundbarkeit, der pluralistischen Bedürfnisse und der Kapazitäten verschiedener Gruppen, insbesondere von vulnerablen Bevölkerungsgruppen im Rahmen von Klimaanpassungsstrategien
Verfahrensgerechtigkeit: Wer entscheidet?	Fairness in Prozessen der Anpassungsplanung: Zugang zu Informationen und Beteiligung vulnerabler Gruppen in Entscheidungsprozessen zur Erhebung von Verwundbarkeit und bei der Entwicklung von Anpassungsstrategien und Maßnahmen
Verteilungswirkungen von Klimaanpassungsmaßnahmen: Wer profitiert bzw. wird von Maßnahmen benachteiligt?	Ungleiche Verteilung von Vor- und Nachteilen anpassungspolitischer Instrumente auf verschiedene gesellschaftliche Gruppen

wie beispielsweise mehr Begrünung und mehr Wasserflächen ein bestehendes Quartier optisch, ökologisch und gesundheitsbezogen aufwerten, dann können sich bei dem höchst angespannten Wohnungsmarkt damit auch die sozialen Ungleichheiten vertiefen (vergleiche dazu Haase und Schmidt, 2023). Durch die limitiert regulierte Wertsteigerung kann es zu Mieterhöhungen und einer Verdrängung einkommensschwacher Haushalte kommen. In Baden-Württemberg liegt die Wohnarmut mittlerweile bei 18,5 Prozent (Schabram et al., 2024). Wohnarmut wird durch den Klimawandel verschärft (Bezgrebelna et al., 2021). Somit zählen Menschen in prekären Wohnverhältnissen, finanziell Benachteiligte und Obdachlose zu den marginalisierten Bevölkerungsgruppen.

Auch mit Blick auf Arbeit wird das Wechselspiel von Klimawandelfolgen und Sozialem vielfach deutlich: Bestimmte Berufsgruppen sind einer verstärkten Hitzebelastung ausgesetzt und berichten über hitzebedingte Gesundheitsprobleme (Bühn und Voss, 2023). Das sind beispielsweise körperlich tätige Beschäftigte im Bausektor, die im Freien arbeiten, Wanderarbeitende und Menschen in prekären Berufsverhältnissen, also mit geringem Lohn oder fehlender sozialer Absicherung. In Baden-Württemberg allein wird die Anzahl der hitzebelasteten Beschäftigten auf 1,4 Millionen geschätzt (DAK, 2024). Die damit verbundenen Herausforderungen münden in vielfältigen neuen Aufgaben wie beispielsweise zu überarbeitenden Betriebsprozessen für mehr Hitzeschutz am Arbeitsplatz und einen verbesserten – rechtlich regulierten – Arbeitsschutz (siehe Tabelle 2). Erschwerend kommt hinzu, dass die Armutsgefährdung von Erwerbstätigen zugenommen hat. Befristet und in Teilzeit Beschäftigte sind in diesem Zusammenhang besonders stark betroffen (Escher und Velimsky, 2023). In Baden-Württemberg sind 8,3 Prozent aller Erwerbstätigen, etwa eine halbe Million, von Einkommensarmut betroffen (siehe ebenda). Neben den direkten gesundheitlichen Auswirkungen des Klimawandels auf Erwerbstätige sind Einkommensunterschiede für die Anpassungsfähigkeit von besonderer Relevanz. Und auch hier nimmt der Druck durch den fortschreitenden Klimawandel langfristig weiter zu: Bis 2050 wird ein Einkommensverlust von bis zu 20 Prozent prognostiziert (Kotz et al., 2024).

Dies alles verdeutlicht, dass die strukturellen Ursachen gesellschaftlicher Vulnerabilität wie prekäre Wohn- und Beschäftigungsverhältnisse vielfältigen Ursprungs sind und der kommunale Handlungsspielraum, diese zu adressieren, häufig begrenzt ist (vergleiche dazu Teebken 2022; Teebken und Schipperges, 2024). Sie korrespondieren mit den Dimensionen der Verteilungsgerechtigkeit und Anerkennungsgerechtigkeit. Ihr Einbezug ist für eine wirksame, sozial orientierte Anpassungspolitik jedoch relevant. Diesen tiefer liegenden Ursachen, den sogenannten Wurzelursachen von Verwundbarkeit, wird aber bisher in der öffentlichen und politischen Diskussion zur Klimawandelanpassung erst wenig Aufmerksamkeit gewidmet – und noch seltener werden sie berücksichtigt. Hier haben Kommunen die Möglichkeit, viele Gruppen und Organisationen in den Gestaltungsprozess einzubinden, um diese strukturellen Aspekte und mögliche Konflikte – insbesondere solche zwischen ökologischen Zielen und Verteilungsgerechtigkeit – frühzeitig sichtbar zu machen (vergleiche dazu Haase und Schmidt, 2023; Birkman und Blätgen, 2018). Das bedeutet, die Maßnahmen nicht im Zuge der üblichen kommunalen Hierarchien von oben nach unten (Top-down) anzuordnen und durchzuführen, sondern die unteren Ebenen frühzeitig einzubinden (Bottom-up).

Gleichzeitig wird sichtbar, dass Kommunen zwar wichtige Akteure bei der Umsetzung von Anpassungsmaßnahmen sind, es aber viele Wirkmechanismen und Unsicherheiten gibt, die außerhalb der herkömmlichen anpassungspolitischen Aufgaben liegen. Für eine vorausschauende Anpassungspolitik braucht es aber diese ganzheitliche Perspektive, nicht zuletzt auch, um negative Verteilungswirkungen vorzubeugen. Das Beispiel mit der klimaangepassten Aufwertung eines Quartiers und dem damit verbundenen Risiko der Verdrängung ist typisch für eine Fehlanpassung, auch Maladaption genannt. Untersuchungen haben gezeigt, dass solche Entwicklungen vor allem solche Bevölkerungsgruppen treffen, die ohnehin schon benachteiligt sind – was dann zu einer erhöhten statt verringerten Vulnerabilität führen kann (vergleiche Thomas und Warner, 2019; IPCC, 2023). Deswegen ist Klimaanpassung auch eine sozialpolitische Aufgabe (vergleiche Teebken und Schipperges, 2024) und damit auch ein Politikfeld für mehr soziale Gerechtigkeit. Auch hier gilt es, soziale Akteure der Daseinsvorsorge zentraler als bisher zu beteiligen. Sie verfügen über wichtiges Wissen, beispielsweise zu isolierten Menschen, die in einer nicht isolierten Dachgeschosswohnung leben oder in prekären Beschäftigungsverhältnissen einer besonderen Hitzebelastung ausgesetzt sind.

Soziale Aspekte in der politischen Praxis

Bei den Strategien zur Anpassung an den Klimawandel standen – zumindest bisher – soziale Aspekte weder beim Bund noch bei den Ländern im Vordergrund. Doch ein vorsichtiges Bemühen ist wahrnehmbar, soziale

Betroffenheiten zu integrieren. So finden sich explizit formulierte Anforderungen an eine sozial sensible und gerechte Anpassungspolitik zum Beispiel in den Anpassungsstrategien von Baden-Württemberg (Ministerium für Umwelt BW, 2015 und 2023) wie auch in den entsprechenden Papieren des Bundes und anderer Bundesländer (vergleiche hierzu Teebken und Schipperges, 2024, 16ff.). Zwar ist das Ursachenverständnis noch stark symptomatisch, indem es auf einzelne Personenmerkmale fokussiert, statt strukturelle Verteilungsfragen in den Blick zu nehmen (wie etwa der Zugang zu gleichwertigen Lebensverhältnissen) – es kann aber einen Diskursraum in die richtige Richtung öffnen. Die Strategie zur Anpassung an den Klimawandel in Baden-Württemberg wirft die Frage auf, inwieweit entsprechende Bund-Länder-Programme wie die Soziale Stadt dazu beitragen können, vulnerable Personengruppen zu informieren, zu beraten und praktisch zu unterstützen (Ministerium für Umwelt BW, 2015, 110).

Der Bund reagiert schon seit einiger Zeit auf die Herausforderungen, die der Klimawandel mit sich bringt – wobei nun auch die sozialen Aspekte und hier vor allem der Gesundheitsschutz berücksichtigt werden. Dies geschieht allerdings in der Regel eher am Rande. Bei vielen Gesetzen, die sich explizit mit dem Schutz vulnerabler Gruppen befassen, sind die Erfordernisse der Klimaanpassung allenfalls implizit oder punktuell enthalten. Hierzu zählen etwa das Sozialrecht, das Berufsrecht, Gesetze über den öffentlichen Gesundheitsdienst, Krankenhausgesetze, Heimgesetze, Schulgesetze, Kita-Gesetze, das Mutterschutzgesetz oder Arbeitsschutzgesetze (Albrecht et al., 2022).

Das Klimaanpassungsgesetz (KAnG) des Bundes setzt nun seit 2024 einen nationalen Rahmen für die Bewältigung der im Zuge des Klimawandels anstehenden Aufgaben und Herausforderungen. Auch hier rücken soziale Gerechtigkeitsfragen in den Fokus, mit dem Ziel, soziale Ungleichheiten nicht zu verschärfen. Damit im Einklang konzipieren die Länder eigene Strategien und Gesetze zur Klimaanpassung. Neben wachsenden Anforderungen und geteilter Zuständigkeit von Bund, Ländern und Kommunen im Rahmen der Gemeinschaftsaufgabe Klimaanpassung bleibt die Finanzierungsfrage jedoch ein zentraler Streitpunkt. Aufgrund defizitärer kommunaler Haushalte, die bei steigendem Aufgabenzuwachs und häufig projektbasierten, kurzfristigen Finanzierungen an den Rand ihrer Belastungsgrenzen kommen, wird seit 2024 wiederkehrend die Etablierung von Klimaanpassung als Gemeinschaftsaufgabe im Grundgesetz diskutiert. Weil sich die Politik uneinig ist und die Dringlichkeit des Problems nur mangelhaft wahrnimmt, gilt es mithin, niedrigschwellige Optionen für eine soziale Anpassungspolitik auf kommunaler Ebene aufzuzeigen.

Instrumente und Beispiele für die kommunale Praxis

Ein zentrales, niedrigschwelliges Instrument für die kommunale Anpassungsplanung und Praxis sind Vulnerabilitäts- und Risikobewertungen, um gefährdete Bevölkerungsgruppen zu identifizieren (siehe Tabelle 2). So ist zum Beispiel das baden-württembergische Projekt »Klimopass« (Klimawandel und modellhafte Anpassung) eine Förderung des Landes, das Kommunen oder mittleren Unternehmen einen Zuschuss gewährt für die Erstellung von Analysen von Klima, Verwundbarkeit und Machbarkeit von Maßnahmen. Doch bei solchen sozialen Vulnerabilitätsbewertungen ist Vorsicht geboten. Die Konzentration auf vereinfachte, individuelle und personenbezogen Indikatoren wie zum Beispiel Alter, Geschlecht oder Einkommen und das daraus abgeleitete »Von-oben-herab-benennen« von »vulnerablen Gruppen« resultiert häufig in einer Stigmatisierung und kann zur Folge haben, dass sich betroffene Bevölkerungsgruppen entmächtigt fühlen. Gleichzeitig wird den betroffenen Personen damit häufig die Verantwortung zugeschoben. So geraten die grundlegenden Ursachen sozialer Prekarität aus dem Blick. Partizipative und gesellschaftlich geleitete Vulnerabilitätsassessments können das Risiko der Stigmatisierung minimieren, indem die Betroffenen als zentrale Wissensträger früh in den Prozess geholt werden. Gemeinsam mit zuständigen Stadtverwaltungsakteuren können so Risiken identifiziert und erfahrbar gemacht werden, um daraus gesellschaftlich basierte Handlungsempfehlungen abzuleiten. Beteiligung hat somit nicht erst in der Anpassungsplanung selbst zu erfolgen, sondern so früh wie möglich bei der Erhebung der Vulnerabilität selbst. Die lokale Stadtbevölkerung und betroffene Gruppen können nämlich häufig blinde Flecken betroffener Orte und soziopolitischer Aspekte benennen, die im Zuge ökologischer Modellierungen zu kurz kommen.

Tab. 2 Beispiele für Anpassungsinstrumente, die sich auf Aspekte der Gerechtigkeit konzentrieren. Quelle: Übersetzt und angepasst aus Teebken und Ribot, in Vorbereitung.

Informatorische Instrumente, die Informationen zum Klimawandel mit sozialen Benachteiligungsaspekten verschränken	**Finanzielle Instrumente**, die Ausgleichsmechanismen für vulnerable Gruppen schaffen bzw. soziale Umverteilungseffekte haben können	**Regulatorische Instrumente, Gesetze und Vorschriften**, die auf vulnerable Gruppen zugeschnitten sind	**Organisatorische Instrumente/Netzwerke**, die neue Orte oder Gruppen schaffen, um Sozialbenachteiligte zu unterstützen
Bewertungen Vulnerabilitäts- und Risikobewertungen zur Identifizierung gefährdeter Bevölkerungsgruppen, z. B. partizipatorische oder gemeindegeführte Bewertungen von Vulnerabilitäten (CBVAs)	**Steuern** Ausgestaltung der Grundsteuer, um Mieter und Mieterinnen vor Belastungen zu schützen Steuern für Zweckentfremdung, Leerstand, Aufschläge und Abzüge bei der Steuer in Abhängigkeit von z. B. Versiegelungsgrad	**Landnutzung, Wohnungsbau- und Zonenvorschriften**, z. B. inklusive Zoneneinteilung, Umzonung, auf Gerechtigkeit ausgerichtete Bauvorschriften, Mietpreiskontrolle, Mietobergrenzen, Erhöhung des bezahlbaren und sozialen Wohnungsbaus im Rahmen von Ökologisierungsstrategien	**Schaffung von Stadtbodenstiftungen** (Community Land Trusts) zur Änderung der Eigentumsstrukturen von Grundstücken (Selbstverwaltung, soziale und ökologische Gestaltung)
Policy Support Tools zu Sozialfolgenabschätzung / Bewertung der sozialen Auswirkungen bestimmter Maßnahmen wie z. B. Kosten-Nutzen-Analysen, Multikriterienanalysen, qualitativer Anpassungsgerechtigkeitsindex	**Zielgruppenspezifische Richtlinien** und Förderprogramme z. B. bundespolitische Förderrichtlinien mit Fokus auf soziale Einrichtungen oder städtische Förderungen zu klimaangepasstem Wohnen für bestimmte Gruppen, Programme zur Förderung des Städtebaus mit Fokus Umweltgerechtigkeit	**Gesetze**, die Maßnahmen zur Verringerung der Verwundbarkeit unter Berücksichtigung der Gerechtigkeit vorschreiben oder einschränken, z. B. Arbeitsschutzgesetze, Arbeitsrechte für bestimmte Berufe, Flexibilität der Arbeits- und Öffnungszeiten, Durchsetzung der Sozialgesetzgebung	**Nachbarschaftsnetzwerke / Gemeinschafts-Organisationen**, die darauf abzielen, sich gegenseitig zu unterstützen, lokale Wurzeln zu bewahren, Wunden von Bewohnern und Familien zu heilen, den Austausch zwischen Einheimischen zu ermöglichen und/oder neue Aktivisten anzuziehen

Frühwarnsysteme zur Identifizierung besonders betroffener und schwer erreichbarer Risikogruppen (z. B. isolierte ältere Menschen, gefährdete Patientengruppen, bestimmte Berufsgruppen)	**Private Finanzierungs- und Versicherungsprodukte,** die klimagefährdeten Bevölkerungsgruppen finanziellen Schutz bieten und bei Fehlanpassungen Entschädigungen leisten sollen	**Integrierte Gesetzesentwürfe zum Sozialschutz und zur Anpassung an den Klimawandel,** die gefährdete Bevölkerungsgruppen angesichts schleichender und/oder extremer Ereignisse als künftige Empfänger sozialer Sicherung anerkennen (z. B. durch Sozialtransfers)	**Neue Partnerschaften** zwischen Sozial-/Gesundheitsorganisationen und Umweltbehörden, z. B. um gefährdeten Bevölkerungsgruppen Wärme-/Kältehilfe anzubieten, saisonale Unterkünfte für Obdachlose, naturnahe, kostenlose, zugängliche und sichere Klimaunterkünfte für z. B. ältere Menschen
Klimarisiko-Kommunikation und Informationskampagnen, die auf vulnerable Bevölkerungsgruppen ausgerichtet sind und diese gezielt über spezifische Risiken informieren (z. B. Hitze-Telefon, um isolierte ältere Menschen während Hitzewellen zu erreichen, Informationsbroschüren	**Aufwandsentschädigungen** und Förderung der Teilnahme, Stipendien oder Honorare vulnerabler Gruppen	**Obligatorische Einbeziehung gefährdeter Gruppen in die Politikgestaltung,** z. B. durch Klimagesetze, welche die Konsultation von Interessengruppen vorschreiben und erweitern	**Plattformen zur Wissensintegration und zum Wissensaustausch,** die politische Entscheidungsträger und Koordinatoren bei der gerechtigkeitsorientierten Anpassungsplanung unterstützen, z. B. der Climate-Adapt Equity Explorer oder das Climate Just Information Tool

Neben der Identifikation von Risikoeinheiten wie beispielsweise vulnerable Gruppen bieten Bewertungen die Möglichkeit, tiefer liegende Ursachen von Verwundbarkeit im Sinne sozialer Prekarität zu beleuchten (vergleiche dazu Ribot, 2014). Damit können sie im Sinne der Anerkennungsgerechtigkeit aktive Prozesse der Entstehung von Vulnerabilität thematisieren und Verantwortlichkeiten – auch auf anderen Politikebenen – identifizieren, die gleichzeitig helfen, den lokalen Handlungsspielraum realistisch einzuordnen. Die klare Aufteilung von Rollen und Verantwortlichkeiten ist eine wesentliche Voraussetzung für eine erfolgreiche Klimaanpassung (vergleiche dazu Petzold et al., 2023).

Ein weiteres Planungsinstrument zur Politikunterstützung (Policy Support Tool) sind im Voraus durchgeführte Bewertungsverfahren, welche die sozialen Auswirkungen einer bestimmten Anpassungspolitik bestimmen. Dazu zählen Abschätzungen der sozialen Folgen und/oder die Bewertung der sozialen Auswirkungen beispielsweise im Rahmen von Kosten-Nutzen-Analysen geplanter Bauvorhaben oder die Stärkung sozialer Indikatoren in multikriteriellen Bewertungen. Ein weiteres Beispiel ist der qualitative Anpassungsgerechtigkeitsindex, der eine Hilfestellung für eine gerechtigkeitsorientierte Bewertung von Anpassungsplänen und Strategien bietet (siehe Juhola et al., 2022). Neben Assessments gibt es weitere informatorische Instrumente wie Frühwarnsysteme, Klimarisikokommunikation und Informationskampagnen, die auf benachteiligte Bevölkerungsgruppen hin ausgerichtet werden können. Diese können mit organisatorischen Instrumenten wie zum Beispiel bestehenden Nachbarschaftsnetzwerken, sozialen Vereinen oder Hitzetelefonen kombiniert werden.

Finanzielle Instrumente, die Ausgleichsmechanismen für vulnerable Gruppen schaffen oder die Unterstützung vulnerabler Gruppen zentral stellen, sind hierzulande bisher nicht systematisch erforscht. Praxisbeispiele schließen die Förderrichtlinie »Klimaanpassung in sozialen Einrichtungen« ein. Diese hat zum Ziel, die Gesundheitskompetenz der involvierten Akteure und vulnerabler Bevölkerungsgruppen zu erhöhen. Unterschiedliche Förderprogramme von Bund, Ländern und Kommunen für klimaresilientes Wohnen bieten weitere finanzielle Unterstützung, um die Auswirkungen des Klimawandels im Bereich Wohnen zu minimieren. Bisher sind sie aber häufig nicht auf vulnerable Gruppen fokussiert, zudem erfordern sie in der Regel ein gewisses Maß an Eigenkapital. Daneben hat es vielfältige Entwicklungen in der Städtebauförderung auf dem Weg zu mehr Umweltgerechtigkeit gegeben (Böhme und Franke, 2021). Auch kreditbasierte Finanzierungen für den klimaresilienten Umbau oder Versicherungsprodukte gegen Klimaschäden, angeboten durch private Akteure wie zum Beispiel der Förderbank KfW oder dem Gesamtverband der Versicherer (GDV) spielen eine immer größere Rolle. Sie sind hierzulande aber nicht explizit auf vulnerable Gruppen hin ausgerichtet und/oder erfordern ebenfalls finanzielle Einlagen, die für sozioökonomisch benachteiligte Gruppen nicht zu stemmen sind. Neben vielfältigen Ungleichheitsfragen wird verstärkt auf Widersprüche von Versicherungen hingewiesen, wie etwa die anvisierte Rückkehr zur Normalität, die langfristig als Maladaptation gesehen werden kann (O'Hare et al., 2015).

Weitere Instrumente, die stärker im Kontext grüner Gentrifizierung diskutiert werden, um Verdrängung durch städtische Aufwertung und Begrünungsmaßnahmen vorzubeugen, sind zum Beispiel sozialer Wohnungsbau und Zonenvorschriften im Bereich der Landnutzung (BCNUEJ, 2023). In Deutschland ist die Grundsteuer eine wichtige, konjunkturunbhängige Einnahmequelle für Kommunen. Im Zuge der Grundsteuerreform haben Städte und Gemeinden mit Ausnahme in Bayern seit Januar 2025 die Möglichkeit, eine sogenannte Grundsteuer C einzuführen, die nicht nur die Zonierung, sondern auch die Mobilisierung von Bebauung ermöglichen kann (Deutscher Städte- und Gemeindebund, DStGB, 2024). Die Grundsteuer und Steuern für Zweckentfremdung, beispielsweise von Wohnraum, gilt es zukünftig stärker hinsichtlich ihrer sozialen Umverteilungseffekte zu untersuchen – auch um mögliche Finanzierungslücken von Kommunen zu schließen.

Ein bemerkenswertes praktisches Beispiel für eine sowohl klima- als auch sozialgerechte Umgestaltung innenstädtischer Quartiere ist die spanische Stadt Barcelona. Bausteine hierfür waren unter anderem die Zuweisung von städtischen Zonen mit spezifischen Inklusionsanforderungen, gesetzliche Regelungen zu Kurzzeitvermietungen wie etwa über AirBnB sowie Moratorien für die Ansiedlung neuer Unternehmen, Hotels und Gaststätten (BCNUEJ, 2023.). Inklusionsanforderungen und der Erhalt sowie die Förderung sozialen Wohnungsbaus etwa können vorbeugen, dass die Verdrängung im Zuge städtischer Aufwertungsprozesse im Rahmen von Begrünungsvorhaben weiter voranschreitet. Das Beispiel Barcelona zeigt, dass bei Klimaanpassungsmaßnahmen durchaus auch soziale Aspekte berücksichtigt werden. In der Regel aber sind Kommunen bemüht, bei der Umsetzung der gesetzlich geforderten Klimaanpassung die »üblichen« Maßnahmen zu realisieren. Das sind die Begrünung von Straßen, Plätzen, Dächern und Fassaden, die Entsiegelung gepflasterter Flächen, die Renaturierung von Gewässern, die Schaffung von Kaltluftschneisen und die Verschattung, ferner die Förderung von Aktivitäten zur Klimaanpassung auf privaten Flächen. Dabei hat eine Umfrage unter 249 deutschen Kommunen ergeben, dass diese vor allem aktiv wurden, wenn sie einmal selbst stark von Hitzewellen, Extremregen und Überflutung betroffen waren (Hasse und Willen, 2019). Dabei sind insbesondere kleine Kommunen bereits an wesentlichen sozialen Aufgaben dran, die mit den Wurzelursachen der Verwundbarkeit korrespondieren, wie der Grundsicherung für Erwerbslose, Kinder- und Jugendhilfe sowie Sozialhilfe (vergleiche dazu Freier et al. 2023, 52ff.). Diese Synergien der Anpassungs- und Sozialpolitik gilt es besser zu verstehen und ein mögliches »Rücksacken« von Anpassung an soziale Aufgaben zu durchdenken.

Im deutschen Kontext sind soziale Erhaltungssatzungen, die Ausweisung von Milieuschutzgebieten und Modelle sozialer Wohnraumentwicklung, zum Beispiel durch die Einführung von Quoten, vielversprechende raumplanerische Instrumente, die räumliche Mindeststandards für sozialen klimaresilienten Wohnungsbau entwickeln, halten und verankern können. Es ist allerdings mitunter schwierig, soziale Aspekte in die kommunale Klimaanpassung zu integrieren. So gibt es nach Untersuchungen des Deutschen Instituts für Urbanistik (Difu, 2023) kaum kleinräumliche Daten, die meteorologische und sozialstrukturelle Informationen miteinander verknüpfen und so die Verwundbarkeit lokaler Gemeinschaften – auch sozial benachteiligter Communities – durch den Klimawandel aufzeigen und entsprechende passgenaue Anpassungskonzepte ermöglichen. Immerhin bietet das Difu mit einer Toolbox den Kommunen praktische Hilfe an, wie diese die (soziale) Umweltgerechtigkeit – auch im Zusammenhang mit Klimaanpassung – verbessern können. Hintergrundwissen, Instrumente und Umsetzungstipps sowie Praxisbeispiele gehören dazu (Difu, 2023).

Neben vielen weiteren finanziellen, raumplanerischen und regulatorischen Instrumenten, die im internationalen Kontext erforscht werden und/oder bereits zum Einsatz kommen (siehe Tabelle 2), gibt es im Bereich der Netzwerk- und Organisationsentwicklung vielfältige Instrumente, die besonders für finanzschwache Kommunen niedrigschwelliger sind. Dazu zählen zum Beispiel die Errichtung neuer Partnerschaften oder Plattformen, die der Wissensintegration und dem Wissenschaftsaustausch dienen.

Niedrigschwellige Chancen einer sozial gerechten Herangehensweise für Kommunen

In vielen (großen) Städten wurden Strategien zur Klimaanpassung entwickelt und bereits durch Maßnahmen zumindest teilweise umgesetzt – auch an manchen Stellen unter Berücksichtigung sozialer Aspekte, wie das Beispiel Barcelona zeigt. In kleineren Städten fehlen jedoch oft die personellen und finanziellen Kapazitäten, solche Planungen durchzuführen und umzusetzen. Bekanntlich sind die Unterschiede in der kommunalen Finanzausstattung groß, wobei viele Kommunen wegen geringerer Steuereinnahmen und hoher Sozialausgaben vor gewaltigen Herausforderungen stehen (siehe Freier et al., 2023). In diesem Zuge hat das transdisziplinäre Projekt »GoingVis – mit kühlem Kopf in heißen Zeiten« ein niedrigschwelliges Format entwickelt. Als Schnittstelle von Verwaltungshandeln und lokaler Stadtgesellschaft wurden zwei Klimaanpassungsplattformen entwickelt: die von der Verwaltung getragene Plattform PLATZ-B in Boizenburg/Elbe in Mecklenburg-Vorpommern und die zivilgesellschaftliche Plattform Leuchtturm LOUISE in der Verbandsgemeinde Liebenwerda in Brandenburg (Jacob, K. et al., 2022; Mitchell et al. 2022).

Die internetbasierten Plattformen dienen der Kommunikation, Übersetzung und Kanalisierung von Wissen sowie der Vernetzung von Menschen und Akteuren. Klimaanpassungsprozesse werden nicht neu positioniert, sondern – ausgehend von lokalem Wissen – an diejenigen Themen angedockt, die vor Ort als am relevantesten erachtet werden. Im alltäglichen Zusammenwirken von Verwaltung und Zivilgesellschaft ermöglichen die Plattformen neue Möglichkeiten der Zusammenarbeit bei kommunalen Entwicklungsprozessen zu klimapolitischen und sozialen Themen. Das Verhältnis der Menschen zu ihrer Stadt und deren Verwaltung kann dadurch maßgeblich gestärkt werden. Gemeinsam mit der lokalen Bevölkerung konnten in beiden Kleinstädten vielfältige Maßnahmen zur Klimaanpassung entwickelt und erprobt werden.

Dazu zählen die Entstehung vielfältiger neuer Bündnisse, unterschiedliche Informationsveranstaltungen wie eine Serie an »Klimafit-Expeditionen« oder die Realisierung einer »Schatteninsel«. Hierbei begrünten Schülerinnen und Schüler aus Bolzenburg an einer vielbefahrenen Straße eine stark der Sonne ausgesetzte Bushaltestelle (Abbildung 1). Der Beginn dieser Initiative für einen schattigen Ort war ein Schülerwettbewerb zu Ideen für die klimaangepasste Stadtgestaltung. Die Stadtverwaltung unterstützte das Projekt mit Beratung zu Technik und klimaangepasster Pflanzenauswahl sowie mit einer kleinen finanziellen Beihilfe. Durch die mediale Berichterstattung erhielt das Projekt zudem eine größere Aufmerksamkeit. Auch für den Schulalltag ist das beispielhafte Projekt wichtig, weil die Schülerinnen und Schüler eine Pflegepartnerschaft für die Schatteninsel übernommen haben.

Das Format der Zusammenarbeit zwischen lokaler Verwaltung und Stadtgesellschaft wurde mit Gründung von »Resilient Cities« weiterentwickelt. Bestehend aus einem Tandem aus Stadtverwaltung und Zivilgesellschaft haben Städte seither die Möglichkeit, ein achtwöchiges Trainingscamp zu durchlaufen, um Orte zu identifizieren, die besonders vom

Abbildung 1: Die Schatteninsel in Boizenburg. Foto: B. John, Platz-B

Abbildung 2: Beteiligung zur Neugestaltung des Manga-Bell-Platzes, Foto: Johannes Tolk, Resilient Cities

Klimawandel betroffen sind. Zudem gilt es, erste Lösungsansätze zu entwickeln und zu erproben (Resilient Cities, o.J). Auch hier werden, ausgehend von einer gestärkten Zusammenarbeit zwischen Verwaltung und zivilgesellschaftlichen Akteuren, Klimaanpassungsprozesse an den Bedürfnissen der lokalen Bevölkerung ausgerichtet. Aus einem Trainingscamp heraus entstand so kürzlich die »MachMalPlatz-Initiative« in Berlin Wedding. Hier kamen 50 Klassensprecher und Klassensprecherinnen der Möwenseeschule in Berlin Wedding zusammen, die sich mit ihrer Schule Gedanken zur Umgestaltung des hitzebelasteten Manga-Bell-Platzes machten (Abbildungen 2 und 3). Parallel dazu wurden lokale Anwohnende eingeladen, ihre Ideen zu übermitteln. Entstanden ist ein Repositorium, das die Ideen von Jung und Alt bündelt und den Platz als Ort der klimaresilienten Zusammenkunft neu denkt und erlebbar macht (Machmalplatz, o.J.). Die Ideen

Abbildung 3: Ideenwettbewerb zur Neugestaltung des Manga-Bell-Platzes, Foto: Johannes Tolk, Resilient Cities

werden im Sommer 2025 ausgestellt. Gemeinsam mit der Stadtverwaltung wird die Umsetzung der Ideen derzeit geprüft, einige davon werden bereits umgesetzt. Dazu zählt ein barrierefreies Podest, das aus einem Pflanzenbeet, Büchern, mobilen Platzmöbeln und Lernmaterial besteht und als grünes Klassenzimmer dienen kann.

Fazit und Schlussfolgerungen: Vertieftes Ursachenverständnis für transformative Lösungsansätze

Bei der kommunalen Anpassung an den Klimawandel standen bisher vor allem technische und weniger soziale Maßnahmen im Vordergrund. Die klimatologischen Veränderungen treffen auf bestehende soziale Ungleichheiten, die sich zu verschärfen drohen. Vor allem Hitzestress und Starkregen mit den damit verbundenen Überschwemmungen bereiten hier zunehmend Probleme. Daher gilt es, soziale Fragen (noch) stärker als bisher zu berücksichtigen, und zwar entlang aller Handlungsfelder. Hinzu kommt, den stetigen Aufgabenzuwachs für die ohnehin schon krisengebeutelten Kommunen auch kritisch einzuordnen.

Auf der Suche nach transformativen Lösungsansätzen in der Klimaanpassung spielen verschiedene soziale Dimensionen und Gerechtigkeitsaspekte eine Rolle, die eingangs dargestellt wurden. Beim kommunalen Gestaltungsspielraum sind drei Maßnahmen hervorzuheben: Die Erhebung ungleicher gesellschaftlicher Betroffenheiten ist ein zentraler Baustein auf dem Weg zu einer klimasozialen Anpassungspolitik. Im Rahmen von Vulnerabilitäts- und Risikoanalysen haben Kommunen die Möglichkeit, die Ursachen sozialer Prekarität strukturell zu beleuchten und damit verbundene Transformationen aufzuzeigen. Die Ursachenanalyse hat grundlegende Implikationen für die Konzeption einer sozialen Anpassungspolitik: Sie kann eine öffentliche Debatte und einen demokratischen Prozess um zukünftige Risiken und politische Lösungsansätze auslösen.

Die bereits anstehenden und noch gravierender werdenden Probleme lassen sich aber nur als Querschnittsaufgabe bewältigen, also durch ein ganzheitliches Herangehen sowie ein koordiniertes und kooperatives Zusammenwirken von zuständigen Stellen und Organisationen aus verschiedensten gesellschaftlichen Bereichen. Klimaanpassung ist eine Gemeinschaftsaufgabe, die nur im Schulterschluss mit sozialen und kommunalen Verbänden der Daseinsvorsorge, der Armutsbekämpfung und der Klimaanpassung zu bewältigen ist. Somit sind neue Netzwerke, Organisationen und Plattformen zum Austausch und Integration von Wissen weitere niedrigschwellige Maßnahmen auf dem Weg zu einer sozial orientierten Klimaanpassungspolitik.

Julia Teebken

Literatur

Erstes Bundes-Klimaanpassungsgesetz und Aktivitäten in Baden-Württemberg

Bundesgesetzblatt (2023, Teil1): Bundes-Klimaanpassungsgesetz (KAnG). URL: Bundesgesetzblatt Teil I – Bundes-Klimaanpassungsgesetz – Bundesgesetzblatt

Bundesministerium für Umwelt, Naturschutz, nukleare Sicherheit und Verbraucherschutz (BMUV) (2008): Deutsche Anpassungsstrategie an den Klimawandel. URL: BMUV: Deutsche Anpassungsstrategie an den Klimawandel | Download

Bundesverfassungsgericht (2021): Verfassungsbeschwerde gegen das Klimaschutzgesetz teilweise erfolgreich. Bundesverfassungsgericht – Entscheidung finden – Verfassungsbeschwerden gegen das Klimaschutzgesetz teilweise erfolgreich

Hochwasserportal Baden-Württemberg (o.J.): URL: https://www.hochwasser.baden-wuerttemberg.de, Startseite – Hochwasser Baden-Württemberg

Klimaatlas BW (o.J.): https://www.klimaatlas-bw.de/

Kompetenzzentrum Klimawandel (o.J.): https://www.lubw.baden-wuerttemberg.de/klimawandel-und-anpassung/kompetenzzentrum

Land BW (2013): Gesetz zur Förderung des Klimaschutzes in Baden-Württemberg. URL: Gesetzesbeschluss: Gesetz zur Förderung des Klimaschutzes in Baden-Württemberg

Land BW (2015): Strategie zur Anpassung an den Klimawandel in Baden-Württemberg – Vulnerabilitäten und Anpassungsmaßnahmen in relevanten Handlungsfeldern. URL: Strategie zur Anpassung an den Klimawandel in Baden-Württemberg

Land BW (2022): Strategie zum Umgang mit Wassermangel in Baden-Württemberg. URL: Strategie zum Umgang mit Wassermangel in Baden-Württemberg

Land BW (2023): Klimaschutz- und Klimawandelanpassungsgesetzt Baden-Württemberg (KlimaG BW). URL: https://www.landesrecht-bw.de/bsbw/document/jlr-KlimaSchGBW2023rahmen

Land BW (2023): Strategie zur Anpassung an den Klimawandel in Baden-Württemberg – Fortschreibung. Anpassungsstrategie Baden-Württemberg 2023 [PDF; 07/23], Anpassungsstrategie Baden-Württemberg 2023: Kurzfassung [PDF; 07/23], Anpassungsstrategie Baden-Württemberg 2023: Kompaktinformation für Kommunen [PDF; 08/23]

Landesanstalt für Umwelt BW (2020): Monitoringbericht 2020. URL: https://pudi.lubw.de/detailseite/-/publication/10182

Landesanstalt für Umwelt BW (2024): Umfrage 2023 der LUBW unter den Gemeinden und Kreisen Baden-Württemberg zum Stand der Anpassung an die Klimawandelfolgen. URL: Umfrage zur Anpassung – Klimaatlas

Stadtklima analysieren, Problemzonen verbessern

Albrecht, Juliane, Eckersley, Peter, Haupt, Wolfgang, Huber, Bettina, Irmisch, Janne, Lipp, Torsten, Miechielsen, Milena, Sterzel, Till (2022): Stärkung der Integration von Klimaanpassung an Hitze und Starkregen in die kommunale Planung. Zwölf Handlungsempfehlungen aus dem Dialog mit kommunalen Planer:innen im Projekt ExTrass. Urbane Resilienz gegenüber extremen Wetterereignissen – Typologien und Transfer von Anpassungsstrategien in kleinen Großstädten und Mittelstädten. Berlin: adelphi research gemeinnützige GmbH. URL: https://adelphi.de/de/system/files/mediathek/bilder/_ExTrass_Policy_Brief_221114_finaleVersion_b.pdf [05.08.2024]

Bayerisches Landesamt für Umwelt, Naturschutz und Landschaftspflege (Hrsg.) (o.J.): Merkblätter zur Landschaftspflege und zum Naturschutz: Klima- und Immissionsschutz im Landschaftsplan, URL: https://www.lfu.bayern.de/umweltkommunal/doc/lfu_37.pdf [05.08.2024]

Bundeszentrale für gesundheitliche Aufklärung (BZgA) (2022): Achtung Hitze! Kleinkinder und Babys sind besonders gefährdet. URL: https://www.bzga.de/presse/pressemitteilungen/2022-07-25-achtung-hitze-kleinkinder-und-babys-sind-besonders-gefaehrdet/ [05.08.2024]

Bundesinstitut für Bau-, Stadt- und Raumforschung (o.J.): Forschungsprojekt: Städtebauliche Nachverdichtung im Klimawandel. URL: https://www.bbsr.bund.de/BBSR/DE/forschung/programme/exwost/Studien/2012/Nachverdichtung/01_Start.html?pos=3 [05.08.2024]

Bund für Naturschatz in Bayern (o.J.): Stadtbäume: Wichtiger denn je! URL: https://www.bund-naturschutz.de/natur-und-landschaft/stadt-als-lebensraum/stadtbaeume [05.08.2024]

Deutscher Wetterdienst (2024): Hitzetage – Eine Zwischenbilanz 2024. URL: https://www.dwd.de/DE/wetter/thema_des_tages/2024/7/16.html [05.08.2024]

Hessisches Landesamt für Natur, Umwelt und Geologie (Hrsg.) (2019): Handlungsleitfaden zur kommunalen Klimaanpassung in Hessen – Hitze und Gesundheit. URL: https://www.hlnug.de/fileadmin/dokumente/klima/klimprax/KLIMPRAX-Stadtklima2019/L-Handlungsleitfaden2019_Einzelseiten.pdf [05.08.2024]

Institut für Klima- und Energiekonzepte (INKEK) (o.J.): Stadtklima. URL: https://www.inkek.de/stadtklima.html [05.08.2024]

Klima-Bündnis (2022): Klimaschutz und Klimaanpassung als kommunale Pflichtaufgabe(n) verankern. Positionspapier des Klima-Bündnis für die Bundes- und Landespolitik. URL: https://www.klimabuendnis.org/fileadmin/Inhalte/5_Newsroom/2022_News/Positionspapier_Langfassung_final.pdf [05.08.2024]

Landesanstalt für Umwelt Baden-Württemberg (LUBW) (2021): Bericht Klimaleitplanken 2.0 Klimazukunft Baden-Württemberg. URL: Klimazukunft Baden-Württemberg – Was uns ohne effektiven Klimaschutz erwartet!

Landeshauptstadt Dresden (o.J.): Was bedeutet Kaltluft für das Stadtklima? URL: https://www.dresden.de/de/stadtraum/umwelt/umwelt/klima-und-energie/klima-von-dresden/stadtklima/kaltluft.php [05.08.2024]

Landeszentrale für politische Bildung Baden-Württemberg (2023): Dossier: Klimaschutz in Baden-Württemberg. URL: https://www.lpb-bw.de/klimaschutz-bw#c70276 [05.08.2024]

Ministerium für Klimaschutz, Umwelt, Landwirtschaft, Natur- und Verbraucherschutz des Landes Nordrhein-Westfalen (2011): Handbuch Stadtklima. Maßnahmen und Handlungskonzepte für Städte und Ballungsräume zur Anpassung an den Klimawandel. URL: https://www.lanuv.nrw.de/fileadmin/lanuv/klimaanpassung/dokumente/handbuch_stadtklima.pdf [05.08.2024]

Ministerium für Umwelt, Klima und Energiewirtschaft Baden-Württemberg (2023): Strategie zur Anpassung an den Klimawandel in Baden-Württemberg. Fortschreibung. URL: https://um.baden-wuerttemberg.de/fileadmin/redaktion/m-um/intern/Dateien/Dokumente/4_Klima/Klimawandel/AnpassungsstrategieBW-2023.pdf [05.08.2024]

Ministerium für Verkehr und Infrastruktur Baden-Württemberg (2012): Städtebauliche Klimafibel. Hinweise für die Bauleitplanung. URL: https://wm.baden-wuerttemberg.de/fileadmin/redaktion/m-wm/intern/Publikationen/Bauen/Klimafibel_2012.pdf

Stadt Mühlheim an der Ruhr (o.J.): Klimatopkarte. URL: https://geo.muelheim-ruhr.de/klimatope [05.08.2024]

Stadtverwaltung Radolfzell (2022): Radolfzell – Grünklimastrategie und Klimaanpassung.

Statistisches Landesamt Baden-Württemberg (2022): 2021 waren mehr als 540 000 Menschen pflegebedürftig. Fast 146 000 Beschäftigte in 3300 Pflegeeinrichtungen. URL: https://www.statistik-bw.de/Presse/Pressemitteilungen/2022326 [05.08.2024]

Klimafolgenanpassung strukturell verankern

Keine Literatur zitiert

KlimaBB – der Landkreis Böblingen bündelt Klimaanpassung

LUBW – Landesanstalt für Umwelt Baden-Württemberg (2025): Daten- und Kartendienst der LUBW; URL: https://udo.lubw.baden-wuerttemberg.de/public/

University of Maryland (2025): What will climate feel like in 60 years?; URL: https://fitzlab.shinyapps.io/cityapp

VRS – Verband Region Stuttgart (2008): Klimaatlas für die Region Stuttgart; URL: https://www.region-stuttgart.org/klimaatlas

VRS – Verband Region Stuttgart und LraBB – Landkreis Böblingen (2022): Klimaanpassung im Landkreis Böblingen – Hinweise für die klimafeste Stadt- und Ortsentwicklung (KlimaBB); URL: www.region-stuttgart.org/de/bereiche-aufgaben/regionalplanung/klima/klimabb

Interdisziplinäre Masterpläne – alle müssen an einem Strang ziehen

Architektenkammer Baden-Württemberg (2021): Die klimaresiliente Kommune: Konzeptionelle Leitideen Empfehlungen der Strategiegruppe Stadt/Land der Architektenkammer Baden-Württemberg. URL: https://www.akbw.de/fileadmin/download/Freie_Dokumente/Berufspolitik/Leitfaden/Die_klimaresiliente_Kommune_Leitfaden.pdf

Bundesministerium für Wohnen, Stadtentwicklung und Bauwesen (2023, 16. August): Flächendeckende Wärmeplanung für Deutschland [Pressemeldung], URL: https://www.bmwsb.bund.de/SharedDocs/pressemitteilungen/Webs/BMWSB/DE/2023/08/kommunale-waermeplanung.html

Die Bundesregierung (2023): Studie: Die Kosten des Klimawandels, URL: https://www.bundesregierung.de/breg-de/schwerpunkte/klimaschutz/kosten-klimawandel-2170246

Gesamtverband der Versicherer (2024, 7. Juni):. Hochwasser in Süddeutschland: Schäden um die zwei Milliarden Euro erwartet [Pressemeldung]. URL: https://www.gdv.de/gdv/medien/medieninformationen/hochwasser-suedeutschland-schadenschaetzung-versicherer-178816

Süddeutsche Zeitung (2024, 19. Juni): Wie viele Bäume passen in eine Stadt? URL: https://www.sueddeutsche.de/wissen/baumentscheid-berlin-baeume-stadt-klimabaeume-lux.DEkHAeUAaSwg7pydAyKNrH

Biodiversität fördern in Zeiten des Klimawandels

Böll, S. (2023): Artenvielfalt in den Kronen heimischer und nicht-heimischer Stadtbäume. In: Jutta Stadler (Hrsg: Biodiversität und Klima – Vernetzung der Akteure in Deutschland XVIII, BfN-Schriften 652, 19-22.

Breunig T., Schach J., und Brinkmeier P., Institut für Botanik und Landschaftskunde, Karlsruhe (IBL) und Nickel E., Bezirksstelle für Naturschutz und Landschaftspflege Karlsruhe (2002): Gebietsheimische Gehölze in Baden-Württemberg – Das richtige Grün am richtigen Ort, Hrsg: Landesanstalt für Umweltschutz Baden-Württemberg. URL: https://pudi.lubw.de/detailseite/-/publication/63670-Das_richtige_Gr%C3%BCn_am_richtigen_Ort.pdf

LUBW Landesanstalt für Umwelt Baden-Württemberg (2021): LUBW Karte des Monats: Kartierung der Lebensräume. URL: https://www.lubw.baden-wuerttemberg.de/blog/-/blogs/lubw-karte-des-monats-kartierung-der-lebensraume (22.04.2025)

LUBW Landesanstalt für Umwelt Baden-Württemberg (2022): LUBW Grafik des Monats: Rote Liste der Brutvögel Baden-Württembergs. URL: https://www.lubw.baden-wuerttemberg.de/blog/-/blogs/lubw-grafik-des-monats-rote-liste-der-brutvogel-baden-wurttembergs (22.04.2025)

LUBW Landesanstalt für Umwelt Baden-Württemberg (2023, 23. Oktober): Rote Liste der Farn- und Blütenpflanzen, URL: https://www.lubw.baden-wuerttemberg.de/blog/-/blogs/rote-liste-der-farn-und-blutenpflanzen (aufgerufen am 22.04.2025)

LUBW Landesanstalt für Umwelt Baden-Württemberg (2024): Umweltdatenbericht 2024, Bestandserfassung: Arten in Notlage. URL: https://umweltportal.baden-wuerttemberg.de/umweltdaten-bericht-2024/rote-listen (22.04.2025)

Schwenninger, H. R., Haider M., Prosi R., Herrmann M., Klemm M., Mauss V. und Schanowski A. (2023): Rote Liste und Verzeichnis der Wildbienen Baden-Württembergs. URL: https://www.lubw.baden-wuerttemberg.de/documents/10184/232616/RL_Wildbienen_2023_barrierefrei.pdf/ (22.04.2025)

Düring, J. (2023): Biodiversität und Klimaanpassung – Umsetzung in der kommunalen Praxis. In: Jutta Stadler, Hrsg: Biodiversität und Klima – Vernetzung der Akteure in Deutschland XVIII, BfN-Schriften 652, 23-26.

Rössler M., Doppler W., Furrer R., Haupt H., Schmid H., Schneider A., Steiof K. und Wegworth C. (2022): Vogelfreundliches Bauen mit Glas und Licht, Hrsg: Schweizerische Vogelwarte Sempach.

KlimaOasen: Naturbasierte Lösungen im öffentlichen Raum

Collier, M. J., Frantzeskaki, N., Connop, S., Dick, G., Dumitru, A., Dziubała, A., ... und Xidous, D. (2023): An integrated process for planning, delivery, and stewardship of urban nature-based solutions: The Connecting Nature Framework. Nature Based Solutions, 3, 100060. URL: https://doi.org/10.1016/j.nbsj.2023.100060

Eggermont, H., Balian, E., Azevedo, J.M.N., Beumer, V., Brodin, T., Claudet, J., ... und Le Roux, X. (2015): Nature-based solutions: New influence for environmental management and research in Europe. GAIA-Ecological perspectives for science and society, 24(4), 243-248. URL: https://doi.org/10.14512/gaia.24.4.9

European Commission (o.J.) Nature-based Solutions. https://research-and innovation.ec.europa.eu/research-area/environment/nature-based-solutions_en (Stand: 11.04.2025)

Hochschulinitiativen für Biodiversität (HIB, o.J.): URL: https://www. buntewiese-tuebingen.de/unibiodiv (Stand: 11.04.2025)

International Sustainable Campus Network (ISCN, o.J.): URL: https://international sustainable-campus-network.org/ (Stand: 11.04.2025)

Fassadenbegrünung: Wirkungen, Begrünungen und Beachtenswertes

BuGG (2024): Grüne Innovation. Fassadenbegrünung. Bundesverband GebäudeGrün e.V., Berlin, Eigenverlag.

BuGG (2024): BuGG-Fachinformation Leitfaden kommunale Förderinstrumente Dach- und Fassadenbegrünung, sowie Hofbegrünung und Entsiegelung. Bundesverband GebäudeGrün e.V., Berlin, Eigenverlag.

BuGG (2024): BuGG-Marktreport Gebäudegrün 2024. Bundesverband GebäudeGrün e.V., Berlin, Eigenverlag.

Dettmar, F. (2014): Energieeffizienz bei Siedlungen sowie Biomassestrategie. Schlussbericht Verbundvorhaben KuLaRuhr.

FLL (2018): Fassadenbegrünungsrichtlinien. Richtlinien für Planung, Bau und Instandhaltung von Fassadenbegrünungen. Forschungsgesellschaft Landschaftsentwicklung Landschaftsbau e.V., Bonn, Eigenverlag.

Köhler, M. et al (1993): Fassaden- und Dachbegrünung. Stuttgart.

Köhler, M., Mann, G., Scharf, B., Kraus, Fl. (2022): Handbuch Bauwerksbegrünung. Rudolf Müller Verlag.

Pfoser, N. (2016): Fassade und Pflanze. Potenziale einer neuen Fassadengestaltung. Dissertation Technische Universität Darmstadt.

Schröder, F.-G. (2009): Automatisierte, biologische, senkrechte, städtische Fassadenbegrünung mit dekorativen funktionalen Parametern. Hochschule für Technik und Wirtschaft, Dresden.

Senatsverwaltung für Stadtentwicklung (2010): Konzepte der Regenwasserbewirtschaftung. Gebäudebegrünung, Gebäudekühlung, Leitfaden für Planung, Bau, Betrieb und Wartung. Berlin, Senatsverwaltung für Stadtentwicklung.

Regenrisikomanagement der Stadt Heidelberg

Bundesinnenministerium des Inneren und für Heimat (o.J.): Besserer Schutz vor Hochwassern in Deutschland. Länderübergreifender Raumordnungsplan für den Hochwasserschutz trat am 1. September 2021 in Kraft, URL: https://www.bmi.bund.de/SharedDocs/kurzmeldungen/DE/2021/09/brph-hochwasserschutz.html [28.05.2024]

Deutscher Wetterdienst (2016): Die Entwicklung von Starkniederschlägen in Deutschland. Plädoyer für eine differenzierte Betrachtung, URL: https://www.dwd.de/DE/leistungen/besondereereignisse/niederschlag/20160719_entwicklung_starkniederschlag_deutschland.pdf?__blob=publicationFile&v=3

Deutscher Wetterdienst (2024): Klimastatusbericht Deutschland / Jahr 2023, URL: https://www.dwd.de/DE/presse/pressekonferenzen/DE/2024/PK_2024_03_26/klimastatusbericht_deutschland_jahr2023.pdf?__blob=publicationFile&v=2 [19.02.2025]

Deutscher Wetterdienst – Wetter und Klima – Leistungen – Monats- und Jahreszeitenbericht Deutschland. (n.d.), URL: https://www.dwd.de/DE/leistungen/klimakartendeutschland/klimakartendeutschland_monatsbericht.html?nn=16102 [19.02.2025]

GEO-NET Umweltconsulting, Ökoplana (2017): Planungsempfehlungen für die (stadt-)klimagerechte Entwicklung von Konversionsflächen – Modellvorhaben Heidelberg, S. 3, 22f., 32, 89, URL: https://www.lubw.baden-wuerttemberg.de/en/klimawandel-und-anpassung/projektbeschreibung-klimopass/-/asset_ publisher/YgFNnlWGQXn3/content/planungsempfehlungen-fur-die-stadt-klimawandelgerechte-entwicklung-von-konversionsflachen-modellvorhaben-heidelberg [26.05.2016]

Glemsregion (Hrsg.) (2020): Handlungshilfe Bauleitplanung, URL: https://reginastark.starkregengefahr.de/wp-content/uploads/Handlungshilfe-Bauleitplanung-final-1.pdf [28.05.2024]

Hoy, A., Hübener, H., Iber, C., Junghänel, T., Müller, C., Nied, M., Sauer, T. und Voigt, M. (2019): Starkniederschläge – Entwicklungen in Vergangenheit und Zukunft (Kurzbericht), S. 7, 15, 27, URL: https://www.kliwa.de/_download/KLIWA-Kurzbericht_Starkregen.pdf [26.05.2024]

Landesanstalt für Umwelt Baden-Württemberg (2016): Leitfaden Kommunales Starkregenrisikomanagement in Baden-Württemberg, S. 9, 13, URL: https://pudi.lubw.de/detailseite/-/publication/47871 [26.05.2024]

LAWA (2018). LAWA-Strategie für ein effektives Starkregenrisikomanagement, Erfurt, URL: https://www.lawa.de/documents/lawa-starkregen_2_1552299106.pdf [26.05.2024]

Ministerium für Umwelt, Klima und Energiewirtschaft Baden-Württemberg (2023): Strategie zur Anpassung an den Klimawandel in Baden-Württemberg, Stuttgart, S. 13, URL: https://um.baden-wuerttemberg.de/fileadmin/redaktion/m-um/intern/Dateien/Dokumente/4_Klima/Klimawandel/AnpassungsstrategieBW-2023.pdf [26.05.2024]

Otte, I. (2019): Mit mehr Daten zu einer besseren Einschätzung der Starkniederschläge, Deutscher Wetterdienst, S. 2, URL: https://www.dwd.de/DE/klimaumwelt/termine/klimatagung_2019_beta/programm_vortraege/20191126_klimtagung_iotte.pdf?__blob=publicationFile&v=1 [26.05.2024]

Stadt Heidelberg (o.J.): Förderprogramm Starkregen- und Hochwasserschutz. Informationen für interessierte Bürgerinnen und Bürger, S. 2f., URL: https://www.heidelberg.de/site/Heidelberg2021/get/documents_E197464450/heidelberg/Objektdatenbank/31/PDF/Boden%20und%20Wasser/31_pdf_Foerderprogramm_Starkregen_und_Hochwasserschutz.pdf [26.05.2024]

Umweltbundesamt (Hrsg.) (2019): Vorsorge gegen Starkregenereignisse und Maßnahmen zur wassersensiblen Stadtentwicklung – Analyse des Standes der Starkregenvorsorge in Deutschland und Ableitung zukünftigen Handlungsbedarfs. Abschlussbericht, Dessau-Roßlau, S. 14, 18, 41, URL: https://www.umweltbundesamt.de/sites/default/files/medien/1410/publikationen/2019-05-29_texte_55-2019_starkregen-stadtentwicklung.pdf [26.05.2024]

Verband Kommunaler Unternehmen (2015): Starkregen – eine gemeinsame Herausforderung für Kommunen und kommunale Unternehmen, Berlin, S. 3, URL: https://www.vku.de/fileadmin/user_upload/Verbandsseite/Landingpages/Klimaanpassung/Positionspapier_Starkregen_Web_ES.pdf (26.05.2024)

Ortsmitten klimagerecht gestalten

Becker, C. (2013): Multicodierung als Strategie: in Garten + Landschaft, Heft 3/2012.

Becker, C. (2023): Hitzeresiliente Schwammstadt. Naturmagazin 1/2023, 7-9.

bgmr Landschaftsarchitekten / Ingenieurbüro Prof. Sieker (2015): Überflutungs- und Hitzevorsorge durch Stadtentwicklung, Hrsg. BBSR, siehe dazu auch URL: https://www.bbsr.bund.de/BBSR/DE/veroeffentlichungen/sonderveroeffentlichungen/2015/DL_UeberflutungHitzeVorsorge.pdf?__blob=publicationFile&v=3, Seite 38.

bgmr, Uberbau, Initial Design (2013): Team A Netzwertstadt, in: Ideenwettbewerb Metropole Ruhr Seite 45–57.

BlueGreenStreets (Hrsg.) (2022): BlueGreenStreets Toolbox – Teil A. Multifunktionale Straßengestaltung urbaner Quartiere. Erstellt im Rahmen der BMBF-Fördermaßnahme »Ressourceneffiziente Straßenquartiere für die Zukunft«.

BlueGreenStreets (Hrsg.) (2022: BlueGreenStreets Toolbox – Teil B. Multifunktionale Straßengestaltung urbaner Quartiere. Erstellt im Rahmen der BMBF-Fördermaßnahme »Ressourceneffiziente Straßenquartiere für die Zukunft«.

BlueGreenStreets (Hrsg.) (2025: BlueGreenStreets Toolbox 2.0 – Multifunktionale Straßengestaltung urbaner Quartiere. Erstellt im Rahmen der BMBF-Fördermaßnahme »Ressourceneffiziente Straßenquartiere für die Zukunft«.

Stadt Mannheim (2024): bgmr Landschaftsarchitekten, Berchtold & Krass: Entsiegelungskonzept Mannheim.

Stadt Marburg (Hrsg.) (2023): GeoNet: Klimaanalyse Stadt Marburg.

Stadt Marburg (Hrsg.) (2024): bgmr Landschaftsarchitekten: Klimaanpassung für die Marburger Oberstadt.

Kommunale Infrastruktur im Zuge des Klimawandels

Bundesamt für Bevölkerungsschutz und Katastrophenhilfe (2015): Risikoanalyse im Bevölkerungsschutz. Ein Stresstest für die Allgemeine Gefahrenabwehr und den Katastrophenschutz. BKK, Bonn.

Bundesamt für Bevölkerungsschutz und Katastrophenhilfe BBK (2017): Schutz Kritischer Infrastrukturen – Identifizierung in sieben Schritten. Arbeitshilfe für die Anwendung im Bevölkerungsschutz. BKK, Bonn.

Bundesamt für Bevölkerungsschutz und Katastrophenhilfe (2025): Kritische Infrastrukturen: BKK, Bonn. URL: https://www.bbk.bund.de/DE/Themen/Kritische-Infrastrukturen/kritische-infrastrukturen_node.html.

Bundesministerium des Innern (2009): Nationale Strategie zum Schutz Kritischer Infrastrukturen (KRITIS-Strategie). BMI, Berlin.

Bundesministerium des Innern (2011): Schutz Kritischer Infrastrukturen – Risiko- und Krisenmanagement. Leitfaden für Unternehmen und Behörden. BMI, Berlin.

Bodur, M. E., Neuner. S, Geiger, M. und Fekete, A (2024) Übungskonzept für Infrastrukturausfälle im Krankenhaus. Vorbereitung, Durchführung und Auswertung von Übungen. TH Köln – Institut für Rettungsingenieurwesen und Gefahrenabwehr, Köln.

Bundesamt für Sicherheit in der Informationstechnik (2022): BSI-Standard 200-4 Business Continuity Management – CD 2.0. BSI, Bonn.

Geiger, M., Neuner, S., Bodur, M. E., Hetkämper, C., Beckers, D. und Fekete, A. (2024): Notfallkonzept für Infrastrukturausfälle im Krankenhaus – Organisation, Maßnahmen und Wiederaufbau der Wasser- und Stromversorgung und Abwasserentsorgung. Kommentierte Version zur Notfallvorsorgeplanung. TH Köln – Institut für Rettungsingenieurwesen und Gefahrenabwehr, Köln.

Innenministerium Baden-Württemberg und BBK (2010) Krisenmanagement Stromausfall. Krisenmanagement bei einer großflächigen Unterbrechung der Stromversorgung am Beispiel Baden-Württemberg.

Joel, E., Krause, S., Schaum, C., Sturm, C., Jahn-Mühl, B., Rücker, N., Bäumer, J., Wienand, I., Geiger, M., Neuner, S. et al. (2024): Leitfaden NOWATER. Notfallvorsorgeplanung der Wasserversorgung und Abwasserentsorgung für Krankenhäuser. Strategische, organisatorische und technische Lösungsansätze. Neubiberg.

John-Koch, M. und Fekete, A. (2010): Der Schutz Kritischer Infrastrukturen – auch eine kommunale Aufgabe.

Ohder, C., Sticher, B., Geißler, S. und Schweer, B. (2015): Bürgernaher Katastrophenschutz aus sozialwissenschaftlicher und rechtlicher Perspektive. Bericht der Hochschule für Wirtschaft und Recht Berlin zum Forschungsprojekt »Katastrophenschutz-Leuchttürme als Anlaufstellen für die Bevölkerung in Krisensituationen« (Kat-Leuchttürme). Berlin.

Petermann, T., Bradke, H., Lüllmann, A., Paetzsch, M. und Riehm, U. (2011): Was bei einem Blackout geschieht. Folgen eines langandauernden und großflächigen Stromausfalls. Edition sigma.

Reuber, W. (2024): Leuchtturmkonzept. URL: https://www.hochtaunuskreis.de/Landkreis/Gefahrenabwehr/Katastrophenschutz/Stromausfall-großflächig-und-langanhaltend/Leuchtturmkonzept/ (19.3.2025).

Wie digitale Klimadienste die Anpassung vor Ort unterstützen: Der Klimaatlas der Region Stuttgart

Butsch, C., Beckers, L. M., Nilson, E., Frassl, M., Brennholt, N., Kwiatkowski, R. und Söder, M. (2023): Gesundheitliche Auswirkungen von Extremwetterereignissen, Risikokaskaden im anthropogenen Klimawandel. Journal of Health Monitoring. 8(S4). Robert Koch-Institut, Berlin.

Dalitz, L., Schauser, I. und von Streit, A. (2023): RegiKlim: Klimaanpassungsmaßnahmen bewerten – Herausforderungen und Lösungsansätze aus der Praxis. Ein Leitfaden zur integrierten Bewertung von Anpassungsmaßnahmen mit Praxisbeispielen aus der BMBF-Fördermaßnahme RegIKlim. URL: https://ms.hereon.de/

imperia/md/assets/microsites/regiklim/pdf/regiklim_ag2_leitfaden_zur_integrierten_bewertung_von_anpassungsmassnahmen.pdf

Harrs, J.-A., Dalitz, L., Laranjeira, K. und Huck, A. (2023): Konzept zur operativen Verstetigung und Skalierung von Klimadiensten. Praktische Erfahrungen aus der Fördermaßnahme RegIKlim. Leitfaden aus der Fördermaßnahme Regionale Informationen zum Klimahandeln (RegIKlim) des Bundesministeriums für Bildung und Forschung. URL: https://ms.hereon.de/regiklim/114209/index.php.de

Hundhausen, M., Feldmann, H., Laube, N. und Pinto, J. (2023): Future heat extremes and impacts in a convection-permitting climate ensemble over Germany. URL: https://nhess.copernicus.org/articles/23/2873/2023/

IPCC (2018): Annex I: Glossary (Matthews, J.B.R. ed.). In Masson-Delmotte et al. (Ed.): Global Warming of 1.5°C. An IPCC Special Report on the impacts of global warming of 1.5°C above pre-industrial levels and related global greenhouse gas emission pathways, in the context of strengthening the global response to the threat of climate change, sustainable development, and efforts to eradicate poverty.

ISAP (2024): Integrative stadt-regionale Anpassungsstrategien in einer polyzentrischen Wachstumsregion, Modellregion – Region Stuttgart, Abschlussbericht. URL: www.ireus.uni-stuttgart.de/dateiuploads/Verbundschlussbericht_ISAP.pdf

Kahlenborn, W., Porst, L., Voss, M., Fritsch, U., Renner, K., Zebisch, M., Wolf, M., Schönthaler, K. und Schauser, I. (2021): Klimawirkungs- und Risikoanalyse 2021 für Deutschland. Kurzfassung. Dessau-Roßlau: Umweltbundesamt.

McMillan, J. M., Göttsche, F., Birkmann, J., Kapp, R., Schmidt, C., Weisser, B. und Jamshed, A. (2025): Mapping vulnerability to climate change for spatial planning in the region of Stuttgart, Nat. Hazards Earth Syst. Sci., 25, 1573–1596, URL: https://doi.org/10.5194/nhess-25-1573-2025

Statistisches Bundesamt (2024): Ergebnisse des Zensus 2022 – Bevölkerungszahlen in Gitterzellen. Statistische Ämter des Bundes und der Länder.

Statistisches Bundesamt (2025): Wohnsituation privater Haushalte 2022 in Deutschland (Datenbasis: Mikrozensus-Zusatzprogramm Wohnen – Hauptwohnsitzhaushalte – Endergebnisse 2022).

Winklmayer, C., Matthies-Wiesler, F., Muthers, S., Buchien, S., Kuch, B. und Mücke, H. G. (2023). Hitze in Deutschland: Gesundheitliche Risiken und Maßnahmen zur Prävention. Journal of Health Monitoring. 8(S4). Robert Koch-Institut, Berlin.

Der Klimwandel: Eine Herausforderung für den kommunalen Gesundheitsschutz

Bergmann, Karl-Christian, Brehler, Randolf, Endler, Christina, Höflich, Conny, Kespohl, Sabine, Plaza, Maria, Raulf, Monika, Standl, Maria, Thamm, Roma, Traidl-Hoffmann, Claudia und Werchan, Barbora (2023): Auswirkungen des Klimawandels auf allergische Erkrankungen in Deutschland, in: Robert Koch-Institut, Journal of Health Monitoring, 2023 8(S4): 82–110. URL: https://www.rki.de/DE/Content/Gesundheitsmonitoring/Gesundheitsberichterstattung/

GBEDownloadsJ/Focus/JHealthMonit_2023_S4_Allergien_Sachstandsbericht_Klimawandel_Gesundheit.pdf?__blob=publicationFile [05.08.2024]

Bundeszentrale für gesundheitliche Aufklärung (o.J.): Allergie und Allergieschutz: Tipps zur Allergievermeidung in Kommunen. URL: https://www.klima-mensch-gesundheit.de/allergie-und-allergieschutz/tipps-zur-allergievermeidung-fuer-kommunen/ [05.08.2024]

Bundesministerium für Gesundheit (o.J.): Hitzeservice: Hitzeaktionspläne. URL: https://hitzeservice.de/hitzeaktionsplaene/ [05.08.2024]

Bundesministerium für Umwelt, Naturschutz, Bau und Reaktorsicherheit (2017) (Hrsg.): Handlungsempfehlungen für die Erstellung von Hitzeaktionsplänen zum Schutz der menschlichen Gesundheit. URL: https://www.bmuv.de/fileadmin/Daten_BMU/Download_PDF/Klimaschutz/hap_handlungsempfehlungen_bf.pdf [05.08.2024]

Bundesministerium für Wohnen, Stadtentwicklung und Bauwesen (o.J.): Stadtgrün sozial verträglich und gesundheitsförderlich entwickeln. URL: https://gruen-in-der-stadt.de/gesundheit-und-lebensqualitaet [05.08.2024]

Deutsche Allianz Klimawandel und Gesundheit (o.J.): Co-Benefits: Gut fürs Klima – doppelt gut für den Menschen. URL: https://www.klimawandel-gesundheit.de/planetary-health/co-benefits/ [05.08.2024]

Deutsche Gesellschaft für Psychiatrie und Psychotherapie, Psychosomatik und Nervenheilkunde (DGPPN) (o.J.): Klimawandel und psychische Gesundheit. Positionspapier einer Task-Force der DGPPN. URL: https://www.dgppn.de/_Resources/Persistent/d3dfe92c23a0ed0e6001487f6b3689ef9da23dd6/Positionspapier_Klima%20und%20Psyche_web.pdf [05.08.2024]

Deutscher Wetterdienst (o.J.): Hitze- und UV-Warnungen. URL: https://www.dwd.de/DE/leistungen/hitzewarnung/hitzewarnung.html [05.08.2024]

Geene, Raimund, Gerhardus, Ansgar, Grossmann, Beate, Kuhn, Joseph, Kurth, Bärbel M., Moebus, Susanne, Philipsborn, Peter von, Pospiech, Stefan und Matusall, Svenja (2019): Health in All Policies – Entwicklungen, Schwerpunkte und Umsetzungsstrategien für Deutschland. URL: https://zukunftsforum-public-health.de/download/health-in-all-policies-entwicklungen-schwerpunkte-und-umsetzungsstrategien-fuer-deuschland/?wpdmdl=2770&refresh=66795bfa65d8c1719229434 [05.08.2024]

Hartung, Susanne, Rosenbrock, Rolf (2022): Public Health Action Cycle / Gesundheitspolitischer Aktionszyklus. In: Bundeszentrale für gesundheitliche Aufklärung (BZgA) (Hrsg.): Leitbegriffe der Gesundheitsförderung und Prävention. Glossar zu Konzepten, Strategien und Methoden. URL: https://leitbegriffe.bzga.de/alphabetisches-verzeichnis/public-health-action-cycle-gesundheitspolitischer-aktionszyklus/ [05.08.2024]

Herting, Elke, Hunger, Iris, Kaspar-Ott, Irena, Matzarakis, Andreas, Niemann, Hildegard, Schulte-Droesch, Lea, Voss, Maike (2023): Klimawandel und Public Health in Deutschland – Eine Einführung in den Sachstandsbericht Klimawandel und Gesundheit 2023, in: Journals of Health Monitoring, Ausgabe 8/2023.

Kaba-Schönstein, Lotte (2018): Gesundheitsförderung 1: Grundlagen, in: Bundeszentrale für gesundheitliche Aufklärung (BZgA) (Hrsg.): Leitbegriffe der Gesundheitsförderung und Prävention. Glossar zu Konzepten, Strategien und Methoden. URL: https://leitbegriffe.bzga.de/alphabetisches-verzeichnis/gesundheitsfoerderung-1-grundlagen/ [05.08.2024]

Klimaanpassungsstrategie BW (o.J.) https://um.baden-wuerttemberg.de/fileadmin/redaktion/m-um/intern/Dateien/Dokumente/4_Klima/Klimawandel/AnpassungsstrategieBW-2023.pdf

Köckler, Heike, Geene, Raimund (2022): Gesundheit in allen Politikfeldern / Health in All Policies (HiAP), in: Bundeszentrale für gesundheitliche Aufklärung (BZgA) (Hrsg.): Leitbegriffe der Gesundheitsförderung und Prävention. Glossar zu Konzepten, Strategien und Methoden. URL: https://leitbegriffe.bzga.de/alphabetisches-verzeichnis/gesundheit-in-allen-politikfeldern-health-in-all-policies-hiap/ [05.08.2024]

Landesanstalt für Umwelt Baden-Württemberg (Hrsg.) (2023): FAQ – Kommunale Hitzeaktionspläne für die menschliche Gesundheit, URL: https://pudi.lubw.de/detailseite/-/publication/10587-H%C3%A4ufige_Fragen_zu_Klimawandel_und_Klimaanpassung.pdf [05.08.2024]

Landesanstalt für Umwelt Baden-Württemberg (o.J.): URL:https://pudi.lubw.de/detailseite/-/publication/10200-Klimaleitplanken_2.0.pdf

Landesgesundheitsamt Baden-Württemberg (o.J.): Informationen zur Tigermücke. URL: https://www.gesundheitsamt-bw.de/lga/de/kompetenzzentren-netzwerke/arbo-baden-wuerttemberg/informationen-zur-tigermuecke/ [05.08.2024]

Ministerium für Umwelt, Klima und Energiewirtschaft Baden-Württemberg (2023): Strategie zur Anpassung an den Klimawandel in Baden-Württemberg. Fortschreibung, S. III. URL: https://um.baden-wuerttemberg.de/fileadmin/redaktion/m-um/intern/Dateien/Dokumente/4_Klima/Klimawandel/AnpassungsstrategieBW-2023.pdf [05.08.2024]

Monning, Heide, Seedat, Jamela, Winkler, Maren (2023): Saison stechmückenübertragener Krankheiten beginnt, in: Robert Koch-Institut (Hrsg.): Epidemiologisches Bulletin, 22/2023. URL: https://www.rki.de/DE/Content/Infekt/EpidBull/Archiv/2023/Ausgaben/22_23.pdf?__blob=publicationFile [05.08.2024]

Pollenstiftung (o.J.): URL: https://www.pollenstiftung.de/fileadmin/user_upload/documents/umid_02-2015-1_klimawandel_und_pollenallergie.pdf

Quilling, Eike, Leimann, Jana und Tollmann, Patricia (2022). Kommunale Gesundheitsförderung, in: Bundeszentrale für gesundheitliche Aufklärung (BZgA) (Hrsg.): Leitbegriffe der Gesundheitsförderung und Prävention. Glossar zu Konzepten, Strategien und Methoden. URL: https://leitbegriffe.bzga.de/alphabetisches-verzeichnis/kommunale-gesundheitsfoerderung/ [05.08.2024]

Robert Koch-Institut (Hrsg.) (2024): Themenschwerpunkt: Allergien und atopische Erkrankungen. URL: https://www.rki.de/DE/Content/Gesundheitsmonitoring/Themen/Chronische_Erkrankungen/Allergien/Allergien_node.html [05.08.2024]

Stadt Leipzig (o.J.): Leipzig Charta zur nachhaltigen europäischen Stadt, URL: https://www.leipzig.de/bauen-und-wohnen/stadtentwicklung/stadtentwicklungskonzept-insek/umsetzung-und-weiterentwicklung/leipzig-charta [05.08.2024]

Statistisches Landesamt Baden-Württemberg (2022): Welttag der Städte: Jede fünfte Person in Baden-Württemberg lebt in einer Großstadt. 9 Städte im Land haben mehr als 100.000 Einwohnerinnen und Einwohner. URL: https://www.statistik-bw.de/Presse/Pressemitteilungen/2022279 [05.08.2024]

The Lancet (2019): The Lancet Countdown on Health and Climate Change: Policy Brief für Deutschland. URL: https://klimagesund.de/wp-content/uploads/2021/05/Policy-Brief-2019.pdf [05.08.2024]

UNFCCC (2015): Adoption of the Paris Agreement – Paris Agreement text English. URL: https://unfccc.int/sites/default/files/english_paris_agreement.pdf [05.08.2024]

Universitätsklinikum Leipzig (o.J.): Notfallmediziner und Kardiologen warnen vor Auswirkungen großer Hitze. URL: https://www.uniklinikum-leipzig.de/Seiten/klimawandel-notfaelle-herz-kreislauf.aspx [05.08.2024]

Umweltbundesamt (2024): Gesundheitsrisiken durch Hitze. URL: https://www.umweltbundesamt.de/daten/umwelt-gesundheit/gesundheitsrisiken-durch-hitze#indikatoren-der-lufttemperatur-heisse-tage-und-tropennachte [05.08.2024]

Umweltbundesamt (2019): Asiatische Tigermücke. URL: https://www.umweltbundesamt.de/asiatische-tigermuecke#alternative-bekampfungsmassnahmen [05.08.2024]

Umweltbundesamt (2015): Die Asiatische Tigermücke, *Aedes albopictus*. Fachinformation. URL: https://www.umweltbundesamt.de/sites/default/files/medien/378/publikationen/flyer_die_asiatische_tigermuecke.pdf [05.08.2024]

Watts et. al. (2015). Health and climate change: policy responses to protect public health. Lancet. 386(10006): 1861-914. doi: 10.1016/S0140- 6736(15)60854- 6. Epub 2015, Jun 25. PMID: 2611143

Potenzial und grundlegende Aspekte gemeinschaftsbasierter kommunaler Klimaanpassung

Adger, N. et al. (2005): Social-Ecological Resilience to Coastal Disasters. Science, Vol. 309, No. 5737, 1036–1039. DOI: 10.1126/science.1112122.

Berkes, F. (2009): Sacred ecology (3rd ed.). Routledge.

Bulkeley, H. und Betsill, M. M. (2003): Cities and climate change: Urban sustainability and global environmental governance. Routledge.

Care (o.J.): Community Based Adaptation: An empowering approach for climate resilient development and risk reduction. URL: https://careclimatechange.org/wp-content/uploads/2014/08/GBKA_Brief_ALP_English.pdf

Dickinson, J. L., Shirk, J., Bonney, R., Crain, R. L., Doctor, K., Phillips, T., Purcell, K. und Wiggins, A. (2012): The current state of citizen science as a field of study. Frontiers in Ecology and the Environment, 10(6), 291-298.

Energiewende jetzt – Das Netzwerk für Bürgerenergiegemeinschaften (o.J.): URL: https://netzwerk-energiewende-jetzt.de/genossenschaften/was-sind-energiegenossenschaften

Few, R. (2007): Community-based adaptation to climate change: A review of progress and challenges. Progress in Development Studies, 7(1), 1-18.

Fischer, F. (2003): Reframing public policy: Discursive politics and deliberative practices. Oxford University Press.

Gill, S. E., Handley, L. L., Ennos, A. R. und Pauleit, S. (2007): Adapting cities for climate change: The role of the green infrastructure. Built environment, 33(1), 115-133.

Internationale Bauausstellung Hamburg (IBA, o.J.): Das Beteiligungsgremium. URL: https://www.internationale-bauausstellung-hamburg.de/story/akteure/beteiligungsgremium.html

IPCC (2014): Climate Change 2014, Topic 4 Adaption and Mitigation. *Synthesis Report* Fifth Assessment Report. URL: https://ar5-syr.ipcc.ch/topic_adaptation.php

IPCC (2022): Annex II: Glossary [Möller, V., R. van Diemen, J.B.R. Matthews, C. Méndez, S. Semenov, J.S. Fuglestvedt, A. Reisinger (eds.)]. In: Climate Change 2022: Impacts, Adaptation and Vulnerability. Contribution of Working Group II to the Sixth Assessment Report of the Intergovernmental Panel on Climate Change, Cambridge University Press, Cambridge, UK and New York, NY, USA, pp. 2897–2930, doi:10.1017/9781009325844.029. URL: https://www.ipcc.ch/report/ar6/wg2/downloads/report/IPCC_AR6_WGII_Annex-II.pdf

Jungermann, H. und Thüring, M. (2008): Die Zukunftswerkstatt: Ein Weg zur Bürgerbeteiligung in der Stadtentwicklung. *Planerin*, *5*, 36-38.

Kreis Stormann (o.J.): Klimaanpassungskonzept. URL: Klimaanpassungskonzept – Kreis Stormarn

Moser, S. C. und Ekstrom, J. A. (2010): A framework for assessing the vulnerability of social-environmental systems to multiple stressors. Global environmental change, 20(4), 716-727.

Partizipative Klimaforschung (ParKli) (o.J.): URL: https://parkli.de/citizen-science

Pflanze KlimaKultur (o.J.) URL: https://www.pflanzeklimakultur.de/index.php/de/

Pretty, J. N. (1995): Participatory learning for sustainable agriculture. World development, 23(8), 1247-1263.

Prinzessinengärten Berlin (o.J.): URL: https://prinzessinnengarten-kollektiv.net/

Putnam, R. D. (2000). Bowling alone: The collapse and revival of American community. Simon and Schuster.

Reed, M. S. (2008): Stakeholder participation for environmental management: A literature review. *Biological conservation*, *141*(10), 2417-2431.

Reid, H., Alam, M., Berger, R., Cannon, Tl, Huq, S. und Milligan, A. (????): Community-based adaptaion to climate change: an overview. URL: https://www.iied.org/sites/default/files/pdfs/migrate/G02608.pdf

Renn, O. (1999): Risk governance: Coping with uncertainty in a complex world. Earthscan.

Rowe, G. und Frewer, L. J. (2005): A typology of public engagement mechanisms. *Science, Technology and Human Values*, *30*(2), 251-290.

Stadt Freiburg (o.J.): Klimaanpassung in Freiburg. URL: https://www.freiburg.de/pb/1700615.html

Smit, B. und Wandel, J. (2006). Adaptation, adaptive capacity and vulnerability. Global environmental change, 16(3), 282-292.

UNDP (2015.): Community based Adaptation to Climate Change. URL: https://www.undp.org/publications/community-based-adaptation-climate-change

Kommunaler Gestaltungsspielraum für sozialgerechte Klimaanpassung

Albrecht, J., Werner, M., Jacob, K., Teebken, J., Mitchell, N., Dworak, T. et al. (2022): Management von Klimawandelfolgen und Analyse sowie (Weiter-)Entwicklung zielgruppenspezifischer Klimaanpassungsinstrumente und Politikempfehlungen, 2. Zwischenbericht, Umweltbundesamt, Dessau-Roßlau.

Bezgrebelna, M., McKenzie, K., Wells, S., Ravindran, A., Kral, M., Christensen, J. et al. (2021). Climate Change, Weather, Housing Precarity, and Homelessness: A Systematic Review of Reviews. International Journal of Environmental Research and Public Health, 18(11).

BCNUEJ (2023): ClimateJusticeReady, Barcelona Lab for Urban Environmental Justice and Sustainability (BCNUEJ), Barcelona. URL: https:// www.bcnuej.org/projects/climatejusticeready/ (29.3.2024).

Birkmann, J. und Blätgen, T. (2018): Klimaanpassung. In: Handwörterbuch der Stadt- und Raumentwicklung, Ausgabe 2018, Hannover, 1099–1111.

Böhme, C. und Franke, T. (2021): Umweltgerechtigkeit und Städtebauförderung. URL: https://www.vhw.de/fileadmin/user_upload/08_publikationen/verbandszeitschrift/FWS/2021/2_2021/FWS_2_21_Boehme_Franke.pdf (23.05.2025).

Bühn, S. und Voss, M. (2023): Klimawandel und Gesundheit – Auswirkungen auf die Arbeitswelt: Gutachten. URL: https://www.arbeit-sicher-und-gesund.de/fileadmin/PDFs/klug-gutachten-klimawandel-und-gesundheit-auswirkungen-auf-die-arbeitswelt_stand-feb-2023.pdf (23.05.2025).

DAK (2024): DAK Gesundheitsreport 2024, Baden-Württemberg: Gesundheitsrisiko Hitze. Arbeitswelt und Klimawandel. URL: https://caas.content.dak.de/caas/v1/media/69538/data/085f877b9d0404b2441e940a6a11e2d7/240528-download-report-gesundheitsreport-hitze.pdf (23.05.2025).

Deutsches Institut für Urbanistik (2023): Toolbox – Umweltgerechtigkeit: Checklisten. Deutsches Institut für Urbanistik (difu). URL: https://toolbox-umweltgerechtigkeit.de/ checklisten (22.1.2024).

Deutscher Städte- und Gemeindebund (DStGB) (2024). Finanzen: Handreichung zur Grundsteuer C. URL: https://www.dstgb.de/themen/finanzen/kommunalfinanzen/handreichung-zur-grundsteuer-c/ (23.05.2025).

Escher, R. und Velimsky, J. (2023): Arm trotz Erwerbstätigkeit: Ausmaß und Entwicklung von »In Work Poverty« in Baden-Württemberg. Statistisches Monatsheft Baden-Württemberg 9/2023. URL: https://www.statistik-bw.de/Service/Veroeff/Monatshefte/PDF/Beitrag23_09_03.pdf (23.05.2025).

European Environment Agency (EEA) (2022): Advancing towards climate resilience in Europe: status of reported national adaptation actions in 2021. EEA Report No 11/2022. URL: https://www.eea.europa.eu/publications/advancing-towards-climate-resilience-in-europe (19.05.2025).

Freier, R., Geißler, R., und Gnädinger, M. (2023): Kommunaler Finanzreport 2023: Finanzen als Voraussetzung und Hebel integrierter Nachhaltigkeitssteuerung.

Kabisch, S., Rink, D. und Banzhaf, E. (Hrsg.) (2023): Die Resiliente Stadt. Konzepte, Konflikte, Lösungen. Springer Verlag, Berlin, Heidelberg.

Kaufhold, C., Willeit, M., Talento, S., Ganopolski, A. und Rockström, J. (2025). Interplay between climate and carbon cycle feedbacks could substantially enhance future warming. Environmental Research Letters, 20(4), 44027.

Kotz, M., Levermann, A. und Wenz, L. (2024): The economic commitment of climate change. Nature, 628(8008), 551-557.

Haase, A. und Schmidt, A. (2023): Impulse für eine kritische Debatte zur resilienten Stadtentwicklung am Beispiel der grünen Gentrifizierung. In: Kabisch, S., Rink, D. und Banzhaf, E. (Hrsg.): Die Resiliente Stadt: Konzepte, Konflikte, Lösungen. Springer Verlag, Berlin, Heidelberg, 39-53.

Hasse, J. und Willen, L. (2019): Umfrage Wirkung der Deutschen Anpassungsstrategie (DAS) für die Kommunen, Umweltbundesamt. Climate Change 01 (2019), Dessau-Roßlau.

IPCC (2023): Synthesis Report of the IPCC 2022 Sixth Assessment Report (AR6), Longer Report, Intergovernmental Panel on Climate Change (IPCC). URL: https://report.ipcc.ch/ar6syr/pdf/IPCC_AR6_SYR_ LongerReport.pdf (15.1.2024).

Jacob, K., John, B. und Mitchell, N. (2022): »Mit kühlem Kopf in heisse Zeiten": Kleinstädte und ihre Bürgerinnen und Bürger – Gemeinsame Wege zur Hitzeresilienz. In: DStGB/DIFU (Hrsg.) Hitze, Trockenheit und Starkregen. Klimaresilienz in der Stadt der Zukunft. Deutscher Städte- und Gemeindebund, Dokumentation 166.

Juhola, S., Heikkinen, M., Pietilä, T., Groundstroem, F., und Käyhkö, J. (2022): Connecting climate justice and adaptation planning: An adaptation justice index. Environmental Science & Policy, 136, 609-619, URL: https://www.sciencedirect.com/science/article/pii/S1462901122002325.

Kotz, M., Levermann, A., und Wenz, L. (2024). The economic commitment of climate change. Nature, 628(8008), 551-557.

Mach Mal Platz (o.J.): Sammlung der Manga-Bell-Platz Ideen. URL: https://machmalplatz.org/ (26.05.2025)

Ministerium für Umwelt, Klima und Energiewirtschaft Baden-Württemberg (MUKE BW) (2015/2023): Strategie zur Anpassung an den Klimawandel in Baden-Württemberg: Vulnerabilitäten und Anpassungsmaßnahmen in relevanten Handlungsfeldern, Ministerium für Umwelt, Klima und Energiewirtschaft Baden-Württemberg. URL: https://um.baden wuerttemberg.de/fileadmin/redaktion/m-um/intern/Dateien/Doku mente/4_Klima/Klimawandel/Anpassungsstrategie.pdf (2.11.2023) bzw. https://um.baden-wuerttemberg.de/de/klima-energie/klimawandel-und-anpassung/anpassung-an-den-klimawandel/anpassungsstrategie-baden-wuerttemberg

Mitchell, N., Teebken, J. und Jacob, K. (2022): Experimentelle Klimawandelanpassung mit Bürgerinnen und Bürgern – Fazit für Forschung und Entwicklung. In: Synthese- und Vernetzungsprojekt Zukunftsstadt (Hrsg.): Reallabore für urbane Transformation – Methoden, Akteure und Orte experimenteller und ko-produktiver Stadtentwicklung am Beispiel der BMBF-Zukunftsstadtforschung.

O'Hare, P., White, I. und Connelly, A. (2016): Insurance as maladaptation: Resilience and the 'business as usual' paradox. Environment and Planning C: Government and Policy, 34(6), 1175-1193.

Owen, G. (2020): What makes climate change adaptation effective? A systematic review of the literature. Global Environmental Change, 62, 102071.

Petzold, J., Hawxwell, T., Jantke, K., Gonçalves Gresse, E., Mirbach, C., Ajibade, I., et al. (2023): A global assessment of actors and their roles in climate change adaptation. Nature Climate Change, 13(11), 1250-1257.

Resilient Cities (RC) (o.J.): »Klimaanpassung zum Stadtgespräch machen.« URL: https://resilientcities.de/ (26.05.2025)

Schabram, G., Pieper, J., Aust, A., Kipping, K., und Rock, J. (2024): Wohnen macht arm: Die Berücksichtigung von Wohnkosten macht ein bislang unsichtbares Ausmaß an Armut sichtbar. URL: https://www.der-paritaetische.de/fileadmin/user_upload/Schwerpunkte/Wohnen/doc/Kurzexpertise_Wohnarmut_24_12_13.pdf (26.05.2025)

Ribot, J. 2014: Cause and Response: Vulnerability and Climate in the Anthropocene. In: The Journal of Peasant Studies 41 (5), S. 667–705, DOI: 10.1080/03066150.2014.894911.

Taylor, M., Eriksen, S., Vincent, K., Brooks, N., Scoville-Simonds, M., Schipper, E. L. F. (2022): Putting «vulnerable groups" at the centre of adaptation interventions by promoting transformative adaptation as a learning process (Report submitted to the Norwegian Agency for Development (NORAD)). Norwegian University of Life Sciences. URL: https://www.nmbu.no/en/faculty/landsam/department/fohe (23.01.2023)

Teebken, J. 2022: The Politics of Human Vulnerability to Climate Change: Exploring Adaptation Lock-ins in China and the United States, New York, Oxon.

Teebken, J. (2024): Opportunities and limitations for social justice in Germany's climate adaptation policy. *Zeitschrift für Politikwissenschaft, 34*(2), 231-253, from https://doi.org/10.1007/s41358-024-00382-w.

Teebken, J. und Schipperges, M. (2024): Soziale Frage Klimawandel – Klimaanpassung als sozialpolitische Gestaltungsaufgabe. FES Diskurs 7/2024. Friedrich Ebert Stiftung.

Teebken, J. und Ribot, J. (in Vorbereitung): From Anodyne Adaptation to Transformative Vulnerability Reduction: Treating the Root Causes of Climate Risks and Inequalities.

Thomas, K. A. und Warner, B. P. (2019): Weaponizing Vulnerability to Climate Change. In: Global Environ Change (Global Environmental Change) 57, DOI: 10.1016/j.gloenvcha.2019.101928.

Autoren

Dr. Julia Brasche
Referentin für Klimawandelanpassung
Umweltministerium Baden-Württemberg, Referat 22.
Kernerplatz 9
70182 Stuttgart

Dr. Ellinor Roth
Leiterin Kompetenzzentrum Klimawandel
Landesanstalt für Umwelt Baden-Württemberg
Postfach 10 01 64
76231 Karlsruhe

Gerhard Hauber
Henning Larsen GmbH
Nußdorfer Str 9
88662 Überlingen

Stefan Auer
Dipl. Ingenieur Landschafts- und Freiraumplanung
Zoznegger Straße 34
78333 Stockach

Dr. Christoph Hemberger, Teamkoordinator Regionalplanung und Regionalentwicklung, Thomas Grund, Geoinformation
Verband Region Stuttgart
Kronenstraße 25
70174 Stuttgart
Martin Wuttke
Dezernent Umwelt und Klima, Landkreis Böblingen
Landratsamt Böblingen
Parkstraße 16
71304 Böblingen

Albrecht Reuß
Fachrichtung Stadtplanung im Vorstand der Architektenkammer Baden-Württemberg
Danneckerstraße 54
70182 Stuttgart

Anke Heidemüller, Projektleitung »UnternehmensNatur«
Sabrina Essel, Naturschutzfachkraft »UnternehmensNatur«
Naturschutzbund Deutschland NABU,
Landesverband Baden-Württemberg e.V.
Tübinger Str. 15
70178 Stuttgart

Prof. Dr. Leonie Fischer
Kristen Jakstis
André Mascarenhas
Institut für Landschaftsplanung und Ökologie ILPÖ, Universität Stuttgart
Keplerstraße 11
70174 Stuttgart

Dr. Brigitte-Maria Lorenz
Green Office, Universität Stuttgart
Azenbergstr. 16
70174 Stuttgart

Dr. Gunter Mann
Präsident Bundesverband GebäudeGrün e. V. (BuGG)
Albrechtstraße 13
10117 Berlin

Kai Schaupp
Amt für Umweltschutz, Gewerbeaufsicht und Energie, Stadt Heidelberg
Palais Prinz Carl
Kornmarkt 1
69117 Heidelberg

Carlo W. Becker
Arno Walz
bgmr Landschaftsarchitekten GmbH, Berlin
Prager Platz 6
10779 Berlin

Prof. Dr. Alexander Fekete
Manuel Geiger
Institut für Rettungsingenieurwesen und Gefahrenabwehr
Technische Hochschule Köln
Campus Deutz
Betzdorfer Straße 2
50679 Köln

Joanna M. McMillan, Kevin Laranjeira, Friedrich Hampel, Jörn Birkmann
Institut für Raumordnung und Entwicklungsplanung (IREUS)
Universität Stuttgart
Pfaffenwaldring
70569 Stuttgart

Max Rodenbüsch, Christoph Hemberger
Verband Region Stuttgart (VRS)
Jan-Albrecht Harrs
Climate Service Center Germany
Laura Dalitz
Umweltbundesamt, Kompetenzzentrum Klimafolgen und Anpassung
Marie Hundhausen, Hendrik Feldmann
KIT Institut für Meteorologie und Klimaforschung, Dep. Troposphärenforschung (KIT IMKTRO)

Rainer Kapp
Landeshauptstadt Stuttgart, Amt für Umweltschutz, Abteilung Stadtklimatologie

Rebecca Debo
Maylin Meincke
Carina Rau
Ministerium für Soziales, Gesundheit und Integration, Baden-Württemberg
Else-Josenhans-Straße 6
70173 Stuttgart

Dr. Felix Diesner
Ecolution Coaching
E-Mail: diesner.ecolution@gmail.com

Dr. Julia Teebken
Lehr- und Forschungseinheit Mensch-Umwelt-Beziehungen
Ludwig-Maximilians-Universität München
Luisenstraße 37
80333 München

Beiträge der Akademie für Natur- und Umweltschutz Baden-Württemberg

Band 1 **Umwelt in der Presse** – Leitfaden zur Pressearbeit im Natur und Umweltschutz, 2. überarbeitete Neufassung, siehe Band 21
(ISBN 3-522-30300-8)

Band 2 **Heimat und Lebensqualität** – Die Rolle der Gemeinden – Eine Orientierungshilfe zur Gestaltung des Themas »Umwelt« im Rahmen deutsch-französischer Städtepartnerschaften
(ISBN 3-522-30310-5)

Band 3 **Umweltberichte** – Ein Leitfaden für die kommunale Praxis
(ISBN 3-522-30320-2)

Band 4 **Lebensraum Dorf** – Ein Leitfaden zur ökologisch orientierten Ortskerngestaltung »Modell Sersheim«
(ISBN 3-522-30330-X)

Band 5 **Wege zur Umweltbildung** – Naturschutz in der kommunalen Praxis
(ISBN 3-522-30340-7)

Band 6 **Feuchtgebietsschutz und Naturschutzmanagement in Nordost-Griechenland** – dargestellt am Beispiel des Nestos-Deltas (deutsch, englisch, griechisch) Ergebnisse eines internationalen Seminars
(ISBN 3-522-30350-4)

Band 7 **Hornissen – Erfordernisse des Artenschutzes und ihre praktische Umsetzung** – Biologie und Schutz einer bekannten, gefährdeten Insektenart
(ISBN 3-522-30360-1)

Band 8 **Naturschutzmodell Süßen** – Kommunaler Natur- und Umweltschutz exemplarisch
(ISBN 3-522-30370-9)

Band 9 **Wasserkraft – Energiequelle der Zukunft?** – Inhalte und Ergebnisse eines Kolloquiums
(ISBN 3-522-30380-6)

Band 10 **Ökologie und Ökonomie – Beiträge zu mehr Umweltverständnis** – Diskussionsergebnisse internationaler Jugendworkshops
(ISBN 3-522-30400-4)

Band 11 **Feuerwehr und Umweltschutz** – Ein Leitfaden für die Praxis
(ISBN 3-522-30480-2)

Band 12 **Lebensräume in Baden-Württemberg** – Begleitheft zur gleichnamigen Activity-Ausstellung
(ISBN 3-522-30390-3)

Band 13 **Biotopschutz – Zauberformel zur Rettung der Natur?!** Ergebnisse des 1. baden-württembergischen Biotopschutzkongresses
(ISBN 3-522-30400-4)

Band 13b **Auen – gefährdete Lebensadern Europas. Renaturierung von Flußauen** – Tagungsdokumentation des internationalen Kongresses in Rastatt
(ISBN 3-522-30486-1)

Band 14 **Grünland in roten Zahlen?** – Tagungsdokumentation zum 2. baden-württembergischen Biotopschutzkongress in Heilbronn
(ISBN 3-522-30482-9)

Band 15 **Umweltschutz in den Städtepartnerschaften** – Tagungsdokumentation des internationalen Kolloquiums in Pforzheim
(ISBN 3-522-30483-7)

Band 16 **Umwelt in Osteuropa** – Tagungsdokumentation des internationalen Kolloquiums in Stuttgart
(ISBN 3-522-30484-5)

Band 17 **Lebensraum Donau – Europäisches Ökosystem** – Tagungsdokumentation des internationalen Donaukolloquiums in Ulm
(ISBN 3-522-30485-3)

Band 18 **Wieder beweiden? Möglichkeiten und Grenzen der Beweidung als Maßnahme des Naturschutzes und der Landschaftspflege** – Tagungsdokumentation einer Impuls-Veranstaltung
(ISBN 3-522-30487-X)

Band 19 **Kleines Einmaleins für Vortragende im Naturschutz – für Profis und Anfänger** – Tips zur Vorbereitung und Umsetzung eines illustrierten Redereferats
(ISBN 3-931-55200-4)

Band 20 **Spannungsfeld Naturschutz und Bauleitplanung** – Ergebnisse einer Fachtagung
(ISBN 3-931-55202-0)

Band 21 **Umwelt im Spiegel der Presse** – Ein Ratgeber zur Presse und Medienarbeit im Umweltschutz für Behörden, Unternehmen und Verbände
(ISBN 3-931552-03-9)

Band 22 **Neophyten, Neozoen – Gefahr für die heimische Natur?** – Bestandsaufnahme und Orientierungshilfe für die Naturschutzpraxis. Tagungsdokumentation
(ISBN 3-931552-04-7)

Band 23 **Bewertung im Naturschutz** – Ein Beitrag zur Begriffsbestimmung und Neuorientierung in der Umweltplanung
(ISBN 3-931552-05-5)

Band 24 **Umweltgerecht erzeugte Lebensmittel in der Produktvermarktung** – Eine Orientierungshilfe zur Vernetzung von nachhaltiger Landwirtschaft, Lebensmittelindustrie und Touristikbranche
(ISBN 3-931552-07-1)

Band 25 **Umweltgerecht mobil in Europa. Menschen und Güter auf neuen Wegen** – Ein Beitrag zur umweltgerechten Mobilität
(ISBN 3-9315552-08-X)

Band 26 **Fledermäuse – bedrohte Navigatoren der Nacht** – Tagungsdokumentation des internationalen Fledermauskolloquiums
(ISBN 3-931552-09-8)

Band 27 **Biomasse: Umweltschonender Energie- und Wertstofflieferant der Zukunft** – Ökologische Konzepte und Praxis bei der Nutzung nachwachsender Rohstoffe, Dokumentation des Biomasse-Fachkongresses
(ISBN 3-931552-11-X)

Band 28 **Neckar – unser Lebensraum** – Integrierende Konzeption Neckareinzugsgebiet (IKoNE) – Beispiel für eine zukunftsfähige europäische Wasserwirtschaft, Dokumentation des Neckarkongresses
(ISBN 3-931552-12-8)

Band 29 **Rohstoffgewinnung im neuen Jahrtausend** – Wie ist eine Versöhnung von Natur und Nutzung möglich? Tagungsdokumentation und Beitrag zur Risikoabschätzung und zum dialogorientierten Vorgehen
(ISBN 3-931552-13-6)

Band 30 **Ein Brückenschlag für Wildtiere. Querungshilfen über Verkehrswege: Auswege für wandernde Tierarten** – Tagungsdokumentation des 6. baden-württembergischen Biotopschutzkongresses (ISBN 3-931552-15-2)

Band 31 **Flächensparende Siedlungsentwicklung. Wie können Kommunen den Naturraumverbrauch verringern?** – Tagungsdokumentation des Kolloquiums »Von den Grenzen des Naturraumverbrauchs: Kommunen als Architekten für eine flächensparende Siedlungsentwicklung« (ISBN 3-8047-1995-3)

Band 32 **Essen für die Region. Ernährung, Umwelt und Lebensmittelsicherheit** Grundlagenbuch nicht nur für Multiplikatoren wie Lehrer in den Schulen (ISBN 3-8047-1996-1)

Band 33 **Klimaschutz und Hochwasservorsorge. Zusammenhänge und Konsequenzen für die kommunale Planungspraxis** Dokumentation der Fachtagung »Klimaschutz und Hochwasservorsorge – Zukunftssicherung für Mensch und Natur« (ISBN 3-8047-2058-7)

Band 34 **Streuobst im Alpenraum. Zukunft eines gefährdeten Spezialitätenprodukts.** Dokumentation der gleichnamigen internationalen Fachtagung (ISBN 3-8047-2070-6)

Band 35 **Der Bevölkerungsrückgang. Konsequenzen für Flächenmanagement und Umwelt.** Dokumentation der Fachtagung »Der Bevölkerungsrückgang-Konsequenzen für die Nutzung und für das Management von Flächen sowie der Umwelt« (ISBN 3-8047-2081-1)

Band 36 **Beweidung mit großen Wild- und Haustieren**. Bedeutung für Offenland und Markt. Dokumentation der gleichnamigen Fachtagung. (ISBN 3-8047-2106-0)

Band 37 **Heimat und Natur. Wissen woher wir kommen wo wir sein wollen und wir hinkönnen.** – Dokumentation des 2. Fachkongresses »Natur und Heimat-Schlüssel zu mehr Biodiversität?!« (ISBN 3-8047-2188-5)

Band 38 **Informativ und lebendig schreiben fürs Umweltbewusstsein.** Vom Umgang mit der Presse und den Medien
(ISBN 3-8047-2185-0)

Band 39 **Umweltindikatoren: Mythos oder Wirklichkeit.** Was wissen wir wirklich über unsere Umwelt?
(ISBN3-8047-2231-8)

Band 40 **Donau, der europäische Fluss: Auenentwicklung und Wasserpflanzen als Bioindikatoren**
(ISBN 3-8047-2197-4)

Band 41 **Strategische Umweltprüfung (SUP): Neue Anforderung an die Planungspraxis in der Bauleitplanung.** Landschaftsplanung, Fauna-Flora-Habitat (FFH) und Eingriffsregelung
(ISBN 3-8047-2263-6)

Band 42 **Warnsignal Klimawandel: Wird Wasser knapper? Lange Trockenperioden und die Auswirkungen auf Natur, Land- und Forstwirtschaft, Wasserversorgung, Gewässer und Wirtschaft**. Dokumentation der gleichnamigen Tagung 2005
(ISBN 978-3-8047-2276-7)

Band 43 **Landschaftspark Neckar. Visionen für ein einmaliges Natur- und Kulturerbe** – Dokumentation des gleichnamigen Kongresses 2005
(ISBN 978-3-8047-2305-4)

Band 44 **Corporate Social Responsibility (CSR) – Wege zur Nachhaltigkeit)** – Ein Praxisleitfaden
(ISBN 978-3-8047-2388-7)

Band 45 **Der Neckar als Erholungs- und Erlebnisachse.** Wie wird der Landschaftspark Neckar Wirklichkeit?
(ISBN 978-3-8047-2402-0)

Band 46 **Klimawandel und danach?** Folgen und Konsequenzen für Mensch und Natur. Auswirkungen auf Gesundheit, Biologische Vielfalt sowie Wasser- und Versicherungswirtschaft sowie Aspekte erforderlicher Anpassungsstrategien
(ISBN 978-3-8047-2409-9)

Band 47 **Was kann das Planungsrecht für die Umwelt tun?** Reduzierung des Flächenverbrauchs, Schutz des Klimas, Erhalt der biologischen Vielfalt
(ISBN 9-7838-3-8047-2509-6)

Band 48 **Städtepartnerschaften und Klimavorsorge.** Zusammenarbeit für nachhaltige Entwicklung durch kommunale und regionale Partnerschaften
(ISBN 978-3-8047-2525-6)

Band 49 **Artenwissen als Basis für Handlungskompetenz zur Erhaltung der Biodiversität**
(ISBN 978-3-8047-2741-0)

Band 50 **Nachhaltigkeits-Berichterstattung in Stadt- und Landkreisen, Städten und Gemeinden.** Neue Chancen für Ökonomie, Ökologie und Soziales, Ressourcenschutz und aktiver Bürgerdialog
(ISBN 978-3-8047-2822-6)

Band 51 **Denkmalschutz und Klimaschutz zwei Seiten derselben Medaille?!**
(ISBN 978-3-8047-2873-8)

Band 52 **alb talk. Natur und Mensch im Gespräch**
(ISBN 978-3-8047-3084-7)

Band 53 **Umweltbildung – Basis für ökologisch-ökonomische Zukunftssicherung**
(ISBN 978-3-8047-3150-9)

Band 54 **Menschen im Einsatz für den Klimaschutz – Erneuerbare Energien in Kommunen und Region**
(ISBN 978-3-8047-3682-5)

Band 55 **Nachhaltiger Konsum: Essen 4.0 – Wie essen wir in der Zukunft? Szenario 2035**
(ISBN 987-3-8047-3832-4)

Band 56 **Umweltbildung 4.0: »Smartphone, Google & Co.« – Wie helfen moderne Medien bei der Umwelt- und Nachhaltigkeitsbildung?**
(ISBN 987-3-8047-3865-2)

Band 57 **Kommunen klimafit machen: Mikroklima, Hitzestau und Starkniederschläge –** Anpassungsstrategien für die Praxis der klimaangepassten Stadt- und Regionalentwicklung
(ISBN 978-3-8047-4071-6)

Band 58 **Viren und Visionen: Aus der Corona-Krise lernen –** Wildnis, Klima und Landwirtschaft im Fokus
(ISBN 978-3-8047-4209-3)

Band 59 **Weiden! – Wege zur Bewahrung der Biodiversität.** Neue (alte) Wege für eine Weidestrategie
(ISBN 978-3-7776-3258-2)

Band 60 **Artenwissen stärken, Artenvielfalt erhalten** – Dokumentation des Statuskolloquiums der Akademie für Natur- und Umweltschutz Baden-Württemberg zum Auftakt der Landesinitiative »Integrative Taxonomie Baden-Württemberg«
(ISBN 978-3-7776-3317-6)

Band 61 **50 Jahre Offenhaltungsversuche in Baden-Württemberg** – Landnutzungsgeschichte, Landschaftspflege und Renaturierung von artenreichem Grünland
(ISBN 978-3-7776-3588-0)

Akademie für Natur- und Umweltschutz

Eine Institution von Baden-Württemberg Ministerium für Umwelt, Klima und Energiewirtschaft

Der Grundstein für ökologisches und nachhaltiges Handeln wird im Kopf gelegt. Alle Bemühungen in Sachen Natur- und Artenschutz, Umwelt- und Ressourcenschutz können nur dann erfolgreich sein, wenn die Akzeptanz in der Bevölkerung geschaffen wird. Genau aus diesem Grunde setzt die Umweltakademie Baden-Württemberg auf die breite Vermittlung ökologischer Zusammenhänge.

Unsere Umweltbildungsprogramme richten sich insbesondere an Multiplikatorinnen und Multiplikatoren aus den Bereichen Kommunen und Verwaltungen, Verbände und Unternehmen, Wissenschaft, Forschung und Bildungseinrichtungen sowie an interessierte Bürgerinnen und Bürger.

https://umweltakademie.baden-wuerttemberg.de